华章科技 | HZBOOKS | Science & Technology

Develop iOS App with Swift

跟着项目学iOS应用开发
基于Swift 4

刘铭 陈雪峰 李钢 秦琼 著

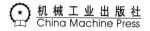

机械工业出版社
China Machine Press

图书在版编目（CIP）数据

跟着项目学 iOS 应用开发：基于 Swift 4/ 刘铭等著 . —北京：机械工业出版社，2018.9
（iOS/ 苹果技术丛书）

ISBN 978-7-111-60907-0

I. 跟… II. 刘… III. 移动终端 – 应用程序 – 程序设计 IV. TN929.53

中国版本图书馆 CIP 数据核字（2018）第 214216 号

跟着项目学 iOS 应用开发：基于 Swift 4

出版发行：机械工业出版社（北京市西城区百万庄大街 22 号　邮政编码：100037）

责任编辑：李　艺　　　　　　　　　　　　责任校对：李秋荣

印　　刷：三河市宏图印务有限公司　　　　版　　次：2018 年 9 月第 1 版第 1 次印刷

开　　本：186mm×240mm　1/16　　　　　印　　张：24.25

书　　号：ISBN 978-7-111-60907-0　　　　定　　价：89.00 元

凡购本书，如有缺页、倒页、脱页，由本社发行部调换

客服热线：（010）88379426　88361066　　　投稿热线：（010）88379604

购书热线：（010）68326294　88379649　68995259　　读者信箱：hzit@hzbook.com

为什么要写这本书

从目前来看，iOS 是全球最流行的移动端操作系统，这已经成为不争的事实。同时近年来苹果公司不断更新和完善供 iOS OS X 应用编程的开发语言 Swift，使 Swift 在未来赚足眼球成为可能。作为一名 iOS 开发者，相信对于 Swift 语言并不陌生。使用 Swift 语言可以高效开发出高质量的移动应用。如果开发人员现在还不开始学习 Swift，还在留恋着 Objective-C 的话，恐怕用不了多久，就会被 Swift 所带来的技术革新无情淘汰。另一方面，iOS 本身也在快速地进行技术改进。与以往不同，iOS 10、iOS 11 引入和开放了许多别出心裁的新技术，如 Core-ML、ARKit 等。如果开发人员能够充分利用这些新技术，就可以让自己的应用给用户带来前所未有的使用体验，进而在移动应用时代取得一个制高点。

Swift 自身的发展太快了，很多程序员在将自己的项目从 Swift 2 迁移到 Swift 3 的时候就遇到了很多头痛的问题。希望像这样"毁灭性"的升级是最后一次。好在从 Swift 3 到 Swift 4 的变化并不大。通过本书，读者可以将学到的知识点运用到实战中去，真正地将所有知识点融会贯通，从而打通所有"脉络"，在编写程序代码的时候达到"思如泉涌"的效果。

本书结构

本书通过制作真实世界的应用程序来帮助读者学习 Swift 4 编程知识。例如木琴弹奏、问答测试、骰子游戏、聊天应用、待办事项类应用（TODO）和天气应用。另外，书中还包括苹果公司的 Core-ML 智能应用程序与机器学习的相关内容，通过学习这些内容你将可以构建图像识别应用程序。

本书是根据由易到难的顺序来安排应用程序项目的，具体如下。

第 1 章：介绍 Xcode 的安装，认识 Xcode 的用户界面及主要面板功能，带领大家创建 Hello World 应用。

第 2 章：使用 Interface Builder 简单搭建用户界面，并制作 I am rich 应用。

第 3 章：介绍如何在 iPhone 物理真机上安装应用程序。

第 4 章：通过制作掷骰子应用，掌握如何通过代码控制界面元素，以及当用户与界面元素发生交互时如何给代码发送消息。

第 5 章：Swift 语言的基础知识讲解。

第 6 章：介绍如何利用 Stack Overflow 网站解决在开发时所遇到的问题，并利用 AVAudioPlayer 类在应用中播放声音。

第 7 章：介绍 MVC 设计模式，并制作问答测试应用程序。

第 8 章：学习自动布局的相关知识，并对掷骰子应用进行迭代更新。

第 9 章：介绍类与对象的相关知识。

第 10 章：通过 CocoaPods 安装第三方链接库，并通过相关 API 从远程 WebService 获取所需要的数据。

第 11 章：利用目前国内流行的云端数据库建立聊天应用。

第 12 章：介绍版本控制的相关知识。

第 13 章和第 14 章：利用 CoreData、Realm 等数据存储工具实现类 TODO 应用程序。

第 15 章：利用机器学习和 Core-ML 的相关知识，构建图像识别应用程序。

各个部分的功能实现都基于由浅入深、循序渐进的原则，让广大读者在实践操作的过程中不知不觉地学习新方法，掌握新技能。

本书面向的读者

本书适合具备以下几方面知识和硬件条件的群体阅读。

❑ 有面向对象的开发经验，熟悉类、实例、方法、封装、继承、重写等概念。

❑ 有 Swift 的开发经验。

❑ 有 MVC 设计模式的开发经验。

❑ 有简单图像处理的经验。

❑ 有一台 Intel 架构的 Mac 电脑（Macbook Pro、Macbook Air、Mac Pro 或 Mac Mini）。

如何阅读本书

每个人的阅读习惯都不相同，而且本书并不是一本从 Swift 语法讲起的基础"开荒"书。所以我还是建议你先从 Swift 3.X 的语法书学起，在有了一定的 Swift 语言基础以后，再开始阅读本书，跟着实践操作一步步完成各章节的项目。

在阅读本书的过程中，你可能会遇到语法错误、编译错误、网络连接错误等情况，不用着急，根据调试控制台中的错误提示，去分析产生 Bug 的原因，或者通过与本书所提供的源码进行对比，找出问题所在。

勘误和支持

由于水平有限，编写时间仓促，书中难免会出现一些错误或者不准确的地方，恳请读者批评指正。书中的全部源文件可以从 GitHub（https://github.com/liumingl/iOS-11-Swift-4-Tutorial）下载，也可以从我的网站（刘铭 .cn）下载。如果你有任何宝贵意见或建议，欢迎发送邮件至 liuming_cn@qq.com，期待得到你们的真挚反馈。

致谢

首先要感谢伟大到可以改变这个世界的 Steven Jobs，他的精神对我产生了非常大的影响。

其次要感谢机械工业出版社华章公司的编辑杨福川老师和小艺老师，在这段时间中始终支持我的写作，你们的鼓励和帮助使我顺利完成全部书稿。

最后感谢我的爸爸、妈妈、刘颖、刘怀羽、张燕、王海燕，感谢你们对我的支持与帮助，并时时刻刻给我信心和力量！

谨以此书献给我最亲爱的家人，以及众多热爱 iOS 的朋友们！

刘铭

目 录 *Contents*

第 1 章 Chapter 1

开始 iOS 11 和 Swift 4 编程

大家好，本书的目的是教会大家如何使用 iOS 11 SDK、Xcode 9 和 Swift 4 编程语言创建 iOS 应用程序。

不管你是 iOS 开发的初学者，想通过本书学习如何使用 Swift 语言编写应用程序；还是之前已经有在 iOS 10 中开发应用程序的经验，想进一步快速掌握 iOS 11 的功能和最新版本的 Swift 4 语言。请放心，本书都可以满足你的需求。

1.1 iOS 11 应用程序开发工具

在本节将会向大家介绍开发 iOS 应用程序需要用到的软件以及相关的硬件。首先，我们必须要拥有一台 Mac 电脑，不需要是当下最新最快的，但它一定要能运行 macOS 10.12.6 及以上版本的操作系统。因为苹果的特殊政策，我们只能在 macOS 上安装 iOS 应用程序开发工具 Xcode。这也就意味着仅仅使用 iPad 或 iPad Pro 是不可能完成 iOS 应用程序开发的任务。如果你拥有一台 iMac、MacBook 甚至是 Mac Mini 的话，就足以满足开发的需求。

如果你现在手头确实有些"银子"不足的话，可以考虑购买一台二手的 Mac Mini，性价比还是很高的。如果你手头只有 PC 的话，可以考虑借助 Mac in Cloud 平台（网址：www.macincloud.com）。在网站上它提供了如同 Mac 一样的在线云端服务，这样就可以通过现有的 PC 和互联网实现 Mac 功能。你只需要在远程系统中下载并安装 Xcode 就好。如图 1-1 所示。

另外，还有一种叫作 Hackintosh 的方式，也就是将 macOS 操作系统通过非正常的手段安装到自己的 PC 上，比如通过 VMWare、Delphi XE4 等方式。但是不管是 Mac in Cloud

还是用 PC 安装的 Hackintosh，都不能通过这种方式将写好的应用传到 iPhone 真机上进行测试，唯一的方法就是使用真正的 Mac 电脑。

虽然不能在真机上运行，但是我们还是可以在 Xcode 模拟器中运行所编写的 iOS 项目。而且，即便是在 macOS 系统上，我们也会在大部分时间利用 Xcode 模拟器测试项目代码。在模拟器中包含了各种版本的 iOS 系统，所以可以很好地测试和运行项目。如图 1-2 所示。

图 1-1　MacinCloud 网站主页

图 1-2　在模拟器中运行并测试 iOS 项目

开发所用到的软件叫作 Xcode，是由苹果公司研发的 IDE 开发环境。我们可以在 Xcode 中编写代码、设计界面和调试应用程序，Xcode 是完全免费的。

只有在 macOS 10.12.6 及以上，或者是 macOS 10.13 及以上环境下才可以下载并安装 Xcode 9。强烈建议大家将 Mac 的操作系统升级到 macOS 10.13 的最新版本。如何检测你的 macOS 是否为最新的版本呢？单击屏幕左上角的苹果图标后会弹出一个对话框，在概览标签中就可以看到运行操作系统的版本，如图 1-3 所示。或者单击对话框右下角的**软件更新**升级你的操作系统版本。另外，我们还可以在 Mac Store 中搜索最新的 macOS high Sierra（也就是 macOS 10.13 版本），然后下载安装。

图 1-3　在关机本机菜单中查看 macOS 系统的版本

除了在开发的时候需要安装 Xcode 以外，最好再安装一款图像编辑软件。比如 Adobe 的 Lightroom、Photoshop，或者是 Sketch，如图 1-4 所示。

在测试应用程序的时候，或是将其上架到 App Store 之前，你最好有一台 iOS

图 1-4　Lightroom、Photoshop 和 Sketch 软件

物理真机，并进行必要的测试。到底是 iPhone 还是 iPad，这需要根据你的开发目标需求而定。

　　Xcode 模拟器就像一个运行在 macOS 系统上的虚拟 iPhone，我们可以旋转它，并进行简单的手势操作和实现摇晃的功能，可以对其放大或缩小。但是模拟器也会有一定的限制，比如在模拟器中我们无法实现通知、健康或 HomeKit 功能。

　　最后需要提示大家的是：在 Xcode 7 之前，如果要将编写好的程序传到物理真机中，需要向苹果支付 99 美金的年费。从 Xcode 7 开始，我们在不需要缴纳年费的情况下也可以进行物理真机测试，你只需要注册一个开发者账号即可。但是，如果想要将应用程序上架到 App Store 进行销售或推广，则需要缴纳年费。

1.2　下载安装 Xcode

　　接下来，我们需要下载和安装 Xcode。Xcode 是运行在 macOS 系统上的一个应用程序，我们会使用它来编写程序代码并创建 iOS 应用。Xcode 是完全免费的，所以我们不用担心会有任何的花销。但是，在我们正式安装 Xcode 以前，还需要再确认一些事情。

　　首先要确保我们的 Mac 有足够的硬盘空间。Xcode 安装文件大概是 4.5G，所以需要有 10G 的剩余空间来下载和安装它。要确保这一步非常简单，只需单击桌面左上角的苹果图标，然后找到**储存空间**，查看硬盘的剩余空间是否够 10G，如图 1-5 所示。

图 1-5　查看 Mac 中的剩余空间

　　其次，就是需要确定我们的 macOS 版本是否为最新。检查的方法也非常简单。还是单击屏幕左上角的苹果，然后在**概览**标签中查看系统的版本是否为 10.13 或更高。

　　在确定好前两件事以后，最后一件事，就是确保我们所下载的 Xcode 版本不是 **Beta 版本**。如果下载的 Xcode 是正式发行版的话，就不用担心它会产生任何问题，而 Beta 版会包含很多 Bug，进而产生很多让你头疼的问题。

　　在 Mac App Store 中搜索 Xcode，然后单击**获取**按钮进入 Xcode 详细页面，这里可以看到当前的 Xcode 版本是 9.2。单击**安装**按钮，经过一段时间的等待后，Xcode 就安装好了，如图 1-6 所示。

图 1-6　在 Mac App Store 中安装 Xcode

1.3 浏览 Xcode 开发环境

我们在启动 Xcode 后会看到**欢迎界面**，这里可以选择以 playground **开始**（Get started with a playground）或者是**创建一个新的 Xcode 项目**（Create a new Xcode project），如图 1-7 所示。

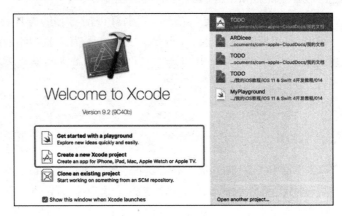

图 1-7 Xcode 的欢迎界面

实战：快速创建一个全新的 Xcode 项目。

步骤 1：单击 Create a new Xcode project 向导，在选择项目模板中选择 iOS / Application / Single View App，单击 Next 按钮，如图 1-8 所示。

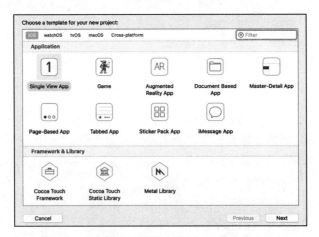

图 1-8 在选择项目模板中选择 Single View App

提示 在模板中还有 Game、Master-Detail App、Page-Based App 和 Tabbed App 模板，我们可以根据不同的需求选择不同的模板，除非是创建游戏项目，大部分的开发者都会选择**单视图应用程序**（Single View App）模板。因为不管是 Master-Detail、Page-Based 还是 Tabbed App 模板，都会自动在项目中添加很多代码，而这些代码并不实用。反观 Single View App 模板，它具有很大的灵活性，可以最大限度地以自定义的方式添加所需要的内容，具体操作方法会在后面详细介绍。

步骤 2：在 Product Name 中需要输入应用程序的名称，这个名字要简单并且最重要的是 Cool。这里输入 Hello World。Team 设置为 None。在后面的章节中会讲述如何将 App 上传到 iPhone 真机，到时会具体介绍如何设置。

步骤 3：Organization Name 设置为你公司的名字，如果是个人开发则输入本人的名字即可，比如 Liu Ming。

步骤 4：Organization Identifier 是你的域名的反向，比如你的域名是 liuming.cn，这里就需要填写 cn.liuming。

步骤 5：Language 设置为 Swift，代表我们使用 Swift 语言进行项目的开发。

步骤 6：在对话框下面还有三个可选框：Core Data 是与数据库存储相关；Unit Tests 是单元测试相关；UI Tests 是用户界面测试相关。在本实例中请不要勾选任何一个选项，如图 1-9 所示，单击 Next 按钮。

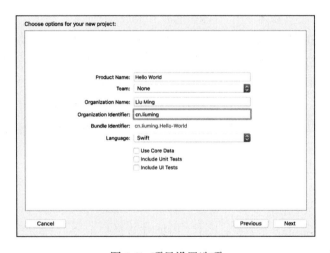

图 1-9　项目设置选项

步骤 7：在接下来的对话框中请确定项目保存的位置。这里选择 Desktop（桌面），（可以方便我们快速找到它），单击 Create 按钮。

在项目打开以后，我们就可以看到 Xcode 所显示的所有不同组件，如图 1-10 所示。

在界面的顶部是 Xcode 状态栏，从左侧开始是一个**播放**（play）按钮，单击它会构建并在模拟器或物理真机上运行项目代码，单击**停止**（stop）按钮则会终止项目在模拟器或物理真机上的运行。在它们之后的 Hello World 选项中，我们可以设置在哪个环境里运行应用程序项目。当 Mac 与 iPhone 物理真机连接以后，我们就可以在真机上运行，或者手动选择在 Xcode 模拟器中运行。

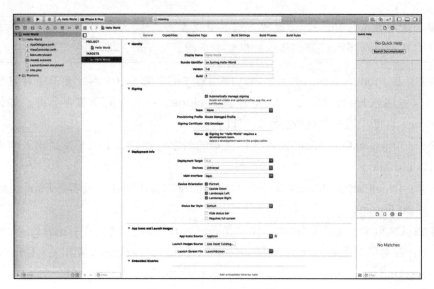

图 1-10　Xcode 的工作界面

当我们选择一种设备版本的模拟器（比如 iPhone 7）以后，一旦我们单击 Play 按钮，就会在 macOS 上面启动 iPhone 模拟器，我们可以用鼠标修改它的尺寸。模拟器默认是带曲边的，这意味着可以单击 iPhone 模拟器左右边缘的仿真按键，实现相应的功能。比如单击 Home 键可以让 iPhone 回到主屏幕，或者单击音量键调整播放声音的大小。建议大家去掉模拟器的曲边显示，在菜单中选择 Window，然后取消 Show Device Bezels 的勾选状态。这样，可以将 iPhone 屏幕设置得更大一些，方便我们进行调试，如图 1-11 所示。

图 1-11　取消 iPhone 模拟器的曲边效果

状态栏的中间位置是信息显示窗口，比如在结束运行的时候会显示：Finished running（完成运行）；构建项目的时候会显示 Building 进度条。当项目出现错误或警告的时候，还会在窗口的右下角出现相应的图标和错误或警告的数量。

位于信息窗口右侧的一组按钮负责切换编辑器的状态，其中前两个按钮的使用频率非常高。第一个是默认的标准编辑器（Standard Editor），它会将 Xcode 中间部分的区域设置为一个。

当我们单击第二个有两个圆圈图标的按钮时，Xcode 会进入辅助编辑器（Assistant Editor）模式，Xcode 中间的部分将被分割为两个区域。我们可以将设计的用户界面放在左侧，代码放在右侧，这样方便进行代码与用户界面元素的关联，在后面的章节会对关联有详细介绍。

单击第三个有两个箭头的按钮，会进入版本编辑器（Version Editor）模式，它允许我们可以看到之前代码的版本。比如你在进行了较多代码修改之后，导致项目无法正常运行，就可以通过它回滚到之前的版本，并且可以进行检查和比较。

在顶部状态栏的最右侧还有三个按钮，在单击它们以后，可以分别显示或隐藏 Xcode 界面中左侧的**导航栏**、中下部的**调试控制台**和右侧的**工具栏**三个面板。

左侧的导航栏面板由 9 个分项标签组成，其中使用最频繁的是第一项——**项目导航**，该导航栏中会显示项目中的所有文件，如图 1-12 所示。

导航栏中的第四项是搜索导航，它包含一个搜索条，并且可以设置对整个项目的搜索还是对某个特定文件夹的搜索，如图 1-13 所示。

图 1-12　导航栏中的项目导航

图 1-13　导航栏中的搜索导航

导航栏中的第五项是错误列表，如果项目中出现代码错误或警告的话，通过该列表可以快速找到出现问题的位置。

例如在 ViewController.swift 文件中随意输入一些字符，Xcode 编译器无法解释它们，因此就会高亮显示这行代码，并且在信息窗口、当前文件窗口右上角和当前错误行报出错误的警示图标和原因。单击信息窗口右下角的错误图标以后，导航栏会自动切换到错误列表，在列表中会显示错误的文件名称和内容，如图 1-14 所示。

图 1-14　导航栏中的错误列表

另一种错误类型是**警告**（Warning），虽然不会造成代码编译错误，但是在运行的时候可能会出现 Bug 或造成资源的浪费。

例如下面的这段代码，如图 1-15 所示。

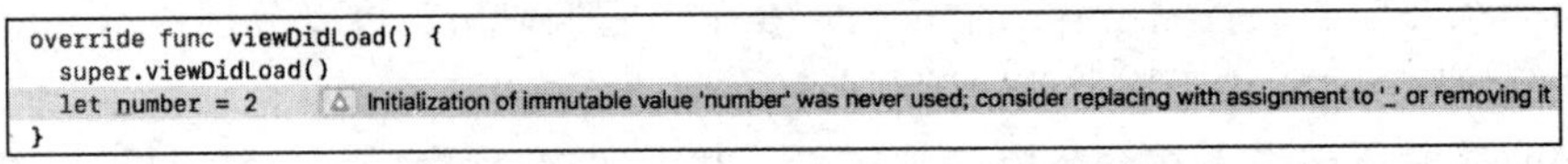

```
override func viewDidLoad() {
    super.viewDidLoad()
    let number = 2    △ Initialization of immutable value 'number' was never used; consider replacing with assignment to '_' or removing it
}
```

图 1-15　一段警告代码

上面这段代码初始化了一个常量 number，但是在之后并没有使用它，造成了资源的浪费。因此 Xcode 的编译器报警（警告用黄色表示）。

第八项是断点（Dreakpoint）导航，可以方便地创建特殊的例外。在代码窗口中单击某一行代码前面的浅槽（行号的位置），就可以创建断点。断点的样子像一个蓝色的箭头，当应用程序在运行的时候遇到了断点就会暂停，我们可以进行调试、观察变量的值、查看运行的状态等。

在设置好断点以后，当再次单击断点后就会变成亮蓝色，代表断点作用暂时被禁止，使用鼠标将其拖曳出浅槽就可以移除断点，如图 1-16 所示。

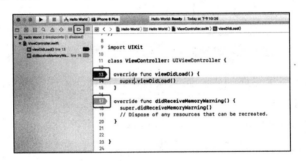

图 1-16　在 Xcode 中设置断点

介绍完左侧的导航栏以后，接下来是 Xcode 底部的 Debug 区域。该区域被分割为左右两部分。当应用程序运行崩溃的时候，错误信息会显示在右侧的窗口中。这些信息往往会帮助我们找出 Bug 的原因。另外在代码中往往会通过打印语句输出一些变量的值或状态信息，而这些内容也会显示在该窗口中。当 App 运行到断点时，可以通过左侧窗口查看当前程序中变量、对象、结构体的值或状态，如图 1-17 所示。

图 1-17　在 Xcode 中的 Debug 区域

当我们在编写代码的时候，一般不会用到 Xcode 右侧的面板。但是当我们需要设计用户界面的时候，就会对它非常依赖。该面板叫作实用工具面板，如图 1-18 所示。

实战：制作 Hello World 的用户界面。

步骤 1：在项目导航中选择 Main.storyboard 文件，此时会打开 Interface Builder。

步骤 2：在实用工具区域的下半部分中找到对象库（Object Library），通过搜索栏找到 Label 控件，该控件用于显示各种文本信息，如图 1-19 所示。

图 1-18　实用工具面板

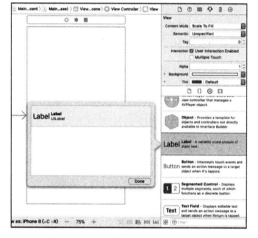

图 1-19　对象库中的 Label 控件

步骤 3：将 Label 控件拖曳至 ViewController 视图上，双击 Label 将默认内容修改为 Hello World。调整好大小，并将其放置到屏幕中央靠上的位置。

步骤 4：选择 Label 下面的背景视图，在实用工具区域的上半部分找到 Attribute Inspect 标签，将 Background 设置为蓝色，如图 1-20 所示。

步骤 5：选中 Label，同样是在 Attribute Inspect 的 Font 部分，将 Label 的文本字号设置为 50。此时你会发现当初的 Label 尺寸不能满足要求了，可以直接使用鼠标调整其大小，设置 Label 的 Color 为**白色**，最后让其居中，如图 1-21

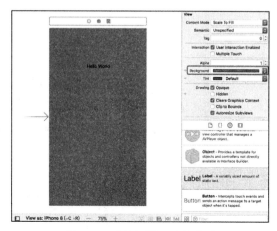

图 1-20　为视图设置蓝色背景

所示。

　　构建并运行项目，可以看到我们的第一个项目在模拟器中正常运行了，如图 1-22 所示。

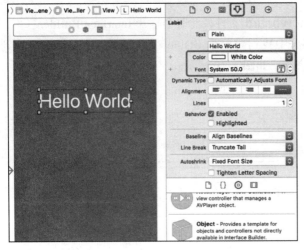

图 1-21　为 Label 设置颜色和字号　　　　　　图 1-22　模拟器中运行的 Hello World 应用

　　如图 1-23 所示，为大家展示了 Xcode 的完整工作界面。

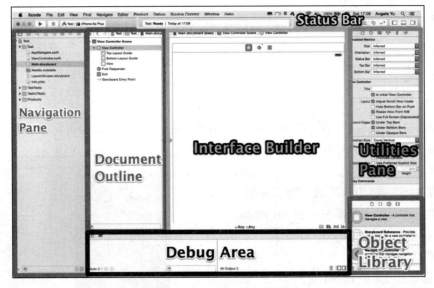

图 1-23　Xcode 的完整工作界面

1.4　初步剖析 iOS 应用程序

　　在完成上面这个简单的项目以后，让我们来简单剖析一下：一个 iOS 应用程序主要由三部分组成。第一部分是**视图**（View），视图是我们在屏幕上看见的与界面有关的东西，以及将要显示在屏幕上的那些东西。例如按钮、标签或图片这些控件都属于视图。

第二个主要部分是**视图控制器**（View Controller），它主要通过代码来维护应用程序的运行。比如当用户单击按钮以后程序要做什么，或者是当有数据要显示在屏幕上的时候应该做什么等。

最后一个主要部分就是**模型**（Model），通过模型我们可以从服务器或本地提取数据，然后通过视图控制器呈现给视图。也可以将用户输入的数据通过视图控制器传递给模型，再由模型进行本地或远程的存储。

以最简单的通信录程序为例，我们通过通信录来管理用户的所有联系人信息。当打开通信录以后，首先会通过视图控制器向模型要数据，比如联系人的电话号码、住址、头像等信息。

模型从数据库或本地获取到这些数据以后，会传回给视图控制器，由视图控制器决定如何用最完美的布局来呈现这些数据。

假如用户想删除一个联系人信息，会通过单击**删除**按钮，也就是视图的控件，告诉视图控制器。然后视图控制器再将这个请求传递给模型，模型会在数据库中将这个联系人的数据信息从本地或远程数据库中删除，并且将删除状态通知给视图控制器。最后，视图控制器再让视图进行相应数据更新。

刚才我介绍的这些就是 MVC 设计模式，在 iOS 开发中这是最常用的一种设计模式。为什么我们要在 iOS 开发中使用 MVC 设计模式呢？

因为它非常灵活，方便我们进行管理。比如有一个应用程序，它本身使用的是英文数据库。我们希望它可以使用法文数据库，从而可以将应用程序提供给法国客户使用。因此我们只需要在模型中将原有数据库替换为法文的数据库即可。这样就根本不会涉及视图或视图控制器这两部分，很容易将应用生成一个新的版本。

另一个好处是它们之间相互独立，各自都管理着属于自己的代码。这便于我们调试应用程序里的 Bug。比如我们在通信录这个应用程序中看到了错误的布局，那肯定是视图方面的问题。如果发现通信录中联系人名字和头像不匹配，那就可以很快判断出是模型方面出了问题，这样大家都各司其职，使整个项目变得高效灵活。

Interface Builder 介绍

本章我们开始着手创建属于自己的第一个应用程序，并学习如何使用 Interface Builder 创建简单的用户界面。该程序相当简单，仿照的是 2008 年上架的一款叫作"我很富有"（I am rich）的应用程序，如图 2-1 所示。它是由阿明·海因里希（Armin Heinrich）开发，是一款曾在 App Store 上销售的 iOS 应用程序。当它被启动以后，在屏幕上只会显示一颗发亮的红宝石，另外还有一个图标，一旦用户单击该图标就会出现下面几行文字：

```
I am rich
I deserv [sic] it
I am good,
healthy &
successful
```
（译文：我富有 我值得 我善良健康又成功。）

图 2-1　当时的 I Am Rich 应用程序

开发者海因里希在该应用程序的描述中说："这纯粹是一个艺术作品，而且里面完全没有任何隐藏功能，该应用唯一的用意是为了让其他人知道他们足够有钱来买这个应用"。"我很富有"在 App Store 上的售价分别为 999.99 美元、799.99 欧元及 599.99 英镑，是 App Store 中限定应用程序销售价格的最高价。苹果在 2008 年 8 月 6 日，也就是在上架后隔天，未作解释就将应用程序从 App Store 强制下架。

小知识　在"我很富有"应用下架之前，总共有八位用户购买了该应用程序，且至少有一位用户声称他是不小心买下来的。美国与欧洲分别有 6 位和 2 位用户以 999.99 美元和 799.99 欧元的价钱买下该应用程序。有 5,600 至 5,880 美元分红给阿明·海因里希，苹果则是净赚另外的 2,400 至 2,520 美元。

2.1　如何创建 Xcode 项目

本节我们将创建类似于"我很富有"的 iOS 应用，整个的操作不是很难，目的是让大家尽快熟悉 Xcode 的基本操作界面和使用 Interface Builder 搭建用户界面。

实战：创建 I Am Rich 应用程序。

步骤 1：打开 Xcode 9，在欢迎面板中单击 Create a new Xcode project，创建一个全新的项目。另外，我们也可以通过 Xcode 顶部菜单 File/New/Project... 或者快捷键 Shift + Command + N 创建项目。

步骤 2：在项目模板中选择 iOS/Application/Single View App，单击 Next 按钮。

提示　一般情况下，我们都会从 Single View App 开始自己的项目，然后再逐步添加其他功能。

步骤 3：在项目选项面板中，将 Product Name 设置为 I Am Rich；Organization Name 设置为**你的名字**（例如 Liu Ming）；Organization Identifier 设置为**公司域名的反向**；Language 设置为 Swift。

说明　苹果通过 Product Name 和 Organization Identifier 生成一个 Bundle Identifier，并通过这个标识在 App Store 中来区分每一个应用。如果你现在还没有公司或组织域名的话，暂时用 cn. 你的名字来替代（例如 cn.liuming）。

在本项目中不需要存储任何数据，所以不需要勾选 Use Core Data。另外，还要确保 Include Unit Tests 和 Include UI Tests 两项处于未勾选状态。单击 Next 按钮。

步骤 4：选择好项目的保存位置以后，确保 Create Git repository on my Mac 处于未勾选状态。这意味着我们不需要对该项目进行代码控制（Source Control），也就是暂时不需要去管理代码的不同版本。单击 Create 按钮。

现在项目已经创建完成，可以进行下一步的工作了。

2.2　使用故事板创建用户界面

此时，左侧的导航面板会默认打开项目导航。里面出现的就是目前构成该项目的所有文件。其中一些文件前面是一个雨燕样子的图标，代表是代码文件，里面包含了应用程序的逻辑代码。有些文件前面是一个黄色的图标，代表是界面设计文件，Main.storyboard就是这种类型的文件，我们主要通过它来设计应用程序的用户界面。另外，还有一个LaunchScreen.storyboard 界面设计文件，当应用程序启动时，会在屏幕上显示该文件提供的信息，比如公司或你个人的 Logo。最后一种类型是 Assets.cxassets 文件夹，我们可以在该文件夹中放置应用程序会用到的图像、照片或图标资源素材，如图 2-2 所示。

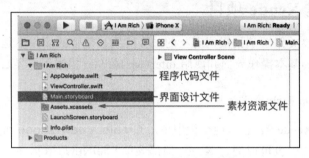

图 2-2　I Am Rich 项目中的文件

让我们选中 Main.storyboard 文件，开始设计 I Am Rich 项目的用户界面。

实战：设计 I Am Rich 项目的用户界面。

步骤 1：在项目导航选中 Main.storyboard 文件。此时编辑区域会打开 Interface Builder，并显示一个单独的屏幕视图。这是因为我们使用了 Single View App 模板创建的项目。在这个单独的视图左侧还有一个箭头，它代表的是应用程序启动后在屏幕中所显示的首个视图。如果此时的 Interface Builder 中有两个视图控制器，我们可以利用这个箭头指定其中一个视图控制器为应用程序启动后首个显示在屏幕上的控制器。

在 Interface Builder 底部有一个 View as: iPhone 8 的按钮，如图 2-3 所示。单击后会打开设备选择面板，可以看到不同屏幕尺寸的 iOS 设备，分辨率从低到高分别是：iPhone 4s（3.5 英寸）、iPhone SE（4 英寸）、iPhone 8（4.7 英寸）、iPhone X（5.8 英寸）、iPhone 8 Plus（5.5 英寸）以及 iPad 9.7/10.5/12.9 英寸三个不同的屏幕尺寸。我们可以随意选择不同屏幕尺寸的设备以及它的方向（横向 / 纵向）进行设计。

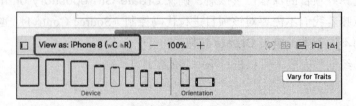

图 2-3　Interface Builder 中的 View as 部分

步骤 2：在设备选择面板中选择 iPhone X，如果视图较大，可以在触控板上通过缩放操作将其调整到合适的大小。

步骤 3：打开 Xcode 右侧的实用工具面板。在对象库中搜索标签（Label）控件，或者使用 Command + Option +L 快捷键在对象库的搜索栏中输入 Label。

实用工具分为上下两个部分，上半部分有 6 个标签，下半部分有 4 个标签。这里重点看下半部分的第 3 个标签——**对象库**（Object Library），它的图标是圆圈中包含一个正方形，在设计用户界面的时候我们会经常用到它，如图 2-4 所示。

步骤 4：拖曳 Label 到视图之中，将其放在视图顶部的任意位置即可。在 Attributes Inspector 中将 Label 的内容修改为 I Am Rich；单击 Font 右侧的 T 字标记，将 Font 设置为 Custom，Family 设置为 Helvetica Neue，Style 设置为 Thin，Size 设置为 40，如图 2-5 所示。

图 2-4　对象库中搜索 Label 控件

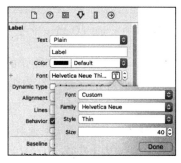

图 2-5　设置 Label 的字体和字号

因为修改了字号，所以当前标签中的文本内容根本无法全部呈现在视图中，这时我们需要调整 Label 的八个控制点，使其全部呈现在视图上。另外，因为 Label 是 iOS 开发中最常用的 UI 控件，所以也可以通过 Command + = 快捷键让 Interface Builder 自动调整 Label 控件到合适的大小。

小知识　如果拖曳 Label 到视图的左侧边缘、右侧边缘或视图中央的话，会看到有蓝色的参考线出现，Xcode 就是通过这样的方式来帮助设计者快速定位控件的位置。

步骤 5：确保选中 Label，在 Attributes Inspector 中将 Color 设置为 White Color。

此时 Label 中文本的颜色会与设计视图的背景色都为白色。为了能够在视图中快速找到所需要的 UI 控件，可以通过 Document outline 快速定位。

在 Document Outline 中单击 View Controller Scene/View Controller/View，如图 2-6 所示。接着，在 Attributes Inspector 中将 Background 设置为 RGB 34495E。

技巧　在点开 Background 以后，可以看到 Colors 设置面板，它一共包含五个可选方式：色环（Color Wheel）、颜色滑块（Color Sliders）、调色板（Color Palettes）、图像调色板（Image Palettes）、笔（Pencils）。在颜色滑块标签中可以通过 RGB 方式设置颜色，如图 2-7 所示。

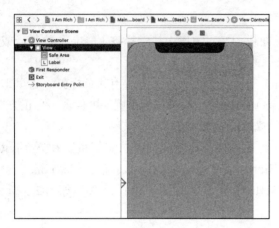

图 2-6　在 Document Outline 中选 View 视图

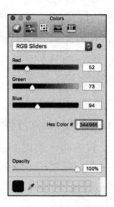

图 2-7　Xcode 中的颜色设置面板

　　此时的 Label 是被我们随意放置的，下面，我们需要精准定位 UI 控件的位置，也就是一切从客户的角度出发，为客户的需求考虑。不管是标签（Label）还是按钮（Button），不管是位置还是大小，都需要有精确的设定。

　　步骤 6：再次选中 Label，在 Size Inspector 的 View 部分中，设置 x 为 108，y 为 100，width 为 160，height 为 50。

　　此时 Label 在视图中的大小与位置看着就比较自然、舒服了，如图 2-8 所示。但是这种方法是最初级、最原始的，在之后的学习中，将会通过自动布局和 Sized Classes 等特性进行 UI 控件的完美布局。

图 2-8　Label 编辑后
的最终效果

2.3　如何定位用户界面元素

　　在上一节我们创建了 UILabel 控件，并在 Size Inspector 中设置了它的大小和位置。本节会对设计界面时的定位做一个简单的解释，这样可以便于我们在将来为自己的应用设计用户界面。

　　可以想象一下，我们将 iPhone 的屏幕划分为细小的网格，如图 2-9 所示。而屏幕的左上角就是这张"坐标纸"的原点（0，0），往右是水平方向的正值，往下是垂直方向的正值。在垂直方向上与我们平时使用的真正坐标值正好相反。

　　对于 iPhone 6 来说，它水平方向是 375 个点，垂直方向是 667 个点。通过苹果的官网我们可以找到所有不同屏幕尺寸 iPhone 设备的分辨率，如图 2-10 所示。

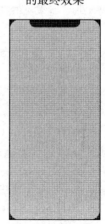

图 2-9　被划分后的
屏幕坐标

　　当你在屏幕上定位像 UILabel 这样的用户界面元素的时候，所指定的位置是 UILabel 控件左上角的那个点，不管是按钮、开关或图像视图都是如此。这样，不管用户界面元素是正方形还是长方形，这个点是可以确定的。

　　另外，我们还会通过 width 和 height 确定界面元素的宽和高。所以要想在视图中确定一个界面元素的位置与大小，我们只需要设置好四个属性即可，即 x、y、width 和 height 的值。这与我们之前在 Size Inspector 中设置的四个属性一致，如图 2-11 所示。如果你愿意，可以随意修改这四个值来了解每个属性所实现的功能。

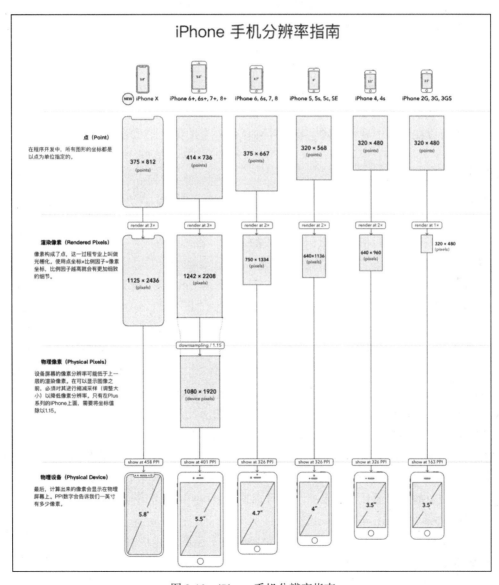

图 2-10　iPhone 手机分辨率指南

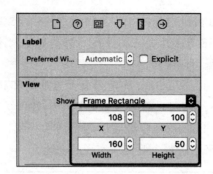

图 2-11　设置 UILabel 控件的位置和大小

2.4　导入图像素材到 Xcode 项目

接下来，我们将会为项目添加一些图片素材，并将一张红宝石图像呈现到应用的视图之中。为了可以在屏幕上显示图像，我们需要添加一个图像视图（Image View）。

实战：在视图中添加一个图像视图。

步骤 1：打开 Main.storyboard 文件，在对象库中找到 Image View，通过介绍可以了解到，Image View 可以用于显示一个单独的图像或通过 Image 数组所连成的动画。将 Image View 拖曳到屏幕中央的位置，如图 2-12 所示。

步骤 2：在选中 Image View 的情况下打开 Attributes Inspector，这里面全部都是与 Image View 相关的属性。其中最重要的一个属性是 **Image**，它用于指定在 Image View 中显示的图像。在之后的操作中，我们会向大家介绍如何为项目添加图片素材。

步骤 3：在选中 Image View 的情况下打开 Size Inspector，将 x 设置为 53，y 设置为 240，宽和高均设置为 270。

图 2-12　设置 UILabel 控件的位置和大小

步骤 4：打开项目中的 Assets.xcassets 文件，在右侧的列表中有一个 AppIcon 文件夹，其内部有很多空槽，用于为项目添加各种图标。当我们将项目上传到 App Store 上时，Xcode 会检查并确保所有的空槽都填充了符合要求的图标。

本书中涉及的项目源代码以及素材均可以在 GitHub 网站中下载，地址为 https://github.com/liumingl/ios-11-Swift-4-Tutorial。

在素材文件夹中找到相关资源，然后对照空槽下面的描述将对应的图标拖曳到空槽之中。比如将 Icon-App-40x40@2x.png 文件拖曳到 iPhone Spotlight iOS 7-11 40pt 的 2 倍空槽中。因为它只接受 40×40 点，也就是 80×80 像素的图像，用于在 iOS 搜索的时候使用，如图 2-13 所示。

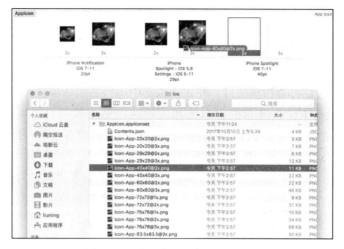

图 2-13　设置应用程序的 AppIcon

步骤 5：此时，在 AppIcon 中有很多用于 iPad 设备的图标空槽，由于本项目只是针对 iPhone 设备，所以取消勾选工具区域 Attributes Inspector 的 Pad 选项即可。

步骤 6：在资源文件夹中找到 diamond@2x.png 文件，并将其直接拖曳到 Assets.xcassets 文件的列表之中，此时在 AppIcon 的下面会添加一个新的 diamond 条目。

这里大家可能已经注意到 iOS 项目中图片素材文件的命名方式有些奇怪。在一般情况下文件名称被分成 2 部分，@ 前面的部分是图片素材的文件名称，而 @ 后面的部分是 1x、2x 或 3x，如果在 iPad mini 一代设备上显示图片的话，系统会自动调用 1x 的图像，因为它是标准的屏幕。如果在 iPhone SE/5/6/7/8 显示图片的话，系统会自动调用 2x 的图像，因为它们都是 Retina 显示屏。如果在 iPhone Plus 机型显示图片的话，系统会自动调用 3x 的图像。也就是说为了可以让你的应用在所有设备上完美运行，你需要准备 3 张不同分辨率，但是内容一样的图片。但是，如果在 Plus 机型上面运行，并且没有找到 3x 图像的情况下，它会自动使用 2x 的图像替代，如果没有的话则会再查找 1x 的图像（它是向下兼容的）。

步骤 7：回到 Main.storyboard 文件，选中刚才添加的 Image View，然后将 Attributes Inspector 中的 Image 设置为 diamond。因为在 Assets.xcassets 文件中已经添加了 diamond 的素材，所以该图像会直接显示在 Image View 之中（如图 2-14 所示）。

图 2-14　设置 Image View 的 Image 属性

步骤 8：调整 Content Mode 为 Aspect Fit，让 Image View 中的图像按原图比例调整到合适的大小。

2.5   运行并测试项目

在本章的最后我们将会构建项目，并在模拟器中运行和测试项目。

首先你需要通过 Xcode 底部的设备选择面板确定你当前项目的用户界面是针对哪款 iOS 设备开发的，在我们没有学习任何关于自动布局特性的内容之前，暂时还不具备为所有不同屏幕尺寸的 iPhone 设计完美用户界面布局的能力。

如果你此时选择 iPhone SE 或者是 iPhone 4s 的话，界面效果会非常糟糕，如图 2-15 所示。不过没有关系，一旦我们学习了自动布局特性以及如何为界面元素添加相关约束以后，这个问题就迎刃而解了，因为我们可以仅设计一套用户界面布局，然后让它完美地呈现到所有不同尺寸、不同方向的 iOS 设备上面。

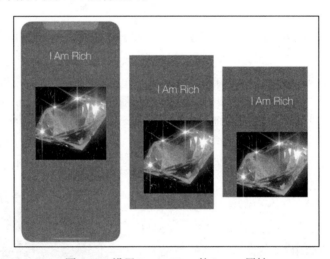

图 2-15   设置 Image View 的 Image 属性

但是目前，我们需要一切都保持在 iPhone X 上面的设计规格，在模拟器的选择上也要设定为 iPhone X，如图 2-16 所示。

一旦我们选择在 iPhone X 模拟器中运行 I Am Rich 项目，并通过菜单栏 Product/Run 或者使用 Command + R 快捷键运行项目，Xcode 顶部状态栏中的信息窗口就会呈现出各种状态和相关进度。在成功构建项目以后，我们就会看到运行应用的模拟器，如图 2-17 所示。

模拟器实际上是一个运行在 macOS 系统上的应用程序，它会模拟成 iPhone 或 iPad，并且受到存储和内存的限制。显然，Mac 的内存要大于 iPhone 或 iPad 的容量，因此在模拟器中运行正常，但是在物理真机上却发生崩溃的情况也是会发生的。

一旦模拟器启动以后，就会自动载入并运行项目中的应用程序。如果在模拟器菜单中选择 Hardware/Home 或者使用 Shift + Command + H 快捷键就可以回到 Home 屏幕，如图 2-18 所示，再次单击应用图标还可以回到之前的应用。

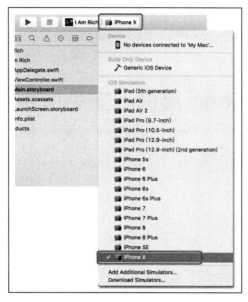

图 2-16　设置在 iPhone X 模拟器中运行项目

图 2-17　在模拟器中运行的 I Am Rich 应用

图 2-18　在模拟器中回到 Home 屏幕

Chapter 3 第 3 章

在 iPhone 真机上安装应用

在 Xcode 7 之前，如果我们想要将编写好的应用程序安装到 iPhone 物理真机上进行调试是非常麻烦的。首先要通过开发者账号登录到苹果的开发者管理页面，将用于调试的 iPhone 的唯一标识码（UDID 码）添加到后台，然后更新 provisioning profile 证书文件，再下载这个文件到 Mac 电脑，并安装到该电脑上，经过好几个步骤以后，才能进行真机调试。这还不包括会遇到证书过期、添加新机器等问题。而且，更主要的一个问题：你需要为此缴纳每年 99 美金的年费。

从 Xcode 7 开始，苹果改变了自己在许可权限上的策略，开发者无须注册**开发者账号**，仅使用 Apple ID 就能在物理真机上下载和进行测试体验。不过，如果你打算向 App Store 提交应用的话，那仍然需要支付费用。

3.1 使用 Xcode 将项目下载到物理真机

在将项目上传到物理真机之前，请允许我向大家介绍一下" Sideloading"。Sideloading 主要是在互联网上使用的一个术语，与"上传"和"下载"类似，被引申为在两个本地设备之间传输文件的过程，特别是在计算机和移动设备，例如手机、iPad 或电子阅读器等。

Sideloading 通常是指通过 USB 线、蓝牙、Wi-Fi 或通过写入存储卡将媒体文件传输到移动设备中的过程。当涉及 iOS 应用程序时，Sideloading 通常意味着在 iOS 设备上自行安装自制的应用程序。

接下来，我们要将 I Am Rich 应用上传到 iPhone 真机上，但是过程会稍微有点儿曲折。因为 Apple 的安全需求，所以我们要严格按照下面的步骤操作。

实战：将I Am Rich应用上传到iPhone真机上。

步骤1：在Xcode中打开之前的I Am Rich项目，确定Xcode的版本与iPhone上系统的版本一致。这一步非常重要，因为版本不一致会导致应用程序无法上传到iPhone真机。在Xcode的About菜单选项中查看当前Xcode版本，如图3-1所示，如果当前的版本为9.1或9.2，则iPhone上对应的iOS版本就必须是11.1或11.2。一般来说，高版本的Xcode可以兼容低版本的iOS，但是强烈建议两个版本保持一致。

图3-1 通过Xcode查看版本号

步骤2：在项目导航中选择顶部的I Am Rich条目（蓝色图标的），在右侧面板中选择TARGETS部分的I Am Rich，并确保选中General标签。你会发现在General标签中有很多设置选项。

步骤3：在Signing部分，确保**自动管理签名**（Automatically manage signing）处于勾选状态。在该状态下允许Xcode自动创建项目配置文件，设置开发证书和所有的代码签名。除此以外，还有一些工作需要我们手动完成，但是已经比Xcode 7之前的操作简单多了。

步骤4：单击Team右侧的下拉列表，当前的选项是None，如果你之前没有在Xcode中设置过该选项的话，选择添加一个账号（Add an Account...），如图3-2所示。在Accounts面板中添加你自己的Apple ID，该Apple ID可以是你之前用于下载iOS应用的账号，并且不需要将其升级为开发者账号。输入完成以后单击Sign In，如图3-3所示。在面板中单击刚刚添加好的账号，可以看到一些账号相关信息以及当前账号的角色是User，如果是开发者账号的话，登录以后的角色将会是Agent，如图3-4所示。

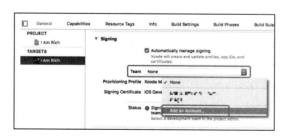

图3-2 添加一个全新的账号

图3-3 利用Apple ID账号登录

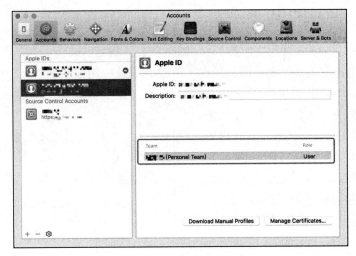

图 3-4　检查 Apple ID 账号

步骤 5：关闭当前面板并回到 General 标签，将 Team 从 None 修改为新添加的账号。此时，Provisioning Profile 和 Signing Certificate iPhone Developer 也发生了相应的改变，如图 3-5 所示。

图 3-5　在 Signing 中设置用户账号

步骤 6：利用数据线连接 iPhone 真机与 Mac，并确定相互之间已经完全信任。连接成功后，在 Xcode 菜单中选择 Product/Destination，确保 iPhone 真机的名字出现在 Device 中并选中它，如图 3-6 所示。

步骤 7：在 Xcode 顶部工具栏的 Scheme 中再次确认 I Am rich 项目是运行在 iPhone 真机后，构建并运行项目。在构建项目的同时，可以看到消息窗口中会显示当前的操作状态，例如准备、安装、运行等。在 Xcode 上传程序到 iPhone 的时候，有

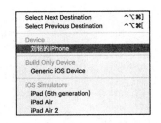

图 3-6　确认 Xcode 是否认出物理真机

时会弹出对话框提示用户 macOS 想要做一些事情，需要用户输入当前登录的用户名和密码，输入完成以后单击 Allow 按钮。这一步非常重要，因为 Xcode 会在系统层面做出一些改变和设置，如果单击 Deny 就会导致后面的操作失败。

步骤 8：在 Xcode 上传应用到 iPhone 的最后，会弹出一个错误面板，如图 3-7 所示。这是因为你现在 iPhone 真机上面还没有信任用于开发的配置文件。目前，Apple ID 只是设置在了你的 iPhone 上，单击 OK 按钮关闭错误面板。

图 3-7　弹出的错误面板信息

步骤 9：在 iPhone 真机上面打开**设置→通用→设备管理**，单击**信任**"xxxxx@icloud.com"的连接并确认，如图 3-8 所示。

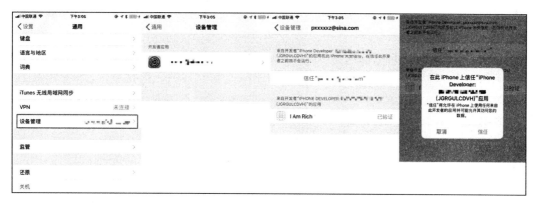

图 3-8　在 iPhone 的设置中信任该设备

步骤 10：回到 Xcode 并确保 I Am rich 项目还是会安装在 iPhone 真机上面，再次构建并运行项目。在此期间你可能会得到另一个错误信息，告知你需要解锁 iPhone 以后才能运行，现在只需要解锁你的 iPhone 即可。

另外，在 General 标签中还有个 Deployment Target 选项，它代表当前项目所部署的 iOS 版本号，如果你选择的是 11.1，则会向下兼容 11.0 或者是 10.3。

挑战　利用之前所掌握的技能，仿照之前的 I Am Happy，完成 I Am Busy 项目。在本书素材中会为大家提供非常 Cool 的 App Icon，以及用于显示在屏幕上的图片。

3.2　通过 GitHub 下载项目样例代码

完成上面挑战的第一步就是要在 GitHub 网站下载初始项目文件，很多程序员都会将自己的项目代码放在 GitHub 上面进行维护，或分享给其他程序员，如图 3-9 所示。git 是一个免费的开源项目，它的创始人就是著名的 Linux 系统创始人 Linus Torvalds。git 有很多对于开发者有用的特性，其中最重要的一个就是版本控制（Version Control）。

图 3-9　GitHub 网站主页面

想象一下，有两位程序员阿刚和雪峰在共同维护一段代码，他们两位应该如何高效地工作呢？

方案一：阿刚先维护这段代码，做完以后再给雪峰继续维护。大家都知道这是效率最低的工作方式，因为同一时间只有一个人在工作。面对这样的工作效率，老板是绝对不会答应的！

方案二：阿刚和雪峰各自复制一份代码独自去维护。但问题在于很难将两份代码合并到一起。

方案三：利用版本控制，将主拷贝存储到核心服务器中，不管是阿刚还是雪峰都可以获取项目代码的主拷贝到本地，各自修改好以后再更新到核心服务器中。例如：阿刚先从服务器获取主代码，在完成修改以后将其合并到主代码库，此时的代码库变成了 2.0 版本。接着雪峰从服务器获取主代码的时候，得到的就是最新的 2.0 版本，他可以继续维护代码的其他部分。另外，如果两人在同一时间维护同一段代码应该怎么办呢？阿刚的操作与之前一样，服务器代码将更新为 2.0 版本。而此时雪峰还是在 1.0 版本的基础上维护代码，在维护完毕并上传合并的时候，git 会检查是否与当前服务器上面的代码有冲突，如果没有则将雪峰的新代码合并到主版本库，此时代码库变成了 3.0 版本。如果有冲突，git 会列出引起冲突的代码行，由雪峰通过手工的方式在 2.0 版本的基础上修改相关代码。

git 不仅可以对程序代码做版本控制，也可以对 PDF、Word、Excel、PPT 等文件进行这样的操作。它的好处在于 git 可以保存每次提交时的状态，这样文档就可以随时回滚到之前所提交的某一个状态。

本书会通过 GitHub 来维护所有代码，GitHub 是一个面向开源及私有软件项目的云端托管平台，因为只支持 git 作为唯一的版本库格式进行托管，故名 GitHub。

本书会涉及很多实战项目，如果每个练习都从头开始，会浪费很多不必要的时间，我们希望大家更多去关注那些重要并且有趣的内容，因此在 GitHub 中会存储初始项目代码和最终代码，另外还会存储项目所需要的资源素材。

📇 **实战**：从 GitHub 下载 I Am Busy 项目。

步骤 1：登录 GitHub，并在搜索栏中输入 I Am Busy。找到 liumingl/I-Am-Busy 并单击进入相关页面，如图 3-10 所示。为了可以快速找到需要的项目，我们可以在搜索的时候指定 Language 为 Swift，以便缩小查找的范围。

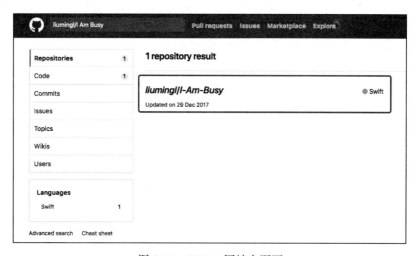

图 3-10　GitHub 网站主页面

步骤 2：为了可以拷贝项目代码和素材文件，单击 Clone or download 按钮，如图 3-11 所示。

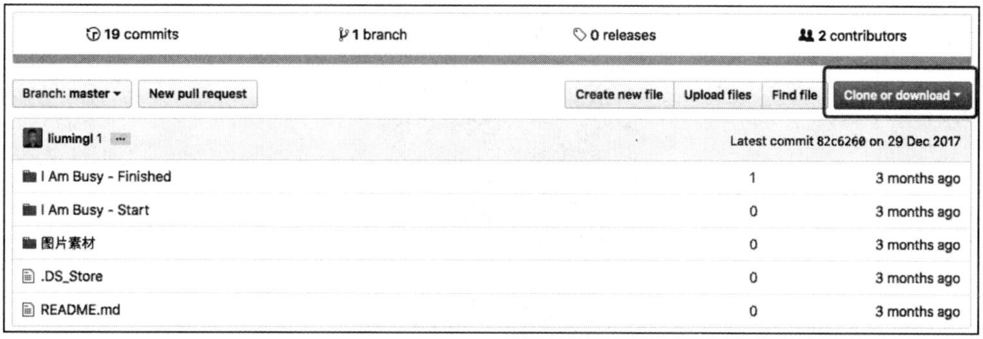

图 3-11　下载项目代码到本地

步骤 3：将下载的 zip 文件解压缩，进入 I Am Busy - Start 文件夹，打开项目文件。

步骤 4：在项目导航中选择 TARGETS，在 General 标签将 Bundle Identifier 中的域名修改为自己的域名，如图 3-12 所示。

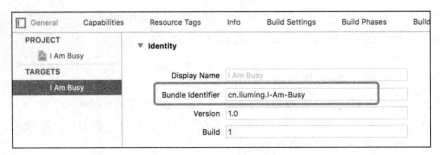

图 3-12　打开项目以后修改 Bundle Identifier 设置

实战：仿照 I Am Rich 项目，完成 I Am Busy 项目。

步骤 1：从对象库中添加一个 UILabel 到 Main.storyboard 的视图控制器的 View 中。

步骤 2：设置 UILabel 的 text 属性为 I Am Busy。设置 Label 的字体为 Helvetica-Neue-Thin，字号为 40。

步骤 3：在选中 Label 的情况下，使用 Command + = 组合键将 UILabel 调整到合适的大小，并定位好其位置。

步骤 4：再次通过对象库将 Image View 拖曳到视图控制器的 View 中，设置 Image View 显示名为 Busy 的图像，并且设置 Content Mode 为 Aspect Fit。你可以调整 Image View 到合适的大小与位置。

步骤 5：改变视图控制器中 View 的背景颜色，并对个别 UI 控件进行个性化调整。

在 Xcode 模拟器或 iPhone 真机上运行该项目，效果如图 3-13 所示。

图 3-13　I Am Busy 项目的最终效果

第 4 章 *Chapter 4*

构建简单的掷骰子游戏

在本章中我们要构建一个简单的掷骰子游戏，在之前的章节中，我们学习了如何使用 Interface Builder 设计并布局用户界面，进而独立制作了 I Am Busy 项目。如果你还没能独立完成 I Am Busy 项目的话，强烈建议你真正自己完成以后再继续下面的内容。

本章的项目非常简单，当启动应用以后会看到一个 Logo、两个骰子（拼音：tou zi，作者读 shai zi 几十年了）和一个按钮，如图 4-1 所示。当单击按钮以后，两个骰子的面就会发生变化，就好像它们在真正地滚动一样。如果将应用安装到 iPhone 真机的话，将是一个既简单又非常酷的应用！

在本项目中，我们还是会使用 Interface Builder 设计界面，将相关图片添加到 Xcode Assets 中，大部分都会与视图和外观相关。除此以外，我们还会接触一些代码，它们都是最基础的，比如说数组。还有就是如何将代码与界面进行关联，了解 IBOutlet 和 IBAction 是如何工作的，以及如何修复一些常见的 Bug。最后，我们还会编写生成随机数的方法。

这个应用虽然非常简单，但是其中 90% 的操作都是一名 iOS 程序员每天都会涉及的，因此也是非常重要的！

图 4-1　掷骰子游戏的主界面

4.1　如何设计掷骰子游戏

首先，让我们先下载相应的素材，在 GitHub 中搜索 IOS 11 Swift 4 Tutorial 就可以定位到该项目。

C:** **实战：创建 Dicee 的用户界面。

步骤 1：启动 Xcode，在欢迎界面中单击 Create a new Xcode project，选择 iOS/Application/Single View App，Product Name 设置为 Dicee，Team 保持不变，如果你没有组织名称的话，在 Organization Name 中填写**自己的名字**，在 Organization Identifier 中填写自己全名的域名或者公司的网址。确保 Language 为 Swift，确保最下面的三个复选框处于未勾选状态，单击 Next 按钮。

步骤 2：选择保存项目的本地位置，在确保 Source Control 处于未勾选状态后，单击 Create 按钮。

在成功创建好项目以后，接下来我们需要继续在故事板中设计用户界面。

步骤 3：打开 Main.storyboard 文件，在设备选择面板中将设计界面设置为 iPhone X 屏幕，然后在对象库中将 Image View 拖曳到视图之中，并将其调整到整个视图大小。

注 在调整 Image View 位置的时候，Interface Builder 会自动出现参考线帮助我们定
意 位，当 Image View 在离视图边缘 8 个点位置的时候，会出现自动停靠的效果，因
为 Xcode 会认为 UI 控件不适合放置在屏幕的边缘处。大可不必管它，直接将 Image
View 放在视图的最上角，我们需要让 Image View 中的图像作为整个屏幕的背景图。

虽然项目默认使用 iPhone 8 的屏幕，但是我们手工将屏幕尺寸修改为 iPhone X 的 5.8 英寸。在之后的章节中会向大家介绍如何通过自动布局和约束来进行完美布局。

步骤 4：在项目导航中打开 Assets.cxassets 文件，将本书所提供的素材图片添加到里面。其中包括六套骰子面图片、一套背景图片、一套 Logo 图片和一套 60×60 点的 App Icon 图片，如图 4-2 所示。

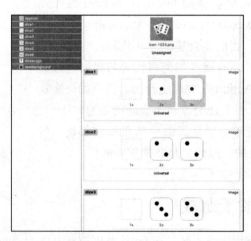

图 4-2　Dicee 项目中导入到 Assets.cxassets 文件的素材资源

步骤 5：回到 Main.stroyboard 文件，选中之前作为背景的 Image View，然后在 Attributes Inspector 中将 Image 设置为 newBackground。再从对象库拖曳一个 Image View，放置在视图的顶部，将其 Image 设置为 diceeLogo，将 Content Mode 设置为 Aspect Fit，并调整好其位置和大小，如图 4-3 所示。

步骤 6：再从对象库中拖曳两个 Image View 到视图之中，选择其中一个在 Size Inspector 中将 x 设置为 40，y 设置为 300，宽和高均设置为 120。将另外一个 Image View 的 x 设置为 215，y 设置为 300，宽和高还是 120。

注意 本实战中所使用的是以 iPhone X 屏幕为参照的视图尺寸，所以在实战中请注意屏幕尺寸的选择，在其他屏幕尺寸下使用当前的设置参数并不会有好的结果。

步骤 7：确定选中其中一个骰子的 Image View，在 Attributes Inspector 中将 Image 设置为 dice1，再将第二个骰子也做同样的设置，如图 4-4 所示。

设计用户界面的最后一步是要在视图中添加一个"掷骰子"按钮，当用户单击它以后骰子的面要发生变化。

步骤 8：在对象库中将 Button 拖曳到视图的下半部分，将按钮的标题修改为**掷骰子**，将 Font 设置为 Helvetica Neue，字号设置为 25，最后将按钮调整到合适的大小和位置。设置标题的颜色为白色，按钮的颜色为粉色，如图 4-5 所示。

图 4-3 设置 Image View 的图像

图 4-4 设置骰子的 Image View 图像

图 4-5 设置骰子的 Image View 图像

现在，我们已经为掷骰子游戏设计好了用户界面，在下面的章节中，会将之前所设计的用户界面元素与程序代码进行关联。这样，当用户单击按钮的时候就可以通过代码让骰子的面发生变化。

4.2　建立代码与界面元素的关联

在设计好用户界面以后，接下来我们要让程序代码了解、掌握一些关键的界面元素，因为这些界面元素在程序运行期间会发生变化，或者是要响应用户的交互操作。

其实我们通过 Interface Builder 创建的用户界面文件（Main.storyboard）也是代码构成的，在项目导航中的 Main.storyboard 文件上单击鼠标右键，在弹出的菜单中选择 **Open As/ Source Code**，此时就会看到 XML 格式的 Main.storyboard 文件的内容。幸运的是，你根本不用担心如何去读懂它，因为在绝大部分的时间里，我们都是在 Interface Builder 中搞定用户界面。

在本项目中，当我们单击"掷骰子"按钮以后，要以随机图像的形式来呈现骰子的滚动效果，因此需要让程序代码知道在什么时候按钮被单击了，以及是否要改变骰子的外观。在程序代码与用户界面之间，我们需要处理好两种情况：一种是在某种情况下改变某个界面元素的外观，另一种是在某种交互行为发生的时候，通知程序代码。这两种情况的处理会在后面的章节中详细介绍。

首先，需要将 Xcode 切换到助手编辑器模式，单击顶部工具栏右半部分中画有**两个圆圈**的按钮。在助手编辑器模式下，Xcode 的编辑窗口被分割为左右两部分，你可以同时看到设计部分和代码部分。如果你使用的是 13 英寸的 MacBook Air 或是 12 英寸的 MacBook，可能会需要更多的编辑空间，否则在助手编辑器模式下会很难操作。这里建议你暂时关闭左侧的导航区域，右侧的工具区域以及中间部分的 Document Outline（我们称之为大纲导览视图），这样便扩大了编辑区域的空间，如图 4-6 所示。

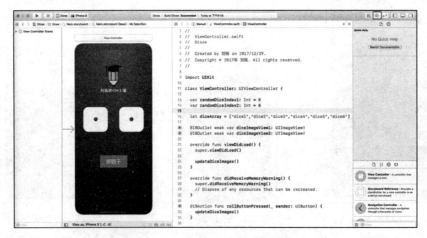

图 4-6　将 Xcode 切换到助手编辑器模式

让我们选中 Main.storyboard 文件，开始设计 I Am Rich 项目的用户界面。

C:\ **实战**：将界面元素与代码建立关联。

步骤1：将 Xcode 切换到助手编辑器模式，并确保左侧窗口打开的是 Main.storyboard 故事板文件，右侧窗口打开的是 ViewController.swift 代码文件。

如果右侧打开的是其他文件，可以按住 option 键并在项目导航中单击 ViewController. swift 文件。

步骤2：按住 Control 键，鼠标拖曳代表左侧骰子的 Image View，此时会有一条蓝色细线出现在界面元素与鼠标之间，并且蓝线的端点会跟随鼠标移动，如图 4-7 所示。

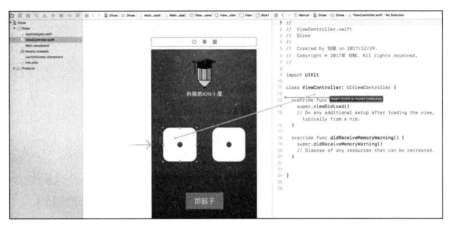

图 4-7　为 Image View 添加 IBOutlet 关联

步骤3：在下面的代码之间松开鼠标，在弹出的对话框中确认 Connection 为 Outlet，Name 设置为 diceImageView1，确认 Type 为 UIImageView 类型，Storage 为默认的 Weak 类型，最后单击 Connect 按钮，如图 4-8 所示。

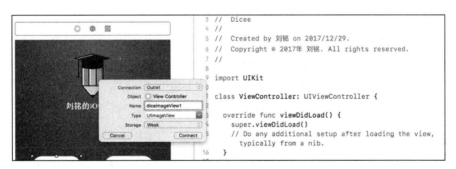

图 4-8　设置 Image View 的 IBOutlet 选项

在单击 Connect 按钮以后，可以发现 Xcode 为我们自动添加了一行代码。

```
class ViewController: UIViewController {
  @IBOutlet weak var diceImageView1: UIImageView!
```

Xcode 创建的 **IBOutlet** 关键字是 Interface Builder Outlet 的缩写，变量 **diceImageView1** 是一个指针变量，它指向 Main.storyboard 中的 Image View 控件，该变量的类型是与界面元

素对应的 UIImageView。

在这步操作中有两件事情需要大家注意：一是确认关联的类型一定为 Outlet 以及记住 IBOutlet 的名字 diceImageView1；另一件事是请暂时忽略 weak 关键字以及最后的**感叹号** (!)，因为它属于高级一阶的 Swift 语法内容。

在设置 IBOutlet 关联的 Name 属性时，Swift 语言对于变量和方法的命名会使用**驼峰命名法（CamelCase）**。它是编写程序时的一套命名规则，正如它的名称 CamelCase 所表示的那样，是指混合使用大小写字母来构成变量和函数的名字。即变量名的第一个单词使用小写，从第二个单词开始均要求首字母大写。该命名法在程序设计时非常实用，因为可以很容易地区分每一个单词。

另外，当成功建立 IBOutlet 关联以后，在其代码行前面的灰色沟槽中，可以看到一个实心的圆圈。并且当鼠标悬停在其上面的时候，Interface Builder 中已经建立好关联的界面元素就会被高亮显示。这个功能非常有用，如果它是一个**空心圆**，则代表 IBOutlet 变量还没有与故事板中的界面控件建立关联。如果对应到了错误的界面元素，则代表建立了错误的关联。

步骤 4：为另一个 Image View 建立 IBOutlet 关联，拖曳另一个 Image View 到之前 ViewController.swift 文件中 @IBOutlet 代码的下一行。Connection 设置为 Outlet，Name 设置为 diceImageView2，Type 和 Storage 保持默认即可，单击 Connect 按钮。

```
@IBOutlet weak var diceImageView1: UIImageView!
@IBOutlet weak var diceImageView2: UIImageView!
```

最后，我们还要为"掷骰子"按钮设置一个关联，与之前所建立 Outlet 关联有些许不同，之前的关联是想要改变某个界面元素的外观。现在要建立的关联叫作 IBAction，它用于允许代码响应用户与应用程序界面的交互行为。

步骤 5：与之前建立 IBOutlet 关联一样，在"掷骰子"按钮上面按住鼠标右键并将其拖曳到 ViewController.swift 文件中，但是这次需要将其拖曳到文件中最后一个大括号的上方。在弹出的面板中将 Connection 设置为 Action，Name 设置为 rollButtonPressed，Type 设置为 UIButton，Event 设置为 Touch Up Inside。单击 Connect 按钮后，会出现下面的代码。

```
@IBAction func rollButtonPressed(_ sender: UIButton) {
}
}
```

在面板中单击 Event 后会弹出一个事件列表，其中 Touch Up Inside 是按钮控件最为常用的一个事件，它代表当用户单击按钮并在按钮区域范围内抬起手指的这个事件。当然，我们也可以选择其他基于按钮的交互事件，例如 Touch Drag Outside，代表按住按钮，并将手指移到按钮之外的事件，通常用该事件实现拖曳操作。

此时，我们可以观察下 IBOutlet 和 IBAction 之间的不同，IBOutlet 用于改变界面元素的外观，而 IBAction 是在界面元素有人机交互事件时调用设置好的 IBAction 方法。

二者之间的另外一个不同是：IBOutlet 是一个变量的声明，IBAction 是类中的一个方法。

在 rollButtonPressed() 方法中，我们还将添加当用户单击按钮后掷骰子的相关代码。

 提示   不知你是否想对 Image View 添加 IBAction 方法，如果这样做的话，在 Connection 中并不会看到 Action 的选项，因为 Xcode 默认 Image View 只能用于呈现各种图像，并不接受用户的互动，而按钮除了可以修改外观以外还可以响应用户的交互。因此 Image View 只能有 IBOutlet，而 Button 则两者都具备。

4.3 IBOutlets/IBActions 调试

上一节，我们学习了如何在界面元素和代码之间建立 IBOutlet 和 IBAction 关联，但是对于初学者来说，在建立关联的时候往往会产生一些错误，造成一些 Bug。

让我们先观察下面这段代码：

```
class ViewController: UIViewController {
    @IBOutlet weak var diceImageView1: UIImageView!
    @IBOutlet weak var iLoveThisGameImageView: UIImageView!
```

代码中的第一个 IBOutlet 变量——diceImageView1，非常准确地表达了其代表的界面元素有什么用。但是第二个 IBOutlet 变量——iLoveThisGameImageView 并没有准确地体现出它有什么用，如果现在你想马上修改变量名称的话，错误也就会随之产生。

将 iLoveThisGameImageView 变量名称修改为 diceImageView2，此时你会发现第二个 IBOutlet 代码行左侧的灰色沟槽中变成了空心圆，代表该 IBOutlet 变量目前并没有与任何界面元素建立关联。如果此时构建并运行应用程序，会导致应用无法工作而发生崩溃的情况。

当应用程序崩溃的时候，可以在 Xcode 的代码中看到红色高亮标识，代表有问题发生。调试控制台也会出现并告诉你因为一个未捕获到的异常导致应用程序终止运行。这是一个非常常见的错误，作为一名初学者你可能会在这里看到各种各样的错误信息，发生错误不可怕，但一定要在发生错误的时候仔细了解错误信息的意思。

```
Terminating app due to uncaught exception 'NSUnknownKeyException'
```

现在，错误信息中重要的信息是：该类中没有名为"iLoveThisGameImageView"的变量，很显然我们已经将这个变量的名称修改为 diceImageView2 了，但是为什么 Xcode 还会认为项目中会包含 iLoveThisGameImageView 变量呢？

在项目导航中打开 Main.storyboard 故事板文件，之前右侧骰子的 ImageView 是与 iLoveThisGameImageView 关联的，之后我们破坏了这种关联，虽然代码部分的灰色沟槽中已经变成了空心圆，但是设计界面中并不知道发生了变量名的变化。

为了验证，你可以在项目导航中右击 Main.storyboard 文件，通过 Open As/Source Code 查看其界面布局源码，在里面还可以找到 iLoveThisGameImageView 标记。

如何正确处理修改名称，删除某个 IBOutlet 或 IBAction 的情况呢？

　　首先，要在故事板中断开它们之间的关联，在需要修改的界面元素上右击鼠标，在弹出的浮动面板找到 referencing Outlets 部分中修改之前的 Outlet 变量名，本例为 iLoveThisGameImageView。单击其右侧的叉子将其删除。此时如果再次查看 Main.storyboard 的 XML 格式文档，则不会再出现 iLoveThisGameImageView 相关的标签。

　　接下来需要将界面元素与新更名的 Outlet 变量重新建立关联，还是沿用之前的方法，从 Image View 到 diceImageView2 重新为其建立 Outlet 关联。稍微有些不同的是，按住鼠标右键并拖曳的终点要悬停在代码行中 diceImageView2 的上面，这时 Xcode 还会智能高亮显示 diceImageView2。

　　最后可以看到 diceImageView2 代码行前面灰色沟槽中已经变成了实心圆，可以将鼠标悬浮在其上检查其关联的界面元素是否正确。

　　不管你是删除 IBOutlet 还是编辑 IBOutlet 或 IBAction，强烈建议你在界面元素上右击鼠标，在弹出的面板中确认之前的关联是否被移除。

提示　只要在调试控制台中出现类似 " this class is not key value coding-compliant for the key ...." 的字样，你的第一反应就是最近是否在故事板中改变了某些关联。

　　不知你是否注意到，当我们在模拟器中运行并测试应用程序的时候，调试控制台总是会自动打印出很多调试信息。但是绝大部分的信息对于开发者来说并没有什么实质性的帮助。接下来，我们会通过手动的方式关闭这些系统日志信息，让调试控制台只显示我们需要看到的信息。

实战：关闭控制台中系统日志的自动输出。

　　步骤 1：在 Xcode 菜单中选择 Product/Scheme/Edit Scheme...，在弹出的设置面板的左侧选中 Run，在面板的右侧选择 Arguments 标签。

　　步骤 2：在 Environment Variables 部分，单击其下方的 + 号，在 Name 栏中输入 OS_ACTIVITY_MODE，在 Value 栏中输入 disable，最后单击 Close 按钮，如图 4-9 所示。

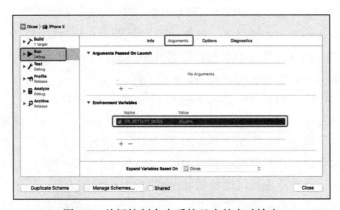

图 4-9　关闭控制台中系统日志的自动输出

再次构建并运行应用程序，此时的调试控制台不会再显示之前的系统日志信息。

4.4　使用 Swift 创建随机数

从本节开始就要进入编写代码的阶段了。首先需要创建变量，我们通过变量存储数据，在类声明的下面声明变量。

```
class ViewController: UIViewController {
  var randomDiceIndex1: Int = 0
```

通过 **var** 关键字创建一个叫作 randomDiceIndex1 的变量，在冒号的后面定义变量的类型为整型（Int），初始值设置为 0。注意，变量只是一个数据的容器，让我们可以将数字或字符串放在里面。如果之后要修改变量的数值或文本内容，只需要简单将新值重新赋给该变量即可。

表 4-1 列出了各种常用的数据类型。

在表格中**整型**（Int）用于存储数字，**单精度**（Float）和**双精度**（Double）用于存储小数，只是双精度会比单精度存储更多小数位的数。如果你需要用到带 20 个小数位的 PI 值，就需要声明一个双精度常量或变量。如果需要处理类似身高、体重的数据，单精

表 4-1　常用的数据类型

类型（Types）	示　　　例
Int	12558930000
Float	1.4, 3.49, 94.35 357, 3.141 59
Double	3.141 592 535 9
Bool	true, false
String	"Beijing", "Happy"

度变量就完全可以胜任。**Bool** 是布尔类型，它只能存储 true 或 false 两种值。**String** 是字符串类型，除了可以存储文本内容以外，还可以将数值以字符串的形式存储在该类型中，但是字符串类型的数值无法进行计算。

回到 Xcode 项目，可以自己尝试着添加另外一个变量 randomDiceIndex2。

```
class ViewController: UIViewController {

  var randomDiceIndex1: Int = 0
  var randomDiceIndex2: Int = 0
```

该项目为什么需要这两个变量呢？因为需要 1 到 6 之间的随机数来代表骰子的六个面。我们将会生成随机数来显示相应的骰子图片，这样用户就会看到骰子在屏幕上的变化了。

修改 rollButtonPressed(_ sender: UIButton) 方法，如下所示：

```
@IBAction func rollButtonPressed(_ sender: UIButton) {
  randomDiceIndex1 = arc4random_uniform(6)
}
```

当用户单击"掷骰子"按钮以后便会执行 rollButtonPressed(_ sender: UIButton) 方法中的代码。首先是通过 arc4random_uniform 函数生成 0 到 5 的随机数。arc4random_uniform

函数被定义到 Darwin.C.stdlib 文件中，是基于 C 的 UNIX 函数。在编写代码的时候，我们往往要在代码文件中导入相关的代码库或框架。比如当前的 ViewController 类中，就导入了 UIKit 框架。

```
import UIKit

class ViewController: UIViewController {
```

当我们导入了 UIKit（用户界面工具，User Interface Kit）框架后，该 Swift 文件就包含了所有与用户界面、视图、视图控制器相关的类和函数 API。如果此时将 ViewController.swift 文件中的 import UIKit 代码行删除，Xcode 编译器马上就会报出十几个错误，如图 4-10 所示。

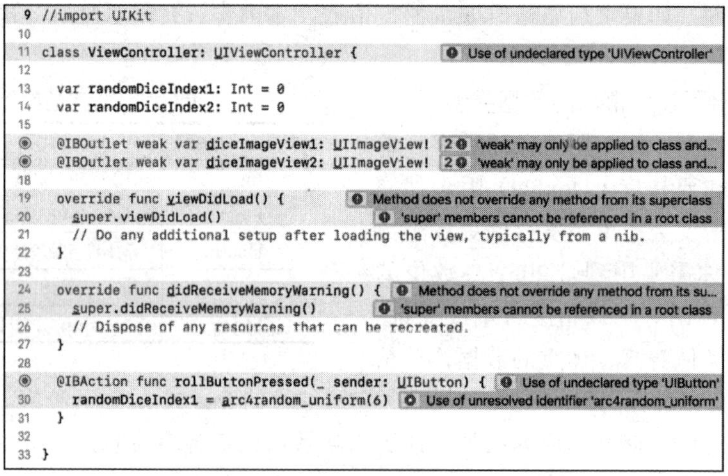

```
 9 //import UIKit
10
11 class ViewController: UIViewController {          ⓘ Use of undeclared type 'UIViewController'
12
13    var randomDiceIndex1: Int = 0
14    var randomDiceIndex2: Int = 0
15
⊙     @IBOutlet weak var diceImageView1: UIImageView!   2ⓘ 'weak' may only be applied to class and...
⊙     @IBOutlet weak var diceImageView2: UIImageView!   2ⓘ 'weak' may only be applied to class and...
18
19    override func viewDidLoad() {                  ⓘ Method does not override any method from its superclass
20        super.viewDidLoad()                       ⓘ 'super' members cannot be referenced in a root class
21        // Do any additional setup after loading the view, typically from a nib.
22    }
23
24    override func didReceiveMemoryWarning() {      ⓘ Method does not override any method from its su...
25        super.didReceiveMemoryWarning()           ⓘ 'super' members cannot be referenced in a root class
26        // Dispose of any resources that can be recreated.
27    }
28
⊙     @IBAction func rollButtonPressed(_ sender: UIButton) {  ⓘ Use of undeclared type 'UIButton'
30        randomDiceIndex1 = arc4random_uniform(6)  ⓘ Use of unresolved identifier 'arc4random_uniform'
31    }
32
33 }
```

图 4-10　注释掉 UIKit 框架以后编译器报错

arc4random_uniform 函数带一个正整型参数 6，代表该函数会返回一个 0 到 5 之间的随机整数。目前，Xcode 编译器会报一个错误，意思是不能将类型为 UInt32 的值分配给 randomDiceIndex1。也就是说 arc4random_uniform 函数返回的值类型是 UInt32，而我们所定义的 randomDiceIndex1 的类型为 Int，两种类型不匹配，所以无法赋值。

UInt32 和 Int 有什么不同呢？UInt32 中的 U 代表无符号（Unsigned），UInt 代表前边没有符号的整型，也就是从 0 开始的整数，UInt32 代表的就是无符号 32 位的整数。而 Int 类型包括正整数、负整数和 0。

解决上面的问题，我们需要将类型进行转换。修改之前的代码如下面这样：

```
@IBAction func rollButtonPressed(_ sender: UIButton) {
randomDiceIndex1 = Int(arc4random_uniform(6))
}
```

通过 Int 的初始化方法 Int()，我们将 arc4random_uniform 函数返回的 UInt32 类型的随机数转换为 Int 类型，这样等号左右两边类型一致，编译器错误也就消失了。

接下来为 randomDiceIndex2 编写相应代码：

```
@IBAction func rollButtonPressed(_ sender: UIButton) {
  randomDiceIndex1 = Int(arc4random_uniform(6))
  randomDiceIndex2 = Int(arc4random_uniform(6))

  print(randomDiceIndex1)
}
```

为了验证用户在每次单击按钮后 randomDiceIndex1 变量是否存储了 0 到 5 之间的随机数，在方法的最后添加了一行打印语句 print()，该函数会将参数值打印到调试控制台中。

构建并运行项目，多次单击"掷骰子"按钮，调试控制台中会打印出每次随机生成的 randomDiceIndex1 的值，效果如图 4-11 所示。

图 4-11　在控制台中打印
出生成的随机数

4.5　数据类型、常量、变量

在上一节中，我们创建了 randomDiceIndex1 和 randomDiceIndex2 两个变量，在本节中我们将会深入了解变量、常量以及它们之间的联系。

关闭之前的 Dicee 项目，在 Xcode 欢迎界面中单击 Get started with a playground，Apple 通过 Playground 帮助开发者以最简单的方式，实现各种想法的测试。Playground 大大降低了我们学习 Swift 的门槛，因为它可以实时执行代码，立即将结果显示出来，并且还有各种交互功能。

在设置面板中将 Name 设置为 Variables,Constants and Data Types，Platform 设置为 iOS，单击 Next 按钮，并将其保存到指定的位置。

在打开的 Playground 中，已经预载入了一个字符串类型的变量 str，它的值为 Hello, playground。将该行代码删除，然后输入下面的代码。

```
import UIKit

var myAge: Int = 38

myAge  = 39
```

在 Swift 中声明变量需要先使用 var 关键字，然后紧跟着的是变量名称，这里输入 myAge，因为是驼峰命名，所以 my 是小写，Age 是首字母大写。接下来是冒号跟变量类型，这里输入 Int，最后是为 myAge 设置初始值，所以输入 = 38。如果要是在之后修改 myAge 的值，可以直接用等号进行赋值，而不需要再使用关键字 var，也就是说 var 只在变量声明的时候使用一次。

在 Playground 窗口的左侧可以实时看到每行代码的值，一般情况下是变量的值。如果需要打印一些东西到控制台，也可以使用 print(myAge) 将内容打印出来，如图 4-12 所示。

```
⊞ ‹ › 🖹 Variables,Constants and Data Types
 1 //: Playground - noun: a place where people can play
 2
 3 import UIKit
 4
   var myAge: Int = 38                                        38
 6
   myAge = 39                                                 39
 8
 9
```

图 4-12　Playground 中的代码测试

接下来，我们需要声明另一个变量来存储人名，但是人的名字在一般情况下是不会变化的，所以可以创建一个常量来存储人名。创建常量的关键字是 let。如果在声明了常量并对其赋值以后再次修改其值的话，Playground 就会显示错误：不能对 myName 常量进行再赋值，如图 4-13 所示。

```
let myName: String = "Happy"
```

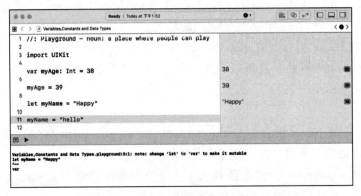

图 4-13　修改常量值的时候编译器报错

实际上，我们可以把变量和常量当作存储数值的容器或者盒子，只不过当作变量的盒子是可以随时被打开，取出之前的东西，再重新放置其他的东西。而当作常量的盒子只能在第一次放好东西以后做封箱处理，不能再被拆开了。

变量和常量的用途不同，变量用于跟踪应用程序的状态变化，比如用户的等级变化，你的实时位置等。常量用于存储永不改变的数据，比如某个第三方应用的 API Key 或者一个 URL 链接地址。常量所占用内存的空间要小于变量，考虑到 iPhone 的优化，建议大家尽量使用常量。

在 Playground 中添加下面的代码：

```
let myAgeInTenYears = myAge + 10
// 等号右边是两个整型数相加，并将结果赋值给左边的 myAgeInTenYears 常量中
```

上面的代码是两个整型数相加，最后将值赋给一个常量。在声明 myAgeInTenYears 常量的时候，我们并没有为它指明数据类型，因为 Swift 编译器会自动进行**类型断言**，也就是说等号右侧的结果是 Int 类型，则 Swift 就自动将左侧的新常量类型设置为 Int。另外，两个字符串也可以进行相加运算，但是结果并不是它们相加的和，而是将字符串连接到一起。

```
let myFullName = myName + " Liu"
//myFullName 的值为 Happy Liu
```

除了使用 + 号连接字符串以外，还可以通过**反斜线 + 括号**的方式。

```
let myFullName2 = "\(myName) Liu"
//myFullName2 的值为 Happy Liu
```

我们使用""来表示这个值是字符串类型，在字符串中如果包含 (变量或常量) 的话，则编译器会自动将其替换为相应变量或常量的值。

继续添加下面的代码：

```
let myDetails = "\(myName), \(myAge)"  // 结果为：Happy, 39
```

这里，声明的 myDetails 是一个常量，因为赋值号右边的结果是字符串类型，所以通过类型断言，Swift 设置该常量的类型为字符串。在右侧的字符串中，Swift 还隐性地将整型变量 myAge 转换成字符串，并和 myName 混合在了一起。

关于数据类型还有一点需要大家清楚的是，当我们说到数据类型，其实你可以把它想象为下面这样一个儿童玩具，如图 4-14 所示。这个玩具的玩法非常简单，就是将几何体穿过孔洞而已，但如果是错误的孔洞你便无法将其填入其中。用它来比作变量和常量是最合适不过的了，因为它们都是固定的类型。比如有一个字符串变量（玩具中的一个圆形孔洞），我们只能用它存储字符串类型的数据，如果是字符串 ABC 则没有任何问题。该字符串可以顺利地穿过"孔洞"，但如果将字符串换成了整型数 39，则会报错不允许将其穿过孔洞。

图 4-14　儿童玩具

所以，每一个变量，每一个常量都暗含着数据类型，该数据类型是在第一次被赋值的时候确定的，或者是在声明的时候被显性确定的。

接下来，我们再看看 Swift 其他几种基本的数据类型：

```
let wholeNumber: Int = 12   // 可以存储正整数、负整数和 0
let text: String = "ABC"    // 字符串值需要使用双引号括起来

let bool: Bool = true       // 只能存储 true、false 两个值

let floatingPointNumber: Float = 1.3 // 存储小数，受限于位数，精度不高，仅精确到小数点后 6 位
```

```
let double: Double = 3.14159263345      // 用于科学计算，可以存储 64 位的数字，精准到小数点
后 15 位
```

4.6 解决错误："The Maximum Number of Provisioning Profiles Reached"

对于那些在 iPhone 真机上，使用免费的 Apple ID 账号测试运行应用程序的用户，可能会遇到："已达到免费开发配置文件的最大数量的应用程序（The Maximum Number of Provisioning Profiles Reached）"的错误。

虽然 Apple 允许开发者免费在真机上测试应用程序，但是却把可以在 iPhone 设备上加载的应用数量限制在每周 10 个。通过一些测试和调查，发现 Apple 在引入这一新规则的时候会有 Bug 出现。许多开发者在将 3 个应用程序加载到他们的 iPhone 真机之后就会发生错误。Apple 肯定会最终解决这个问题，但目前我们需要使用特殊的技巧来解决此问题。

最简单的解决方案是重新创建一个全新的 Apple ID，并将这个账号添加到 Xcode 中，这样你就可以每周将 10 个应用程序载入到 iPhone 设备上。

如果上述方案不适合你，或者感觉太麻烦，那么你可以按照下面的步骤删除之前的一些应用程序，并确保当前应用程序可以装载到你的 iPhone 上。

实战：解决可能发生的"The Maximum Number of Provisioning Profiles Reached"错误。

步骤 1：使用 USB 数据线将 iPhone 连接到 Mac。

步骤 2：在 Xcode 中打开 Dicee 项目，在菜单中选择 Window/Devices and Simulators，如图 4-15 所示。

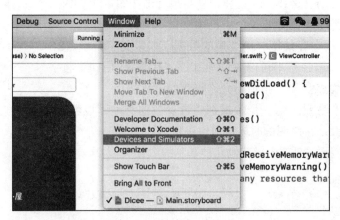

图 4-15 选择 Devices and Simulators

步骤 3：在新窗口的边栏中选择你的设备，并删除右边的"I-Am-Happy"和"I-Am-

Busy"。如图 4-16 所示。

图 4-16　删除之前的项目

4.7　通过数组改变显示方式

在本章之前的部分中，我们已经创建了两个用于存储随机数的变量 randomDiceIndex1 和 randomDiceIndex2，并编写了几行代码，通过 arc4random_uniform() 函数生成随机数。

在本节，我们需要去改变 Image View 界面元素的属性，另外还会创建数组。

在 Dicee 项目中，我们通过两个 Image View 来显示两个骰子的面，并且还将这两个 Image View 通过 IBOutlet 的方式与代码建立了关联。虽然我们可以在通用工具区域的 Attributes Inspector 中，通过修改 Image 属性这种最直接的方式来改变骰子的面，但是我们真正需要的是在应用程序运行的时候，通过程序代码动态地修改 Image View 的 Image 属性。

在 rollButtonPressed(_ sender: UIButton) 方法中的最后，添加下面的代码：

```
@IBAction func rollButtonPressed(_ sender: UIButton) {
  randomDiceIndex1 = Int(arc4random_uniform(6))
  randomDiceIndex2 = Int(arc4random_uniform(6))

  print(randomDiceIndex1)

  diceImageView1.image = UIImage(named: "dice2")
}
```

当用户单击"掷骰子"按钮并得到了两个随机数以后，我们首先修改 diceImageView1 的 image 属性值。实际上 diceImageView1 变量指向的就是故事板中用于显示第一个骰子的 Image View 界面元素，并且它有很多其他的属性，比如大小的 frame 属性，背景色的 background 属性等。

随后，我们将 UIImage 对象赋值给 image 属性，UIImage 是另一种数据类型，通过它的初始化方法，会将 Assets.xcassets 中的图像加载进来。在项目导航中单击 Assets.xcassets 文件夹，可以看到之前导入进来的 dice1 至 dice6 图片，虽然这些图片在导入的时候都带有 .png 的扩展名，但是在代码中可以忽略图片的扩展名，直接使用文件名即可。

构建并运行项目，在模拟器中目前左侧的骰子还是 1 点的面，但是当单击"掷骰子"按钮以后，应用程序便会调用 rollButtonPressed(_ sender: UIButton) 方法，在该方法中修改 diceImageView1 的 image 属性的代码会被执行。

接下来，我们需要让 diceImageView1 和 diceImageView2 根据我们的要求显示骰子的 1 至 6 的不同面。这 6 个不同的面是基于文件名 dice1 至 dice6 创建的，为了将随机数与图片文件名建立联系，我们要利用数组。添加下面的代码到之前声明变量的下方：

```
class ViewController: UIViewController {

  var randomDiceIndex1: Int = 0
  var randomDiceIndex2: Int = 0

  let diceArray = ["dice1","dice2","dice3","dice4","dice5","dice6"]
```

在编写代码的时候我们会经常看到 ()、{}、[]、<> 这四种符号，每一种符号都有其特殊的用途，所以千万不要混淆。创建数组需要使用中括号 [ ]，数组中的每一个元素使用逗号分割。其实，数组就像是一个放鸡蛋的盒子，它所包含的东西都是同类型的，也就是说你不能在盒子中又放鸡蛋又放鞋子。类似，在 Swift 数组中你不能在一个数组中加入两种不同类型的数据，比如字符串和整型数。有关数组的另一件需要牢记的事情是：在现实生活中鸡蛋盒子里面的鸡蛋是从 1 开始算起的，而在 Swift 语言中数组的首个元素是从 0 开始索引的。

如何获取数组中的元素呢？最直接的方式是通过索引值，比如通过 diceArray[0] 可以获取到数组中第一个元素的值，以此类推。

在 Dicee 项目中，我们创建的第一个数组要包含的是骰子图像的名称，并且可以利用索引获取相应的图片。而通过 arc4random_uniform() 函数生成的随机数也是从 0 至 5，通过数组我们就可以获取到正确的骰子图片了。

修改 rollButtonPressed(_ sender: UIButton) 方法如下面这样：

```
@IBAction func rollButtonPressed(_ sender: UIButton) {
  randomDiceIndex1 = Int(arc4random_uniform(6))
  randomDiceIndex2 = Int(arc4random_uniform(6))

  print(randomDiceIndex1)

  diceImageView1.image = UIImage(named: diceArray[1])
}
```

构建并运行应用程序，效果和之前的一样。在单击"掷骰子"按钮以后，左侧的骰子会显示 2 点的骰子面。

再次修改 rollButtonPressed(_ sender: UIButton) 方法，构建并运行项目。

```
@IBAction func rollButtonPressed(_ sender: UIButton) {
  randomDiceIndex1 = Int(arc4random_uniform(6))
  randomDiceIndex2 = Int(arc4random_uniform(6))

  diceImageView1.image = UIImage(named: diceArray[randomDiceIndex1])
  diceImageView2.image = UIImage(named: diceArray[randomDiceIndex2])
}
```

通过生成两个随机数，我们会生成特定骰子面的图像，并最终通过两个 diceImageView 的 image 属性将其显示到屏幕上。

接下来，我们进一步完善 Dicee 项目，让它更加合理。

当我们打开应用程序的时候，往往希望第一眼看到的两个骰子面是随机出现的，而不是在每次开启后都固定在两个 1 点的面上。想要做到这点，我们只能在屏幕视图被载入以后通过代码来实现，viewDidLoad() 方法便是实现这一功能的地方。

将 rollButtonPressed(_ sender: UIButton) 方法中的所有代码添加到 viewDidLoad() 方法中，代码如下面这样：

```
override func viewDidLoad() {
  super.viewDidLoad()

  randomDiceIndex1 = Int(arc4random_uniform(6))
  randomDiceIndex2 = Int(arc4random_uniform(6))

  diceImageView1.image = UIImage(named: diceArray[randomDiceIndex1])
  diceImageView2.image = UIImage(named: diceArray[randomDiceIndex2])
}
```

构建运行项目，应用程序完美运行！

但是，从优化程度来说，这段代码并不是很优雅，因为我们要尽量避免 DRY（Don't Repeat Yourself，不要自我重复）情况出现。如果在项目中发现了重复的代码，你要尽量尝试将其组织到一个方法之中，这样做的好处就是可以尽可能避免出现 Bug。

```
func updateDiceImages() {
  randomDiceIndex1 = Int(arc4random_uniform(6))
  randomDiceIndex2 = Int(arc4random_uniform(6))

  diceImageView1.image = UIImage(named: diceArray[randomDiceIndex1])
  diceImageView2.image = UIImage(named: diceArray[randomDiceIndex2])
}
```

在 ViewController 类中创建一个方法，首先使用 func 关键字，然后是能够实现所需功能的准确的方法名称，如通过 updateDiceImages 方法名称，我们可以很容易知道它的功能是用于更新骰子的面。在方法名称之后是传递进来的参数列表，因为本方法并不需要传递参数，所以直接使用小括号即可。在小括号的后面便是一对大括号，在大括号中的代码便是该方法所要实现的功能。

现在，我们已经在 ViewController 中创建了 updateDiceImages() 方法，可以在该类中任何需要的地方调用它。

修改 viewDidLoad() 方法如下面这样：

```
override func viewDidLoad() {
  super.viewDidLoad()

  updateDiceImages()
}
```

在输入代码的时候，Xcode 会通过自动完成特性动态生成一个快捷输入列表，通过回车键可以快速完成输入。这样做的好处在于：一是在输入方法名、变量名的时候会节省输入的时间。二是可以有效避免输入错误的情况。在输入的时候，我们总是要遵循驼峰命名法则，但这样在输入大小写字母的时候就有很大可能会发生输入错误。

修改 rollButtonPressed(_ sender: UIButton) 方法为下面这样：

```
@IBAction func rollButtonPressed(_ sender: UIButton) {
  updateDiceImages()
}
```

在本章中，我们提到了类、方法、函数、对象等词，这些都是和面向对象有关的专属词，在之后的章节中，会详细介绍它们之间的关系和不同。

构建并运行项目，测试运行是否正常。

4.8　为项目添加运动检测功能

我们已经完成了 Dicee 项目的基本功能，在单击"掷骰子"按钮以后就会改变两个骰子的面。我们还想实现一个非常 Cool 的特性，即通过 iPhone 的感应检测器检测用户是否在晃动他们的 iPhone，然后再利用代码修改骰子的面。

如何实现感应检测呢？作为程序员不可能记住 Swift 语言中所有功能实现的方法和函数，因此在某些时候我们可以借助 Xcode 的帮助文档来解决当前的问题。

在 Xcode 菜单中选择 Help/Developer Documentation，在边栏中选择 Swift 语言，然后在搜索栏中输入 Motion Events。在帮助文档中，可以找到 Responding to Motion Events 部分，里面包含三个方法，单击每一个方法都可以查到它们的功能，如图 4-17 所示。

单击 motionEnded(_:with:) 方法，该方法会在感应检测结束的时候被调用执行。

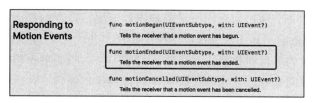

图 4-17 从帮助文档中搜索相关的方法

在 ViewController 类中创建一个新的方法：

```
override func motionEnded(_ motion: UIEventSubtype, with event: UIEvent?) {
  updateDiceImages()
}
```

构建并运行该项目，如果是在 iPhone 真机上面，则可以通过晃动手机的方式改变骰子的面。如果是在模拟器中运行，则可以选择模拟器菜单中的 Hardware/Shake Gesture 在模拟器中实现晃动，如图 4-18 所示。

图 4-18 在模拟器中模拟晃动手机的操作

现在，整个 Dicee 项目已经完成，你可以在 GitHub 中搜索" liumingl/dicee"关键字来下载该项目源代码。

4.9 挑战：Swift 数据类型、变量和数组

在之前的学习中，我们了解了如何将界面元素与代码进行 IBOutlet 或 IBAction 关联，如何通过代码修改 Image View 的 image 属性值，如何使用数组，如何创建方法等。接下

来，你需要独立创建一个项目来巩固所学的知识。该项目涉及的技能都是之前接触过、学习过的，因此不用担心会出现无法完成的情况。

这次我们要完成的项目叫作**魔力 8 号球**，它是一个占卜类的小游戏。其玩法是：先将窗口朝下，同时向球问是非题，接着轻轻摇晃后再将窗口面转上，之后在球内的二十面体中会有一道答案浮现在窗口，如图 4-19 所示。

实战： 创建魔力 8 号球游戏

步骤 1： 创建一个新的 Xcode 项目，在 Xcode 菜单中选择 File/New/Project。选择 Single View Application 作为应用程序的模板，Product Name 设置为 Magic 8 Ball。

步骤 2： 在 GitHub 中搜索" liumingl/Magic 8 Ball"关键字，并从中下载 Magic 8 Ball Image Assets.zip 文件。然后，将下载的 zip 文件解压缩。

步骤 3： 在项目导航选中 Assets.xcassets 文件，然后打开 AppIcon，将之前解压缩的 Magic 8 Ball App Icon Images 文件夹中的图片，按照要求拖曳到相应的 Icon 空槽中。

步骤 4： 从解压缩的文件夹中将 ball 相关的图片添加到 Assets.xcassets 文件夹中，如图 4-20 所示。

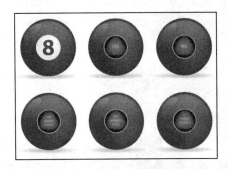

图 4-19　魔力 8 号球玩具

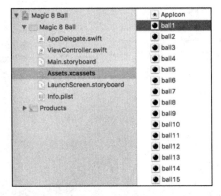

图 4-20　在 Magic 8 Ball 项目中添加 ball 素材

步骤 5： 在上一个 Dicee 项目中，我们使用图片作为背景，这次直接修改视图的背景色。

打开 Main.storyboard 文件，修改控制器视图的 Background 属性，将颜色设置为 RGB#28AAC0。但这不是绝对的，你也可以选择其他颜色作为背景色，如图 4-21 所示。

步骤 6： 从对象库中拖曳一个 UILabel 控件到视图顶部的位置，修改 UILabel 的内容为"请随意问我问题吧"。

再拖曳一个 Image View 到视图中央的位置，将其 Content Mode 属性设置为 Aspect Fit，这样可以保证图像不会被拉伸变形。

再拖曳一个 UIButton 到视图的底部，将其标题修改为"请提问"，并设置合适的字体与字号，如图 4-22 所示。

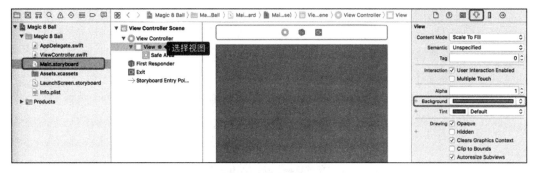

图 4-21 修改 Magic 8 Ball 视图的背景色

图 4-22 设计 Magic 8 Ball 的用户界面

步骤 7：将 Xcode 切换到助手编辑器模式，确保左侧窗口打开的是 Main.storyboard，右侧窗口打开的是 ViewController.swift 文件。

为 Image View 创建 IBOutlet 关联，将 name 设置为 imageView。为底部的按钮创建 IBAction 关联，将 IBAction 名称设置为 askButtonPressed。

步骤 8：打开 ViewController.swift 文件，在 class 声明的下方创建一个新的数组 ballArray，该数组要包含所有 15 个与 ball 有关的图片。

在数组的下方再声明一个用于存储随机数的变量 randomBallNumber，我们将通过该变量确定 ball 的图片。

在 viewDidLoad() 方法中，利用 arc4random_uniform() 函数为 randomBallNumber 变量赋值，让其为 0 至 X 的随机数。

还是在 viewDidLoad() 方法中，设置 imageView 的 image 属性为 UIImage 类生成的对

象，至于所显示的图像内容，则是依赖于 randomBallNumber 随机数所对应的数组中的图片文件名。

构建并运行项目，检查 Image View 中是否正常显示图片，如图 4-23 所示。

图 4-23　测试 Magic 8 Ball 应用的运行效果

步骤 9：在步骤 8 中所添加的两行代码，一行是生成随机数，另一行是设置 Image View 的 image 属性。我们需要将它们放在一个全新的方法中。这样，不管是按钮被按下，还是用户摇晃手机时，都可以直接调用该方法。

创建一个叫作 newBallImage() 的方法，将其放到 askButtonPressed() 方法的下方。将步骤 8 中的两行代码剪切到新方法中。在 askButtonPressed() 方法和 viewDidLoad() 方法中调用 newBallImage()。

步骤 10：添加 motionEnded(_ motion: UIEventSubtype, with event: UIEvent?) 方法到 ViewController 类中，并且在该方法中调用 newBallImage() 方法。

构建并运行项目，检测在晃动的时候是否会有效果。你可以在 GitHub 中搜索"liumingl/Magic 8 Ball"关键字来下载该项目源代码。

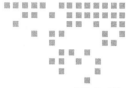

第 5 章 *Chapter 5*

Swift 程序设计基础

通过之前的学习，即便是从来没有编程经验的人，都能够利用已掌握的知识和技能，独立编写代码并生成应用程序，最终将其上传到 iPhone 真机上运行。

在上一章中，我们了解了常量和变量，以及方法和函数的使用方法，并编写了 Magic 8 Ball 应用程序。在本章中，我们将学习更深层次的有关编程的知识，以便帮助我们走得更远！

5.1 备注、打印语句和调试控制台

学习编程最好的方法就是实践，让我们重新开启 Xcode，这时我们需要单击 Get started with a playground，而不是之前一直使用的 Create a new Xcode project。

Playground 是苹果的一个帮助开发者实践想法的简单环境，它与视图、设计或应用无关。可以说它是一个学习以及验证程序员编写代码是否实现了真正想法的地方。

本节我们主要学习注释、打印和控制台，因此在 Playground 模板中选择 iOS/Blank，单击 Next 按钮，然后将文件名设置为 Comments,Printing and the Console，再将其保存到 Mac 的特定文件夹即可，如图 5-1 所示。

在自动生成的 Playground 文件中包含了下面样例代码：

```
//: Playground - noun: a place where people can play
import UIKit

var str = "Hello, playground"
```

图 5-1 在 Xcode 中创建 Playground 文件

代码中第一行的意思是：Playground 是一个可以让人们玩的地方，并且这行代码的颜色是绿色的，在 Xcode IDE 开发环境中，不同颜色的代码代表不同含义。绿色的代码意味着它是注释语句，Xcode 编译器会忽略它，不会将它作为代码来处理。注释总是以两个斜线开始，如果删除两个斜线，则 Xcode 编译器就会报错，因为其后面的"代码"让编译器根本无法理解。

双斜线只能让一行描述成为注释，如果有多行注释的话，就需要使用 /* 作为开头，以 */ 作为结尾，其中的所有行都是注释语句。

```
//: Playground - noun: a place where people can play
/*
    这是一个多行的注释语句
*/
import UIKit

var str = "Hello, playground"
```

接下来是 import 语句，当前所导入的是用户界面工具（User Interface Kit）框架，这是一个由苹果编写的代码库，它会帮助开发者更快速地创建有用的代码。例如，我们不用自己编写一个如何绘制按钮的代码，或者自己编写一个生成随机数的代码，这些代码都被打包进了 UIKit 中。只要我们导入了 UIKit，就可以使用该框架的所有东西。

接下来的代码是一个名为 str 的字符串变量，它包含一个字符串：Hello, playground。这里并不需要它，所以我们把该行代码删除。

接下来介绍的是 print 语句，我们之前使用过它，但是用得不多。先创建一个叫作 monsterHealth 的变量，如果你设计了一款游戏，里面有恶魔、僵尸和人类，你需要记录恶魔的血量，以及快要接近死亡的血量。

```
import UIKit
```

```
var monsterHealth =19
```

如果你在 Playground 中如代码所示输入 19 的话，Swift 编译器将会报错，如图 5-2 所示。这是为什么呢？ Swift 语言是一种非常优雅的语言，你可以把它理解为一种**完美的对称**。当我们使用操作符的时候，例如 =、+、-、/ 或 * 号的时候，你必须让它两边都有一个空格的间隔。等号左边有空格，等号的右边就必须要有空格，如果少了一边，Swift 就会对这种非对称格式报错。因此，要不就两边都有空格，要不就两边都不留空格。这里还是强烈建议将操作符两边留出一个空格，既美观又让代码显得非常优雅！

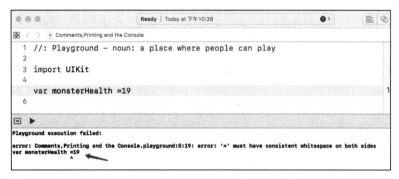

图 5-2　为变量 monsterHealth 变量赋值时编译器报错

当我们将变量 monsterHealth 的值设置为 19 以后，Playground 右侧窗口中相应的位置会显示变量的值。这非常有用，否则我们很难追踪执行完每一句后变量会发生怎样的变化。

继续在 Playground 中添加下面的代码：

```
import UIKit

var monsterHealth = 19
monsterHealth = monsterHealth + 31
monsterHealth = monsterHealth / 2
```

这里，我们修改了两次 monsterHealth 的值，在右侧的窗口中则会依次显示每次修改 monsterHealth 后的值，如图 5-3 所示。

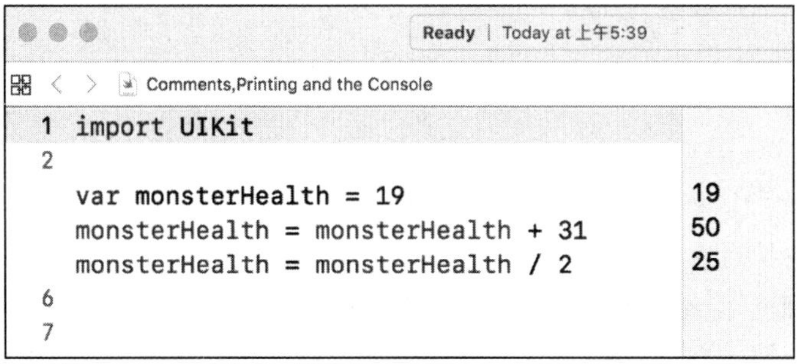

图 5-3　两次修改变量 monsterHealth 的值

除了在 Playground 中通过右侧窗口查看变量的值以外，还可以通过 print() 函数打印出常量、变量或表达式的值。在 Playground 中键入 print() 函数：

```
import UIKit

var monsterHealth =19
monsterHealth = monsterHealth + 31

print(monsterHealth)
```

print() 会将参数的值打印到控制台之中，控制台位于整个窗口的底部，帮助我们调试或找出代码中所出现的问题。如果在窗口底部没有看到控制台的话，可以通过窗口顶部右上角的一组按钮将其切换出来。如图 5-4 所示。

图 5-4　切换出调试控制台

5.2　Swift 函数：Part 1 - 简单函数

在第 4 章中，我们已经简单了解了什么是常量和变量，以及它们与数据类型之间的关系。在本节我们将学习编程语言中另一个最基础的部分——**函数**。让我们重新创建一个 Playground 文件，文件名为 Functions，并删除 Playground 自动生成的所有代码。

```
func nameOfFunction() {

}
```

这里我们只需记住创建函数的语法是使用关键字 func，接下来是函数的名称，包含参数的括号，还有一个左大括号。当我们键入回车以后，Xcode 会自动为我们补全右大括号，Xcode 的自动完成功能可以帮助我们解决绝大部分的输入 Bug 问题。

函数可以为我们做些什么呢？简单来说，它可以将一大段的指令"打包"到一起，完成一个相对独立的功能。比如我们想将大象放到冰箱里面，就可以利用下面的代码：

```
func 将大象放入冰箱 () {
    打开冰箱门 ()
    将大象放入冰箱 ()
    关闭冰箱门 ()
}
```

这样，我们就可以将所有的指令按照顺序放入上面的这个函数之中，当调用该函数的时候，它就会依次执行这些指令。

在 Playground 中，针对函数的创建，如果我们在一行之中只键入 func 关键字的话，Xcode 编译器会报错：在函数声明时需要一个标识符，如图 5-5 所示。Swift 语言在业界是非常领先的，当我们还未成功创建函数的时候，它会告诉我们——你的函数不完整。因此，在我们还未键入完整的函数或变量的时候，并不用担心报出的类似的错误。但是，当我们完成整行或整段代码，感觉没有问题的时候，如果出现报错信息，就需要注意了。

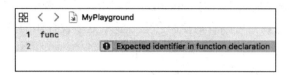

图 5-5　在函数声明时需要一个标识符

在 Playground 中完成下面的代码：

```
func getMilk() {
    // 该函数目前不需要实现任何的代码
}
```

对于函数名称，我们要使用驼峰命名法，帮助我们快速识别长函数或变量名称的用途。在函数名称的后面是一对小括号，括号里面用于放置传递进函数需要的参数，如果不需要传递则直接键入 ( ) 即可。在括号的后面是大括号，Xcode 会自动补全整个大括号，我们可以在其中键入函数所运行的代码。

在之前的项目中，我们已经创建并使用过 IBAction 函数，在 Playground 中则可以通过函数名调用函数。在之前代码的下方键入 get，此时 Xcode 会启用自动完成特性，在列表中可以找到 getMilk() 函数，选中它并按回车键，该函数会在 Playground 中自动补全。

```
func getMilk() {
    // 该函数目前不需要实现任何的代码
}

// 调用 getMilk() 函数
getMilk()
```

目前的代码并没有任何的效果，因为在 getMilk() 函数中没有任何代码。在后面的学习中，我们会把这个项目想象为一个家务机器人，让它帮助我们到商店购买一些生活必需品，比如去购买牛奶。在函数里面通过打印语句模拟机器人的活动，继续完成下面的代码：

```
// 创建 getMilk() 函数
func getMilk() {
    print(" 去门口的小卖店 ")
    print(" 买 2 瓶牛奶 ")
    print(" 支付 13.20 元 ")
    print(" 回家 ")
}

// 调用 getMilk() 函数
getMilk()
```

在 getMilk() 函数中，我们通过四行 print 语句打印出机器人购买牛奶的过程。在键入每行 print 语句的时候，都可以发现控制台中有信息的变化。需要说明的是，当我们在函数中键入代码的时候，并不会真正执行这些代码，而只有在最后一行调用函数的时候才会执行函数内部的代码。删除最后一行对 getMilk() 的调用，控制台中不会再显示任何信息，或者多次调用 getMilk() 函数。可以看到控制台中会显示更多被打印的信息。

5.3　Swift 函数：Part 2 - 函数的输入

接下来，我们要为 getMilk() 函数添加参数输入特性。目前，我们是通过硬写入数值的方式要求机器人购买 2 瓶牛奶。选中之前 getMilk() 函数的所有代码，然后通过 Command + / 快捷方式将其全部注释掉。

> **注意** 当注释掉 getMilk() 函数以后，Xcode 会报错，这是因为 Swift 并没有找到 getMilk() 函数。

将下面的代码添加到注释代码的下面：

```
func getMilk(howManyMilkCartons: Int) {

}
```

新创建的函数带有一个整型参数，参数名为 howManyMilkCartons。虽然创建了新的 getMilk() 函数，但是编译器依然报错。只不过这次的错误指在了调用 getMilk() 函数行。意思是说：getMilk() 函数丢失了参数 howManyMilkCartons。

这里，我们先删除之前的 getMilk() 函数，重新输入 get，在自动完成列表中则出现了新的带参数的函数，按回车键后，带参数函数便出现在 Playground 中，并且光标会停留在参数类型 Int 上面，提示我们要输入一个整型数，这里输入 4，代码如下面这样：

```
func getMilk(howManyMilkCartons: Int) {

}

// 调用 getMilk() 函数
getMilk(howManyMilkCartons: 4)
```

在调用带参数函数的时候，需要先输入函数名称，然后是括号以及括号中的参数。修改代码如下面这样：

```
func getMilk(howManyMilkCartons: Int) {
    print(" 去门口的小卖店 ")
    print(" 买 \(howManyMilkCartons) 瓶牛奶 ")
    print(" 支付 13.20 元 ")
    print(" 回家 ")
}
```

```
// 调用 getMilk() 函数
getMilk(howManyMilkCartons: 4)
```

在上面的代码中，我们将 4 赋值给参数 howManyMilkCartons，在调用函数的时候，其内部就包含一个 howManyMilkCartons 常量，并且它的值为 4。所以在控制台中会显示买 4 瓶牛奶的信息。

目前这段代码有一个 Bug，不管参数设置为多少盒牛奶，支付价格总是 13.20 元。因此在函数中，需要加入计算牛奶总价的代码。修改代码如下面这样：

```
func getMilk(howManyMilkCartons: Int) {
    print(" 去门口的小卖店 ")
    print(" 买 \(howManyMilkCartons) 瓶牛奶 ")

    let priceToPay = howManyMilkCartons * 7

    print(" 支付 \(priceToPay) 元 ")
    print(" 回家 ")
}

// 调用 getMilk() 函数
getMilk(howManyMilkCartons: 4)
```

当我们创建好 priceToPay 常量以后，会在状态窗口中看到一个警告（warning），如图 5-6 所示，单击它以后会在窗口的左侧出现相应的警告说明：priceToPay 常量自从初始化以来，还没有在其他地方使用过。Swift 编译器会检测出那些从来没有使用过的常量与变量，提示程序员是否忘记使用了，或者是尽快删除之，以避免浪费宝贵的资源。因为只是警告，所以代码还是可以正常运行。

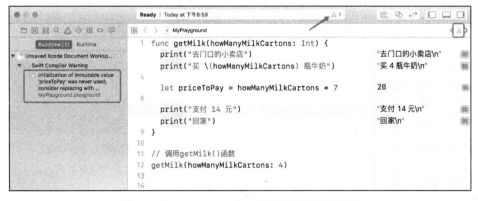

图 5-6　在 Playground 中出现的编译器警告提示

在打印支付费用的时候，使用 "\( )" 方式在字符串中呈现常量或变量的值。在控制台中显示的结果为：

去门口的小卖店

买 4 瓶牛奶
支付 28 元
回家

5.4 Swift 函数：Part 3 - 函数的输出

在本节的学习中，我们会将函数设置为既带参数又带返回值的形式。还是之前的家政机器人项目，选中之前的 getMilk(howManyMilkCartons:) 函数，通过 Command + / 快捷键将代码全部注释掉。

然后将刚刚注释的代码再完全复制一遍到其下方，重新选中之前被注释掉的全部代码，再次使用 Command + / 快捷键取消代码的注释，并将代码修改为下面这样：

```
//func getMilk(howManyMilkCartons: Int) {
//   print(" 去门口的小卖店 ")
//   print(" 买 \(howManyMilkCartons) 瓶牛奶 ")
//
//   let priceToPay = howManyMilkCartons * 7
//
//   print(" 支付 \(priceToPay) 元 ")
//   print(" 回家 ")
//}

func getMilk(howManyMilkCartons: Int) -> Int {
  print(" 去门口的小卖店 ")
  print(" 买 \(howManyMilkCartons) 瓶牛奶 ")

  let priceToPay = howManyMilkCartons * 7

  print(" 支付 \(priceToPay) 元 ")
  print(" 回家 ")
}


// 调用 getMilk() 函数
getMilk(howManyMilkCartons: 4)
```

如果我们想创建一个带返回值的函数，需要使用返回标记，也就是在参数小括号的右边添加 "->" 标记，然后再添加返回值的数据类型。对于该函数，它的返回值类型还是整型。

目前，编译器会显示有一个错误：**丢失了函数预期的 Int 类型的返回值**（missing return in a function expected to return 'Int'）。这是因为函数中还没有使用 return 语句将返回值输出到函数之外。

修改之前的代码如下面这样：

```
func getMilk(howManyMilkCartons: Int, howMuchMoneyRobotWasGiven: Int) -> Int {
  print(" 去门口的小卖店 ")
```

```
    print(" 买 \(howManyMilkCartons) 瓶牛奶 ")

    let priceToPay = howManyMilkCartons * 7

    print(" 支付 \(priceToPay) 元 ")
    print(" 回家 ")

    let change = howMuchMoneyRobotWasGiven - priceToPay

    return change
}

var amountOfChange = getMilk(howManyMilkCartons: 4, howMuchMoneyRobotWasGiven: 30)

print(" 你好主人，这里是找回的 \(amountOfChange) 元钱。")
```

这里首先修改了 getMilk() 函数，让它带有 2 个参数，第一个参数是告诉机器人购买牛奶的数量，第二个参数是给机器人用于购买牛奶的钱数。而函数的返回值便是找回多少钱。需要注意的是，我们在调用 getMilk(howManyMilkCartons:Int, howMuchMoneyRobotWasGiven: Int) -> Int 函数的时候，也要相应修改为带有 2 个参数的形式，为了节省时间你可以直接删除之前的代码，再次输入 get 后通过 Xcode 自动完成特性生成新的函数调用代码。其次是创建了新的变量 amountOfChange，并将 getMilk(howManyMilkCartons: Int, howMuch MoneyRobotWasGiven: Int) -> Int 函数的返回值赋值给它。最后通过 print 语句打印出应该找回的钱数。

5.5 Swift 中的条件语句 (IF/ELSE)

在现实世界中，我们往往要面对很多选择。在程序设计语言中，我们同样会面对各种选择的问题，只不过在这里我们管它叫作**条件语句**或**选择语句**。

让我们用一个简单的姓氏评分的例子来深入了解选择。如图 5-7 所示，只要我们输入了姓氏和大名以后，便可以得到名字的评分。

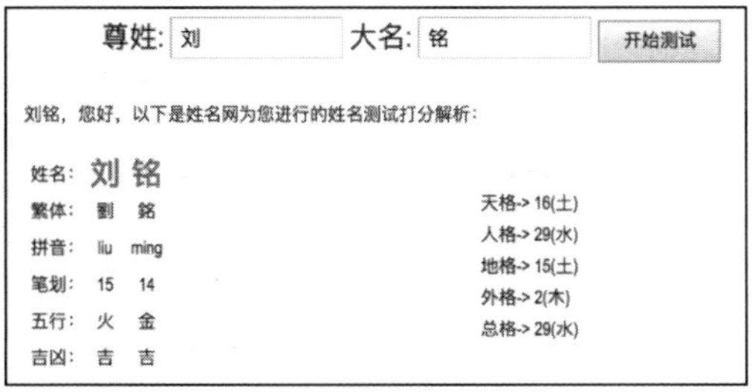

图 5-7 有趣的姓氏评分应用

打开 Playground 并新建一个 Empty 文档，文件名叫作 Conditional Statements。修改

代码如下面这样：

```
import UIKit

func nameCalculator (yourFirstName : String, yourLastName : String) -> Int {

    // 生成一个 0 到 100 之间的随机数
    let nameScore = Int(arc4random_uniform(101))

    return nameScore
}

print(nameCalculator(yourFirstName: " 铭 ", yourLastName: " 刘 "))
```

我们首先创建了一个函数 nameCalculator()，该函数包含 2 个参数和 1 个返回值。yourFirstName 是人的名字，字符串类型；yourLastName 是人的姓氏，也是字符串类型。返回值是整型类型，我们会将生成的随机数作为返回值。此时 arc4random_uniform() 函数的返回值是 UInt32 类型，所以需要使用 Int() 将其转换为整型再赋值给 nameScore 常量，并将其作为返回值。

另外，我们可以直接修改函数的返回值类型为 UInt32，从而让编译器错误消失。

```
import UIKit

func nameCalculator (yourFirstName : String, yourLastName : String) -> UInt32 {
    // 生成一个 0 到 100 之间的随机数
    let nameScore = arc4random_uniform(101)

    return nameScore
}
```

这并不是一个真正的姓名测试程序，只是想说明如何使用条件语句。如果评分值在 80 以上则代表完美，否则就是一般。接下来，我们将使用 if 语句检查 nameScore 是否超过 80，如果超过则返回字符串 **"你的名字很完美！"**，否则返回字符串 **"你的名字比较一般"**。因为返回的是字符串值，所以将函数的返回值类型修改为 String，并删除之前在函数最后的 return 语句。

```
import UIKit

func nameCalculator (yourFirstName : String, yourLastName : String) -> String {

    // 生成一个 0 到 100 之间的随机数
    let nameScore = arc4random_uniform(101)

    if nameScore > 80 {
        return " 你的名字评分是 \(nameScore)，很完美！ "
    }else {
        return " 你的名字评分是 \(nameScore)，比较一般。"
```

```
        }
}

print(nameCalculator(yourFirstName: " 铭 ", yourLastName：" 刘 "))
```

在控制台中，可以看到测试的结果，如图 5-8 所示。

图 5-8　在 Playground 中显示的姓氏测试结果

目前，程序只是针对是否超过 80 进行判断，我们希望在 40 到 80 之间再添加一种新的信息输出，修改之前的代码为下面这样：

```
import UIKit

func nameCalculator (yourFirstName : String, yourLastName : String) -> String {

    // 生成一个 0 到 100 之间的随机数
    let nameScore = arc4random_uniform(101)

    if nameScore > 80 {
        return " 你的名字评分是 \(nameScore)，很完美！"
    }else if nameScore > 40 && nameScore <= 80 {
        return " 你的名字评分是 \(nameScore)，还不错！"
    }else {
        return " 你的名字评分是 \(nameScore)，比较一般。"
    }
}

print(nameCalculator(yourFirstName: " 铭 ", yourLastName：" 刘 "))
```

在最后一个 else 语句的上面添加 else if 关键字，nameScore 的值如果是在 40 到 80 之间则会执行其中的代码。&& 代表并，|| 代表或，！代表非，这与其他程序设计语言一致。

单击控制台左上角的蓝色三角图标可以重新执行当前的代码，如图 5-9 所示。

使用条件语句最重要的一点就是检测机制一定要覆盖全部的情况，如果某些条件被我们忽略掉，就会有 Bug 出现。另外，在条件分支中程序只要运行到 return 就会跳出当前的分支，而不管该分支的后面是否还有其他未运行的代码。

图 5-9 重新测试程序的结果

5.6 挑战：在 Playgrounds 中制作人体体重指数计算器

本节将会带领大家制作一个体重指数（The Body Mass Index，BMI）计算器。体重指数是用来量化一个人的体重以及解释他们的身体组成的量度。它被定义为质量（Kg 为单位）除以高度（m 为单位）的平方。

在这个程序中，我们需要完成两件事情：

❑ 创建一个函数，把人的体重和身高作为参数传递进函数，在函数的最后返回体重指数的值。

❑ 用一些测试值调用函数，并将结果打印到控制台。

体重指数的计算公式为：

$$体重指数 = \frac{体重（kg）}{身高（m）^2}$$

对于整个程序的逻辑，我们需要实现下面几点：

❑ 如果体重指数大于 25，则使用打印语句告诉用户超重。

❑ 否则，如果体重指数在 18.5 ～ 25 之间，告诉用户体重正常。

❑ 最后，如果他们的体重指数低于 18.5，告诉用户他们体重过轻。

你可以先自己尝试着完成这个程序的代码，然后再对照下面的样子对比一下，如图 5-10 所示。

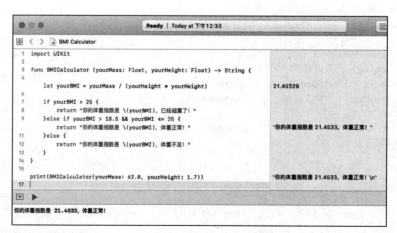

图 5-10 人体体重指数计算器

5.7 Swift 中的循环语句

成为程序员的一个特质就是表面上看似极为懒散，但是在遇到代码问题的时候又有非常**良好的心态**。程序员总是在努力争取如何用不重复的代码来完成现有的工作。在学习本节的内容之前，让我们先创建一个全新的 Playground 文件，然后删除"var str ="这行代码。让我们先来看下最基础的 Swift 循环语句是什么样子的。

```
let arrayOfNumbers = [1, 5, 2, 3, 10, 22,32]

for number in arrayOfNumbers {
  print(number)
}
```

在代码中，我们首先创建一个整型数组，其中包含了一些整型数，后面，我们会通过循环算出这些数的总和。在 Swift 语言中最常用的循环语句是 for 循环，其中第一个关键字就是 for，并且在输入的时候，Xcode 会将 for 显示为不同的颜色。然后就是要创建一个常量，用来循环存储 arrayOfNumbers 数组中的每一个元素值。之后的 in arrayOfNumbers 意味着循环数组中的每一个元素，直到读出数组的最后一个元素之后结束，并把元素的值赋给常量 number。在本例中，一共要循环执行 7 次，每次都会在控制台中打印数组元素的值。

除了使用循环获取数组中的每个元素以外，我们还可以通过索引来得到数组中指定元素的值，例如 let number = arrayOfNumbers[0]。

接下来，我们要计算出数组所有元素值的和。

```
let arrayOfNumbers = [1, 5, 2, 3, 10, 22,32]

var sum = 0

for number in arrayOfNumbers {
  sum += number // 等同于 sum = sum + number
  print(sum)
}

print(sum)
```

首先需要初始化一个变量 sum，设置它的初始值为 0。当进入第一次循环的时候，number 的值为 1，sum 经过加运算以后变成了 1。当进入第二次循环的时候，number 为 5，sum 经过加运算以后变成了 6。以此类推，在 7 次循环结束以后，变量 sum 的值被打印到控制台中。

循环除了可以依次遍历数组的每个元素以外，还可以通过另一种方式进行有序循环，修改 for 语句为下面这样：

```
for number in 1...10 {
  print(number)
```

```
}
```

通过 1...10 这种书写方式，将会执行 10 次循环，number 的值会从 1 变为 10。另外，如果将其修改为 1..<10 的话，则会循环 9 次，number 的值将会从 1 变为 9。

再次修改循环语句为下面这样：

```
for number in 1...10 where number % 2 == 0 {
  print(number)
}
```

在循环中我们添加了新的关键字 where，意思是只有当 number 的值能被 2 整除的时候才会执行循环语句，因此循环体也会执行 5 次。

5.8 在程序中使用循环

在了解了循环的基本知识以后，让我们来尝试着生成一首歌曲的歌词。

在美国和加拿大有一首传统的倒数歌曲叫作——99 瓶啤酒，它是一首 20 世纪中期的民歌。在长途旅行的时候非常受欢迎，因为它有固定的格式，便于记忆，可以花很长的时间来唱，所以特别适合儿童在长途巴士旅行中歌唱。具体的歌词形式如下：

```
99 bottles of beer on the wall, 99 bottles of beer.
Take one down and pass it around, 98 bottles of beer on the wall.

98 bottles of beer on the wall, 98 bottles of beer.
Take one down and pass it around, 97 bottles of beer on the wall.

97 bottles of beer on the wall, 97 bottles of beer.
Take one down and pass it around, 96 bottles of beer on the wall.

......

3 bottles of beer on the wall, 3 bottles of beer.
Take one down and pass it around, 2 bottles of beer on the wall.

2 bottles of beer on the wall, 2 bottles of beer.
Take one down and pass it around, 1 bottle of beer on the wall.

1 bottle of beer on the wall, 1 bottle of beer.
Take one down and pass it around, no more bottles of beer on the wall.

No more bottles of beer on the wall, no more bottles of beer.
Go to the store and buy some more, 99 bottles of beer on the wall.
```

让我们先来完成循环的基本部分，然后再进行细节方面的修改。

```
import UIKit
```

```
func beerSong() -> String {
  var lyrics: String = ""

  for number in 1...5 {
    let newLine: String = "\n\(number) bottle of beer on the wall, \(number) bottle of beer.
\nTake one down and pass it around, \(number - 1) bottles of beer on the wall.\n"
    lyrics += newLine
  }

  lyrics += "\nNo more bottles of beer on the wall, no more bottles of beer.
\nGo to the store and buy some more, 99 bottles of beer on the wall.\n"

  return lyrics
}

print(beerSong())
```

在上面的代码中，通过 for 循环我们生成了从 1 到 5 的歌词，并且将每一段歌词都添加到了 lyrics 字符串变量之中，直到循环结束没有啤酒后，再将其打印到控制台。在字符串中，我们使用了转义字符 \n，它代表文本内容中的换行，如果 Swift 编译器在字符串中看到 \n 就会自动进行一次换行操作。

在真正的歌词中，啤酒瓶的数量是从 99 向下依次递减的，而在代码中则是增加的。可以通过下面的方式来解决。

```
for number in 1...5 {
  let newLine: String = "\n\(6 - number) bottle of beer on the wall, \(6 - number) bottle of
beer. \nTake one down and pass it around, \(6 - number - 1) bottles of beer on the wall.\n"
  lyrics += newLine
}
```

因为当前是从 1 到 5 的循环，所以在 newLine 中，通过 (6 - number) 的方式生成 5 到 1 的字符，解决了当前的问题。但是，这种做法非常不实用。如果将 1...5 修改为 1...40，1...70，1...100 的话，则每次调整都会影响到 newLine 字符串中的 (X - number) 的算式，这是不现实的。

有人可能会想到能不能通过 99...1 的方式来解决呢？如果你在 Playground 中尝试使用这种方法，则不会有任何的输出，因为前面的数字大于后面的数字，编译器会报错。

我们可以通过下面的方法来解决：

```
for number in (1...99).reversed() {
  let newLine: String = "\n\(number) bottle of beer on the wall, \(number)
bottle of beer. \nTake one down and pass it around, \(number - 1) bottles of beer on
the wall.\n"
  lyrics += newLine
}
```

在 Swift 语言中，(1...99) 实际上是一个对象，它的类型为 Range。Range 类型有一个方法叫作 reversed()，通过该方法可以得到 1 ～ 99 的反向范围，也就是 99 ～ 1，如图 5-11 所示。通过上面的方式，我们可以随意设置歌曲循环的数量。

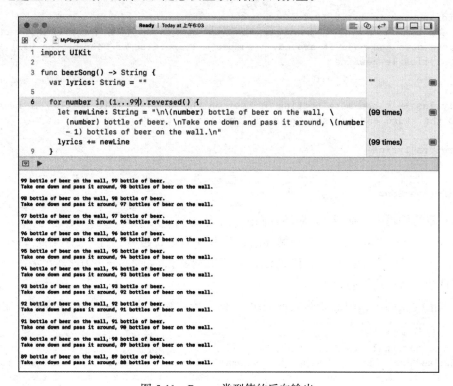

图 5-11　Range 类型值的反向输出

接下来，我们为函数添加一个参数，用于决定啤酒的数量。

```swift
import UIKit

func beerSong(withThisManyBottles: Int) -> String {
  var lyrics: String = ""

  for number in (1...withThisManyBottles).reversed() {
    let newLine: String = "\n\(number) bottle of beer on the wall, \(number) bottle of beer.
\nTake one down and pass it around, \(number - 1) bottles of beer on the wall.\n"
    lyrics += newLine
  }

  lyrics += "\nNo more bottles of beer on the wall, no more bottles of beer. \nGo
to the storeand buy some more, 99 bottles of beer on the wall.\n"

  return lyrics
}


print(beerSong(withThisManyBottles: 23))
```

　　在上面的代码中，为 beerSong(withThisManyBottles: Int) -> String 函数添加了一个 Int 类型的参数，并且将 for 语句中的 1...99 修改为 1...withThisManyBottles，这样就会通过传递进来的参数来确定循环的次数。

　　在函数体内部我们通过参数名来动态设置循环次数，但在 Swift 语言中，我们还可以通过再定义一个内部参数名来对参数进行扩展。为什么会需要一个内部参数名呢？当我们调用 beerSong(withThisManyBottles:) 函数的时候，调用者可以清楚地知道该函数的功能以及参数所代表的意义。但是当我们在函数体内部使用参数的时候，并不需要调用者知道内部参数的含义，只要该函数的编写者清楚就可以了。因此，我们可以在函数内部给它起一个不同的名字以区别函数内部和外部的情况。要想做到这点，只要在参数名的后面再添加另一个参数名即可，代码如下所示。

```swift
import UIKit

func beerSong(withThisManyBottles totalNumberOfBottles: Int) -> String {
  var lyrics: String = ""

  for number in (1...totalNumberOfBottles).reversed() {
    let newLine: String = "\n\(number) bottle of beer on the wall, \(number) bottle of beer. \nTake one down and pass it around, \(number - 1) bottles of beer on the wall.\n"
    lyrics += newLine
  }

  lyrics += "\nNo more bottles of beer on the wall, no more bottles of beer. \nGo to the store and buy some more, 99 bottles of beer on the wall.\n"

  return lyrics
}

print(beerSong(withThisManyBottles: 23))
```

　　在 withThisManyBottles 参数名的后面添加了 **totalNumberOfBottles** 作为函数的**内部参数名**，因此在函数内部我们一律使用 totalNumberOfBottles。你可以把 Swift 这样的机制理解为 withThisManyBottles 参数是给调用者看的，让他们知道参数的意思。totalNumberOfBottles 是给函数编写者自己用的，使代码更加清晰，可读性更强。

　　有时你可能会看到外部参数名被下划线（_）替代，这就意味着在调用函数的时候不需要提供参数名称，在函数名称已经足够描述参数的时候，这个方式非常有用。例如下面代码：

```swift
func beerSong(_ totalNumberOfBottles: Int) -> String {
    // 略去实现代码
}
beerSong(23)
```

　　为了最终生成完美的歌词，我们将单独处理 1 瓶啤酒的情况。在最后一次循环的时候，控制台打印出来的信息为：

```
1 bottle of beer on the wall, 1 bottle of beer.
Take one down and pass it around, 0 bottles of beer on the wall.
```

但实际上最后 1 瓶的歌词为：

```
1 bottle of beer on the wall, 1 bottle of beer.
Take one down and pass it around, no more bottles of beer on the wall.
```

利用 if 语句修改之前的代码：

```swift
import UIKit

func beerSong(withThisManyBottles totalNumberOfBottles: Int) -> String {
  var lyrics: String = ""

  for number in (1...totalNumberOfBottles).reversed() {
    let newLine: String
    if number == 1 {
      newLine = "\n\(number) bottle of beer on the wall, \(number) bottle of beer.
\nTake one down and pass it around, no more bottles of beer on the wall.\n"
    }else {
      newLine = "\n\(number) bottle of beer on the wall, \(number) bottle of beer.
\nTake one down and pass it around, \(number - 1) bottles of beer on the wall.\n"
    }

    lyrics += newLine
  }

  lyrics += "\nNo more bottles of beer on the wall, no more bottles of beer. \nGo
to the store and buy some more, 99 bottles of beer on the wall.\n"

  return lyrics
}

print(beerSong(withThisManyBottles: 23))
```

在 for 循环中，我们通过 if 语句来判断 number 的值是否为 1，进而再设置 newLine 的文字信息。需要注意的是，在之前的 for 循环里面，我们在声明 newLine 常量的时候直接将字符串赋值给它，但如果将它放在 if 语句中，则会因为生存期的问题报错，也就是说在一个大括号中声明的常量或者变量，其生存的范围也就在这个大扩号之内，出了大括号它也就不存在了。

5.9 挑战：脑筋急转弯

在这一节中，我们想通过循环生成一个指定长度的斐波那契数列。斐波那契数列是由 0

和 1 开始，之后就是由之前的两数相加而得出。前面几个斐波那契系数是：0, 1, 1, 2, 3, 5, 8, 13, 21, 34。斐波那契数列在现实生活中也是很有用的，如果你搜索有关 Fibonacci Patterns 的内容，会查到很多与其相关的事物存在，例如向日葵的花盘，如图 5-12 所示。

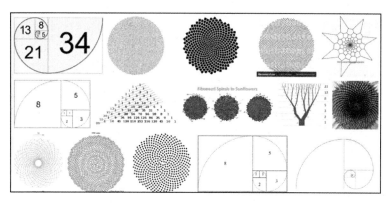

图 5-12　各种斐波那契数列的应用

修改 Playground 文件中的代码如下面这样：

```
/*
FIBONACCI NUMBERS
0,1,1,2,3,5,8,……
*/

import UIKit

func fibonacci(until n: Int) {
  print(0)
  print(1)

  var num1 = 0
  var num2 = 1

  for iteration in 0...n {
    let num = num1 + num2
    print(num)

    num1 = num2
    num2 = num
  }
}


fibonacci(until: 5)
```

创建的 fibonacci(until n: Int) 函数带有一个整型参数，代表所生成数列元素的个数。num1 和 num2 分别代表数列中第一个和第二个数，之后就开始通过循环来生成后面的数列元素。常量 num 代表每次循环所生成的新数，在循环体中我们总是将 num1 与 num2 的和赋值给它。最后，为了可以在下一次计算出新的数值，需要将之前的 num2 赋值给 num1，将新计算出来的数（num）赋值给 num2，循环体重新开始执行。如果此时将 until 参数的值修改为 20，则输出结果应该是下面这样，如图 5-13 所示。

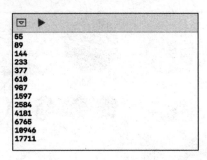

图 5-13　循环 20 次的各种斐波那契数列

目前，该项目中还存在着 Bug 需要解决。参数 until 的数值代表我们想生成斐波那契数列的元素个数，但是现在的情况并不是这样。因为在函数的开始就已经打印出了 0 和 1 两个元素，所以在循环体中我们一共要生成 n-2 个元素，所以将 for 语句修改为 for iteration in 0...n-3 即可。注意 n-3 是因为循环从 0 开始。

当前的 Swift 编译器还有一个警告：常量 iteration 从来没有使用过，可以考虑将其替换为下划线或者移除它（Immutable value 'iteration' was never used; consider replacing with '_' or removing it）。因为在循环体中从来就没有使用过常量 iteration，可以简单将其替换为下划线（_）即可。

第 6 章 *Chapter 6*

利用 iOS API 制作音乐应用

本章我们将会制作一个全新的应用，它叫作 xylophone。在这个应用中，会有一个漂亮的图标。单击进入以后会看到七个不同的琴键，利用七种不同的声音，我们可以创建简单的曲子。本章的目的不是去学习更多编程方面的知识，而是通过 xylophone 应用让大家了解如何使用苹果的帮助文档，Stack Overflow 以及专业工具帮助我们找出使用新功能的方法，最终达到让 iPhone 演奏音乐的目的。

本章涉及的代码可能有些是你不熟悉的，不用担心，因为在后面的学习中会向大家做详细的介绍。

本章旨在教你如何成为一个自力更生的程序员。因为在未来的工作中，你更多的是通过自己的努力来完成属于你自己的项目，其中有很多功能不可能在一本书或几本书中全部涉及，并且随着 iOS SDK 版本的不断改进和完善，我们更多的是需要通过苹果的官方文档找出解决问题的方法和答案。

6.1 使用故事板中的 Tags

在 GitHub 中下载"Xylophone"项目的源代码，该项目代码压缩包包含了项目的初始代码和完成代码，这里请大家打开初始代码文件夹——Xylophone-Start。

打开 Xylophone 项目以后，在 TARGETS 的 General 中将 Bundle Identifier 的标识修改为**自己的名字**，如图 6-1 所示。

单击项目导航中的 Main.storyboard 以打开故事板，在视图中可以看到 7 个不同颜色的琴键，这 7 个琴键是由 7 个按钮组成，前文介绍过如何将按钮拖曳到视图中，所以这里不再赘述。但是，为了可以让用户界面完美地呈现在各种尺寸的 iOS 设备屏幕上，在当前项目中使用了 iOS 的自动布局特性，相关方面的知识我们会在后面的学习中详细介绍。

图 6-1　修改 Xylophone 项目的 Bundle Identifier

将 Xcode 切换到助手编辑器模式，为了获得更多编辑空间，可以暂时关闭 Document Outline 窗口，如图 6-2 所示。

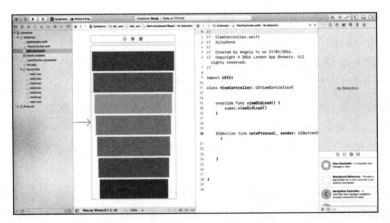

图 6-2　Xylophone 的初始化项目

与当前视图对应的控制器是 ViewController.swift 文件中的 ViewController 类，如果右侧窗口中没有显示该文件代码的话，可以通过该窗口顶部的**快捷通道**快速定位 ViewController.swift 文件，如图 6-3 所示。

图 6-3　通过快捷通道快速定位 ViewController.swift 文件

当用户单击琴键的时候，应用程序要发出相应的声音，所以接下来要为视图中的 7 个按钮建立 IBAction 关联。

在第一个红色的琴键上按住鼠标右键，并拖曳其到 notePressed(_ sender:) 方法上面，如图 6-4 所示。

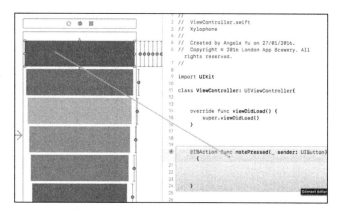

图 6-4　为红色琴键与 notePressed(_ sender:) 方法建立 IBAction 关联

除了上面的方法以外，我们还可以通过 Inspector 窗口进行 IBAction 关联以及查看现有的关联。

选中第一个红色琴键，然后单击 Connections Inspector 图标，在 Sent Events 部分中可以看到红色琴键按钮的 Touch Up Inside 动作对应了 ViewController 类的 notePressed 方法。这也就意味着，当用户单击红色琴键的时候会执行 notePressed(_ sender:) 方法，如图 6-5 所示。

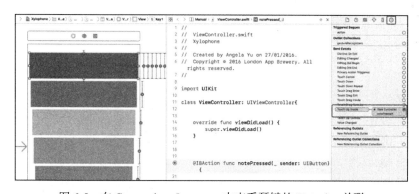

图 6-5　在 Connections Inspector 中查看琴键的 IBAction 关联

接着选中橘色琴键，可以发现该按钮的 Touch Up Inside 动作并没有关联任何的 IBAction 方法，只要按住 Touch Up Inside 右侧的圆圈，并将其拖曳到 notePressed(_ sender:) 方法上，也可以完成 IBAction 方法的关联，如图 6-6 所示。

与之前按住鼠标右键并拖曳的方法不同，使用 Connections 方法不仅可以建立关联，而且还可以查看当前 UI 元素的关联信息。

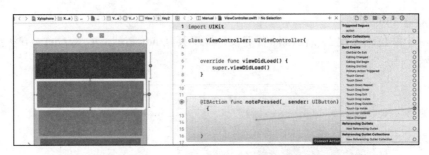

图 6-6　通过 Connections Inspector 建立琴键与代码的 IBAction 关联

在建立好 7 个琴键与同一个 IBAction 方法的关联以后，你应该清楚的是，不管用户按下哪一个琴键，都会执行 notePressed(_ sender:) 方法。这是因为虽然琴键不同，但实现的效果都是让程序出声，只不过是播放的音效不同而已。接下来，我们需要解决的是如何在方法中分辨用户到底按的哪一个琴键。

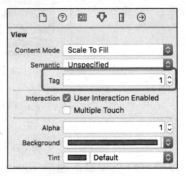

图 6-7　通过 Tag 属性分辨用户单击的按钮

选中视图中的任一琴键，在 Attributes Inspector 中找到 View 部分的 Tag 属性，通过 Tag 属性我们就可以分辨出激活 IBAction 方法的到底是哪一个按钮，如图 6-7 所示。

单击第一个红色琴键，将其 Tag 属性设置为 1。以此类推，将之后的琴键 Tag 属性分别设置为 2 至 7。这样，每个琴键都有一个唯一的 Tag 值。

在 notePressed(_ sender:) 方法中添加下面的代码：

```
@IBAction func notePressed(_ sender: UIButton) {
  print(sender.tag)
}
```

该方法带有一个参数 sender，它的类型是 UIButton，代表当前用户与之发生交互动作的那个按钮（琴键）。如果单击的是第一个红色琴键，则 sender 就是那个红色琴键的按钮对象，如果单击的是橘色琴键，则 sender 就是橘色按钮的对象。然后用点 (.) 操作符访问 sender 对象的 tag 属性。

构建并运行项目，在模拟器中单击不同的琴键，可以看到控制台中打印出相应琴键的 tag 值。

6.2　学会使用 Stack Overflow 和 Apple Documentation

本节我们的重点不是如何理解程序代码或 Swift 语法，而是更加宽泛一些的内容。通过本节的学习希望大家可以掌握：在程序开发过程中，当需要实现某些功能的时候，可以通

过什么方式去了解、掌握以及真正实现该功能。例如，我们创建的应用程序可能需要用到
照相功能，但是在没有学习过任何相关知识的情况下，如何才能实现呢？另外，iOS 系统如
此强大，也不可能向大家介绍实现所有功能、方法以及 API 的调用方法，也相信大家不会
将所有期望都寄托在某一本书或几本书之上。本节主要是教大家如何通过网络社区，从一
名菜鸟变成老炮。

在 Xylophone 项目中，一个显而易见的需求是当用户单击琴键的时候，需要播放相应
的音效。

💻 **实战**：在网络社区中搜索如何播放音效。

步骤 1：在浏览器中输入 www.stackoverflow.com 网址进入 Stack Overflow。它是一个
程序设计领域的问答网站。该网站允许注册用户提出或回答问题，还可以对已有问题或答
案进行加分、扣分或修改操作，条件是用户达到一定的"声望值"，如图 6-8 所示。

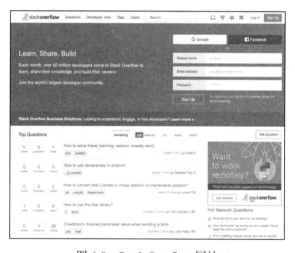

图 6-8　Stack Overflow 网站

🎯 提示　非常遗憾的是，目前在国内还没有像 Stack Overflow 这样一个技术类问答网站。因
此我们只能在不断提升自身编程水平的同时，还要不断提升自己的英文水平。

步骤 2：在 Stack Overflow 的搜索栏中输入：playing sound in swift，就可以看到与此
问题相关的列表。一般情况下，我们在技术开发中所遇到的绝大部分问题都能在这里找到
答案。在搜索条目列表的左侧有一个**投票**（votes）项，这意味着其他人对该提问的关注程
度，从而也反应出这是一个不错的问题。其下方的**答案**（answers）则代表解决方法的数量，
如果答案是白底绿框则代表该问题虽然有人回答，但是还没有获得提问者的最终确认，如
图 6-9 所示。

所以要判定某个提问是否真正得到了解决方案，一定要选择那些高投票数和高答案数

的条目。

图 6-9　关于提问和解答的数量表示

步骤 3：单击搜索列表中的第一个条目（ Q: Creating and playing a sound in Swift），如图 6-10 所示。可以了解到这个提问者是在按下按钮时想要快速创建和播放声音，他知道在 Objective-C 语言中实现的方法，但不知道如何在 Swift 语言中实现。

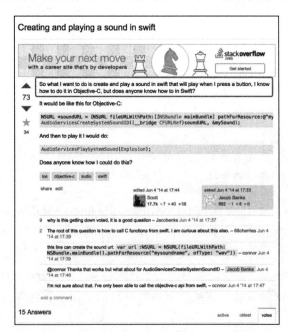

图 6-10　关于 Creating and playing a sound in swift 问题的解答

　　步骤 4：向下滚动浏览器，可以在 **Answers** 部分的第一条回答找到解决问题的方法，如图 6-11 所示。回答者展示了一段游戏相关的代码，在该代码中包含播放音效的代码。

　　首先是 import SpriteKit，在游戏项目中经常会导入该框架库。import AVFoundation 才是我们真正需要的框架库，它是 Audio 和 Video 的基础库，所以在 xylophone 项目中需要导入该库。

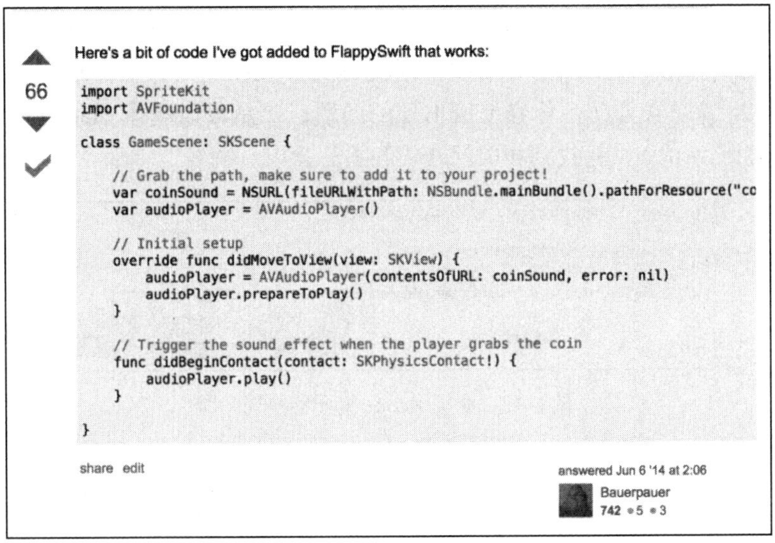

```
Here's a bit of code I've got added to FlappySwift that works:

66    import SpriteKit
      import AVFoundation

      class GameScene: SKScene {

          // Grab the path, make sure to add it to your project!
          var coinSound = NSURL(fileURLWithPath: NSBundle.mainBundle().pathForResource("co
          var audioPlayer = AVAudioPlayer()

          // Initial setup
          override func didMoveToView(view: SKView) {
              audioPlayer = AVAudioPlayer(contentsOfURL: coinSound, error: nil)
              audioPlayer.prepareToPlay()
          }

          // Trigger the sound effect when the player grabs the coin
          func didBeginContact(contact: SKPhysicsContact!) {
              audioPlayer.play()
          }

      }

share  edit                                          answered Jun 6 '14 at 2:06

                                                          Bauerpauer
                                                          742  ●5 ●3
```

图 6-11　关于 Creating and playing a sound in swift 的解答

　　在 xylophone 项目的 ViewController 类中导入 **AVFoundation** 库。

```
import UIKit
import AVFoundation
```

　　回到 Stack Overflow，复制里面的两行代码并将其粘贴到 xylophone 项目的 ViewController 类中。

```
class ViewController: UIViewController{

  // 从项目文件夹中获取声音文件的路径
  var coinSound = NSURL(fileURLWithPath: NSBundle.mainBundle().pathForResource
("coin", ofType: "wav"))

  // 创建新的音频播放器
  var audioPlayer = AVAudioPlayer()

  override func viewDidLoad() {
    super.viewDidLoad()
  }

  @IBAction func notePressed(_ sender: UIButton) {
```

```
        print(sender.tag)
    }
}
```

步骤 5：将代码中的 coinSound 变量修改为 xylophoneSound，将 pathForResource()
函数中的第一个参数修改为 note1。此时编译器会报错：NSBundle 已经被更名为 Bundle
（NSBundle has been renamed to Bundle），如图 6-12 所示。因为 Swift 还是一个非常年轻的
语言，从发布到现在也只有三年的时间，并且经历了很多变量名称或方法调用的改变。

当我们看到这样的错误，会有两种不同的解决方式：一是在 Xcode 编译器中单击 Fix
链接，由 Xcode 编译器自动帮你修复所出现的问题；二是可以利用 Stack Overflow 重新搜
索 play sound in swift 3，并找到相关问题的答案。

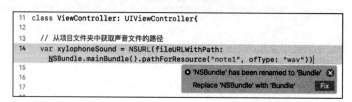

图 6-12　通过 Xcode 编译器修复问题

 提示　因为 Xcode 9 默认使用的是 Swift 4 版本，我们之前在 Stack Overflow 上查到的答案
则是 2.0 版本，它们之间的代码并不是完全兼容的，所以直接搜索最新版本的代码
显得更容易一些。
　　虽然当前使用的是 Swift 4，但它兼容 Swift 3 的绝大部分语法和功能，所以在搜索
的时候可以使用 Swift 3 关键字。之所以不使用 Swift 4 作为关键字，是因为对于刚
刚出现的 4.0 版本，相关的问题和解决问题的答案还不会太多。

在重新搜索的答案列表中，选择根据投票数排列，可以看到目前列在首位的是一个投
票数在 100 的问题，如图 6-13 所示。

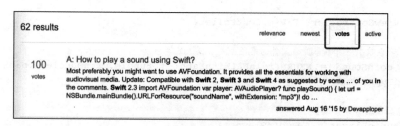

图 6-13　通过投票数排序最佳答案

单击"A: How to play a sound using Swift?"进入该提问，我们马上会看到各
种 Swift 语言版本的播放音效的解决方案，如图 6-14 所示。在开头还会提示你必须使用
AVFoundation 框架库，可见回答者还真是暖男一位。

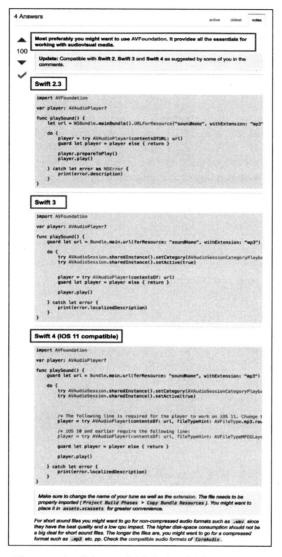

图6-14　在不同 Swift 语言版本中播放音效的方法

步骤6：因为当前使用的是 Xcode 9 IDE 开发环境，所以找到"Swift 4（iOS 11 compatible）"部分的代码。将其复制到 ViewController.swift 中，并进一步修改代码：

```
import UIKit
import AVFoundation

class ViewController: UIViewController{

    var player: AVAudioPlayer?

    override func viewDidLoad() {
```

```
      super.viewDidLoad()
  }

  @IBAction func notePressed(_ sender: UIButton) {
    guard let url = Bundle.main.url(forResource: "note1", withExtension: "wav") else { return }

    do {
      try AVAudioSession.sharedInstance().setCategory(AVAudioSessionCategoryPlayback)
      try AVAudioSession.sharedInstance().setActive(true)

      /* 下面一行代码是针对 iOS 11 的播放器，并且需要修改为与 url 相应的文件类型 */
      player = try AVAudioPlayer(contentsOf: url, fileTypeHint: AVFileType.wav.rawValue)

      guard let player = player else { return }

      player.play()

    } catch let error {
      print(error.localizedDescription)
    }
  }
}
```

在 ViewController 类中，我们声明了一个 AVAudioPlayer 类型的变量 player，它用于播放 url 所指定的音效文件。

在 notePressed(_ sender: UIButton) 方法中，首先创建了一个 url 常量，该常量从项目资源文件夹中指定了 note1.wav 文件的位置。这里使用了 guard 关键字，它是做什么用的呢？可以利用 Stack Overflow 快速找到答案。

实战：在 Stack Overflow 中查找 guard 关键字的功能。

步骤 1：在 Stack Overflow 中搜索 guard swift。

步骤 2：在列表中找到 "Q: Swift's guard keyword" 条目，如图 6-15 所示。

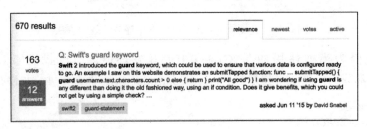

图 6-15　搜索 guard swift 的结果

步骤 3：在该条目中，可以从提问人所问的内容中找到需要的答案：苹果从 Swift 2 引入了 guard 关键字，可以用它来确保各种数据已经配置完成。同时他也提出了相关的问题：使用 guard 进行判断是否比使用 if 语句更加方便和简单？

在下面的答案列表中，可以找到一些线索：与 if 语句一样，guard 基于表达式的布尔值来执行语句。与 if 不同，guard 语句只在条件不满足时才运行。你可以把 guard 想象成一个断言，可以让你优雅地退出，而不是崩溃。

以 xylophone 项目为例，在 guard 语句中，首先根据音效文件名创建了一个 url，如果该 url 存在，则会成功赋值给 url 常量，代码继续向下运行。如果赋值失败，则直接运行 else 语句中的内容——**优雅地退出**，执行 return 语句。

在 url 被成功赋值以后，我们通过 do/catch 语句块进行音效的播放操作，也就是说它是在我们尝试着 (try) 做 (do) 某事的时候，捕获 (catch) 错误的一种方法。如果在执行代码的时候激发了一个错误，该错误就会被 catch 语句块捕获到，然后将其打印到控制台。

构建并运行项目，当单击琴键的时候就会发出木琴的音效，只不过目前的音效都是同一个声音——note1。很显然，因为在 notePressed(_ sender: UIButton) 方法中，我们只创建了 note1.wav 的 url。本节我们的目的并不是编写代码，而是学习找到解决问题的方法，在后面的章节中会逐步完善相关功能。

在 Stack Overflow 中，解决问题的办法不仅仅只有一种。如果你仔细寻找甚至可以发现与咱们 xylophone 项目直接相关又直接可用的代码。

在 Stack Overflow 中重新使用 playing sound in swift 关键字搜索问题，在列表中再次单击“Q: Creating and playing a sound in swift”问题，并向下找到包含下面代码的答案：

```
import UIKit
import AVFoundation

class ViewController: UIViewController, AVAudioPlayerDelegate{
  var audioPlayer : AVAudioPlayer!

  override func viewDidLoad() {
    super.viewDidLoad()
  }

  @IBAction func notePressed(_ sender: UIButton) {

    let soundURL = Bundle.main.url(forResource: "note\(sender.tag)", withExtension:
"wav")

    do {
      audioPlayer = try AVAudioPlayer(contentsOf: soundURL!)
    }
    catch {
      print(error)
    }

    audioPlayer.play()
  }
}
```

如果仿照上面代码的样子，结合之前的项目代码稍加修改，就可以很快实现敲击不同琴键发出不同音效的功能。

修改前：

```
@IBAction func notePressed(_ sender: UIButton) {
    guard let url = Bundle.main.url(forResource: "note1", withExtension: "wav")
else { return }
```

修改后：

```
@IBAction func notePressed(_ sender: UIButton) {
    guard let url = Bundle.main.url(forResource: "note\(sender.tag)", withExtension:
"wav") else { return }
```

构建并运行项目，测试单击不同的琴键，是否会发出不同的音效。

6.3 利用 AVFoundation 播放声音

通过之前的实战，我们已经能够通过按钮的 tag 属性来确定用户单击的是哪个琴键，接下来就是要真正实现音效的播放。在项目导航可以看到 Sound Files 文件夹中包含了木琴的 7 个不同的音阶声效文件。单击每一个文件都可以听到音效的声音，你也可以将其替换为自己喜欢的木琴音效。

实战：利用 AVFoundation 播放声音。

步骤 1：回到 ViewController.swift 文件，删除上节课复制到 notePressed(_ sender: UIButton) 方法中的全部代码。

步骤 2：在 import UIKit 的下方，添加一行代码 import AVFoundation。

AVFoundation 框架库允许我们在程序中使用音频可视化组件 (Audio Visual Component)，在这里我们只需要让它来播放音效。

步骤 3：将类声明那行代码修改为下面这样：

```
class ViewController: UIViewController, AVAudioPlayerDelegate {
    ......
}
```

步骤 4：使用 var 关键字声明新的变量 audioPlayer，类型为 AVAudioPlayer，请在声明的最后加上一个叹号。

```
class ViewController: UIViewController, AVAudioPlayerDelegate {

    var audioPlayer: AVAudioPlayer!
    ......
}
```

提
示 请不用担心前两步中所添加的 AVAudioPlayerDelegate 和变量声明中的感叹号 (!)
是做什么用的，我们将会在后面的章节中做详细介绍。目前我们只需要让这个
Xylophone 项目发出声音就足够了。

步骤 5：在 notePressed(_ sender: UIButton) 方法中添加下面的代码：

```
@IBAction func notePressed(_ sender: UIButton) {

let soundURL = Bundle.main.url(forResource: "note1", withExtension: "wav")

do {
    audioPlayer = try AVAudioPlayer(contentsOf: soundURL!)
}catch {
    print(error)
}
}
```

这里使用 let 关键字创建一个常量 soundURL，然后将 note1.wav 文件的 URL 通过
Bundle.main.url() 方法赋值给它。其中参数 forResource 的值为音效的文件名（note1），
withExtension 的值为音效文件的扩展名（wav）。

接下来，我们需要试着（try）载入音效到 audioPlayer。当我们键入 AVAudioPlayer
(contentsOf: URL) 方法的时候，可以发现在**自动完成面板**的列表中，该方法的结尾有
throws 关键字，代表它能够抛出异常，如图 6-16 所示。因此，在这里我们需要先使用 do
关键字创建一个代码块，该块儿中会包含可抛出异常的方法。如果你想让那些可 throws 的
方法在必要时刻抛出异常，必须使用 try 关键字。

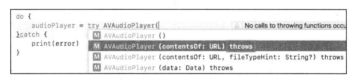

图 6-16 带有 throws 特性的方法

AVAudioPlayer(contentsOf: URL) 方法的参数 contentsOf 代表播放音效的 URL，直接将
soundURL 赋值给它，并注意在 soundURL 的最后输入一个感叹号（!）。do 代码块中仅有一
行代码，尝试（try）着让其播放指定 URL 的音效，如果播放成功则继续向下运行，否则就
会执行 catch 代码块中的指令。

在 catch 代码块中，只是简单地打印 error 信息，我们将会在后面章节详细介绍如何使
用 catch 语句。

对于 do 代码块中的指令，我们只有通过这样的方式来确定问题出现在哪里以及出现了
什么样的错误。通过 catch 中的 error 参数，可以发现具体的错误描述，并通过 print 语句将
信息打印到控制台，进而找到出现 Bug 的原因。

步骤6：在 notePressed(_ sender: UIButton) 方法的最后，添加下面一行代码：

```
@IBAction func notePressed(_ sender: UIButton) {

    ......

    audioPlayer.play()
}
```

通过 audioPlayer 的 play() 方法，我们让 App 发出声音。

构建并运行项目，单击琴键可以听到单一的木琴声。

6.4 Swift 4 中的错误捕获——Do、Catch 和 Try

若要在 notePressed(_ sender: UIButton) 方法中实现异常捕获，我们会使用 do/catch/try 关键字，如果你刚刚接触它的话有可能会晕，这节就让我们来梳理一下实现异常捕获的方法。

对于 Xylophone 项目来说，当我们尝试载入音效文件到 audioPlayer 播放器的时候有可能会出现问题。这一过程就像是现实生活中，我们往 CD 机中插入 CD 光盘一样。

做一个实验，请将"audioPlayer = try AVAudioPlayer(contentsOf: soundURL!)"移到 do 代码块之外，然后删除 try 关键字，最后将 do/catch 代码块注释掉，如图 6-17 所示。

```
@IBAction func notePressed(_ sender: UIButton) {

    let soundURL = Bundle.main.url(forResource: "note1", withExtension: "wav")

    audioPlayer = AVAudioPlayer(contentsOf: soundURL!)  ⓘ Call can throw, but it is not marked with 'try' and the error is not handled

//    do {
//
//    }catch {
//        print(error)
//    }

    audioPlayer.play()
}
```

图 6-17　不使用 do/catch/try 方法处理 throws 方法

此时编译器会报错："**调用了 throw**"，**但是并没有使用 try 关键字和处理错误**（Call can throw, but it is not marked with 'try' and the error is not handled），这是什么意思呢？

在 Xcode 中按住 Command 键并单击 AVAudioPlayer(contentsOf: URL) 方法，此时会弹出一个跳转面板，单击其中的 Jump to Definition 选项，进入 AVFoundation 框架库之中，如图 6-18 所示。

图 6-18　通过 Command-Click 进入到类的定义文件

在 AVAudioPlayer 类的声明部分，可以找到下面的方法声明代码：

```
/* all data must be in the form of an audio file understood by CoreAudio */
    public init(contentsOf url: URL) throws
```

在方法声明的最后有一个 throws 关键字，这意味着在我们执行该方法的时候，如果出现了错误，则会抛出一个异常。比如你的 note1.wav 文件是一个无效的音频文件，则会抛出这个错误告诉你出现了什么问题。

但是，如果我们只是单纯地在 audioPlayer 前面添加 try 关键字，Swift 并不会捕获到异常。苹果是在 Swift 2.0 版本的时候引入了 do/catch 语句，do 语句块中包含的是**做什么**，catch 语句块中包含的是如果出现异常，我们要**如何处理**。

将代码修改为下面的样子：

```
@IBAction func notePressed(_ sender: UIButton) {

 let soundURL = Bundle.main.url(forResource: "note1", withExtension: "mp3")

  do {
    try audioPlayer = AVAudioPlayer(contentsOf: soundURL!)
  }catch {
    print(error)
  }

  audioPlayer.play()
}
```

为了验证 throws 的功效，我们在上面的代码中将 url(forResource:, withExtension:) 方法中的 withExtension 参数值修改为 mp3。然后在项目导航中，将 note1 文件的扩展名从 wav 修改为 mp3。显然我们错误地定义了音频文件的格式，并且在程序中要求播放这个格式错误的音频文件。

构建并运行项目，程序在 audioPlayer.play() 代码行处报错。如图 6-19 所示。

图 6-19　throws 方法在运行中出现错误的处理

 提示　利用被打印到控制台中的错误代码，可以找出发生问题的原因。在浏览器中进入 osstatus.com 网站，该网站专门用于提供快速查找 Apple API 错误的服务，在搜索栏中粘贴之前的错误代码并搜索，如图 6-20 所示。

Platform	Framework	Error Name	Error Code	Description
	AudioToolbox AudioFile.h	kAudioFileInvalidFileError	'dta?' 0x6474613f 1685348671	The file is malformed, or otherwise not a valid instance of an audio file of its type.
	AudioToolbox AudioFileStream.h	kAudioFileStreamError_InvalidFile	'dta?' 0x6474613f 1685348671	The file is malformed, not a valid instance of an audio file of its type, or not recognized as an audio file.

图 6-20　在 osstatus.com 中搜索到的错误原因

在错误列表项的描述列中可以发现，引发这个错误的原因一般是文件错误，或者该文件不是指定类型的音频文件实例，再或者文件本身就不是音频文件。

因为我们故意将 wav 格式的音频文件扩展名修改为 mp3 格式，所以代码抛出这样的错误也就不足为奇。让我们先将 note1.mp3 改回到 note1.wav，同样需要修改的还有 url(forResource:, withExtension:) 方法。

另外，如果我们百分之百地确定 soundURL 所提供的音效文件没有问题，也可以直接抛开 do/catch 语句，就利用 try! 关键字执行播放指令：

```
@IBAction func notePressed(_ sender: UIButton) {
  let soundURL = Bundle.main.url(forResource: "note1", withExtension: "wav")

  try! audioPlayer = AVAudioPlayer(contentsOf: soundURL!)

  audioPlayer.play()
}
```

这样的代码虽然可以实现之前的播放功能，但是前提就是一定要百分百确认参数值没有问题，可以说这是一个大胆的做法，一个没有退路的做法。除非万不得已，一定不要使用这种方式。另外，如果大家在开发的时候见到这样的情况也不至于晕圈。

最后，请让我们将代码还原到之前的 do/catch 方式。

6.5　创建一个播放声音的方法

在 notePressed(_ sender: UIButton) 方法的下面创建一个新的方法：

```
@IBAction func notePressed(_ sender: UIButton) {
  playSound()
}

func playSound() {

  let soundURL = Bundle.main.url(forResource: "note1", withExtension: "wav")

  do {
```

```
    try audioPlayer = AVAudioPlayer(contentsOf: soundURL!)
}catch {
    print(error)
}

    audioPlayer.play()
}
```

这里使用 func 关键字来创建函数，函数名称要体现出对功能的描述，所以命名为 playSound，暂时不带任何参数。将 notePressed(_ sender: UIButton) 方法中的所有代码复制到 playSound() 方法里面。

接下来，在 notePressed(_ sender: UIButton) 中，利用 sender 参数（指向用户单击的那个琴键）的 tag 属性，分析出用户单击了第几个按钮，通过这个值生成与之相对应的欲载入的音效文件。我们一共有 7 个不同的音效文件，这里使用数组组织和管理它们。

```
class ViewController: UIViewController, AVAudioPlayerDelegate {
    var audioPlayer: AVAudioPlayer!

    let soundArray = ["note1","note2","note3","note4","note5","note6","note7"]

    ......

    @IBAction func notePressed(_ sender: UIButton) {

        var selectedSoundFileName: String = soundArray[sender.tag]
        print(selectedSoundFileName)

        playSound()
    }
    ......
```

构建并运行项目，单击 1 ～ 6 号琴键后会在控制台依次打印出 note2 ～ note7，当单击最下面的琴键时，应用程序会崩溃终止运行。如图 6-21 所示。

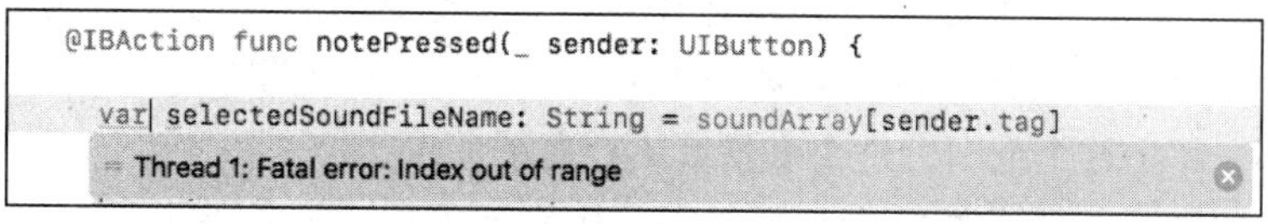

图 6-21 单击最后一个琴键的时候应用崩溃

从图 6-21 中可以发现，该错误是致命的。我们在之前数组的学习中了解到它是从 0 开始索引的，所以第一个元素的索引值为 0，第二个为 1，……，以此类推。当用户单击最下方的琴键时，我们要获取到 soundArray[7] 的值，但数组中最后一个元素的索引值仅为 6，这样就造成了超出数组索引范围的致命错误，使应用程序崩溃。

要想解决这个问题，最直接的方法就是在视图中，将各按钮的 tag 值从 1 至 7 修改为 0 至 6。看似这是一个最简单直接的有效方法，但是其中暗藏着 Bug。当我们从对象库中拖曳 UI 元素到视图上的时候，其默认的 tag 值都是 0。假设新添加一个按钮对象到视图之中，则它的 tag 值就是 0，再将其与 notePressed(_ sender: UIButton) 建立 IBAction 关联，这样就会造成两个按钮的 tag 值都是 0 的情况，大大增加了出现 Bug 的几率。

另一种解决方案是从索引值入手，修改代码如下面这样：

```
var selectedSoundFileName: String = soundArray[sender.tag - 1]
```

方法简单有效，再也不会遇到之前超出数组索引范围的致命错误了。

目前在 ViewController 类中还有一个警告：selectedSoundFileName 没有发生变化，考虑是否将变量改为常量（Variable 'selectedSoundFileName' was never mutated; consider changing to 'let' constant）。因为在后面会有对该变量的需求，所以在这里暂时不用理会该警告。

6.6 让 App 每次播放不同的声音

现在，我们的程序仅能在控制台中打印出与所按琴键相对应的音效文件名称，下一步则是需要播放相应的声音。

在 notePressed(_ sender: UIButton) 方法中，我们声明了 selectedSoundFileName 变量，并将相应的音效文件名赋值给它。那在 playSound() 方法中，我们是否可以直接使用该变量呢？

修改 playSound() 方法中的代码为：

```
let soundURL = Bundle.main.url(forResource: selectedSoundFileName, withExtension: "wav")
```

当我们在 Xcode 中输入变量或方法的时候，在自动完成窗口中并没有出现 selectedSoundFileName 变量，这是因为自动完成窗口只会显示当前位置可用的内容。没有 selectedSoundFileName 的原因在于它**不在作用域范围之内**。作用域是个很有意思的东西，当我们在一对大括号的内部，例如函数或者方法，声明一个变量，它的可用范围就在这对大括号的内部。超出这个范围，这个变量就不存在了。

如果我们将变量声明在类的大括号里面，则它的作用域就是整个类，也就意味着类中的任何方法都可以使用该变量。而声明在方法中的变量，则只能在该方法中使用。

有关作用域的问题我们下一节会做详细介绍，现在让我们了解一下关于全局变量和局部变量的概念。在 notePressed(_ sender: UIButton) 方法中声明的 selectedSoundFileName 变量就是局部变量。在 ViewController 类中声明的 audioPlayer 就是全局变量，即在类中的任何方法中都可以访问到它。

让我们先在 ViewController 类的顶部声明一个 selectedSoundFileName 变量，它现在是全局变量。

```
class ViewController: UIViewController, AVAudioPlayerDelegate {

    var audioPlayer: AVAudioPlayer!
    var selectedSoundFileName: String = ""
    ......
```

在声明全局变量的时候，我们将空字符串（""）赋值给 selectedSoundFileName 变量，之后在需要修改的地方直接重新赋值即可。修改 notePressed(_ sender: UIButton) 和 playSound() 方法。

```
@IBAction func notePressed(_ sender: UIButton) {

    selectedSoundFileName = soundArray[sender.tag - 1]
    ......
}

func playSound() {
    let soundURL = Bundle.main.url(forResource: selectedSoundFileName, withExtension: "wav")
    ......
}
```

现在 selectedSoundFileName 的值完全是由与用户交互的琴键决定。构建并运行项目，单击不同的琴键，就可以听到曼妙的琴声了。

让我们回顾一下之前的所有代码，当单击木琴上的第一个（红色）琴键的时候，会调用 IBAction 方法 notePressed(_ sender: UIButton)，通过该方法的参数 sender（用户所单击的那个红色按钮对象）的 tag 属性得到琴键的标识（当前的值为 1，是之前在故事板中设置好的），按钮对象具有很多属性，包括 backgroundColor 和 tag 等。利用此 tag 值和提前定义好的 soundArray 数组，就可以得到欲播放音效的文件名，因为数组的索引是从 0 开始的，所以要让 tag 减去 1。此时 selectedSoundFileName 的值变成了 note1。在执行到 playSound() 方法的时候，将 url() 方法的 forResource 参数值设置为 selectedSoundFileName，也就是字符串 note1。接下来就是生成 url 和利用该 url 让 audioPlayer 播放器载入该文件，当成功载入以后就让 audioPlayer 播放该音效。

6.7　程序中的"作用域"

这一节让我们来说说有关作用域的事情，请你先想象一幅带有围墙的苹果园的场景，然后再回到我们的 Xylophone 项目中，打开 ViewController.swift 文件。

当前 selectedSoundFileName 变量声明的位置位于 ViewController 的内部，以及所有方法的外部。为什么要放在这？这背后有哪些意义？

如果把 selectedSoundFileName 变量的声明放在 IBAction 方法 notePressed(_ sender: UIButton) 的内部，就代表它是在该方法的内部创建的。这时 Swift 编译器就会报 1 个错误和 1 个警告。其中警告是：变量 selectedSoundFileName 虽然有写入，但是并没有被读取过；错误是：使用了 1 个未知的变量 selectedSoundFileName，这意味着 Xcode 不知道你所引用的 selectedSoundFileName 变量的存在。这就是作用域在起作用，它负责变量的**能见度**。

如果在**函数**大括号的内部创建一个变量，它就是**局部变量**，它只能在函数大括号内部可见，可以在函数内部自由地使用它。但问题是如果我们想要在其他方法中访问该变量，比如 playSound() 或 viewDidLoad() 方法中，就会出现错误，因为局部变量只能在函数内部局部可见。

将 selectedSoundFileName 变量的声明放在类的大括号之中，即所有的函数体外部，这就相当于和所有的方法具有同样的层级，它就在所有的方法之中可见。现在 Swift 编译器的报错已经消失了，我们可以随意地访问和使用它。例如在 notePressed(_ sender: UIButton) 方法中为其赋值，在 playSound() 方法中读取它的值。

这种方法虽然可行但并不是一种优化的方法，还记得之前提到的苹果园的事情吗？在你家的果园中有一间房子，另外还有一棵苹果树，如图 6-22 所示。当苹果树在果园的围墙以内，在它成熟的时候只有你可以采摘这些苹果。但是当苹果树在围墙外面时，你的邻居、过路人都可以摘苹果，如图 6-23 所示。

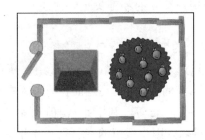

图 6-22　仅对你可见的苹果树

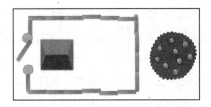

图 6-23　对其他人都可见的苹果树

把你果园里面的苹果想象为 Swift 中的局部变量，它仅仅对你可见。但是如果苹果树移到了围墙之外，任何人都可以访问它，其中也包括了你自己。你可以控制你自己，但是你并不能控制你的邻居和过路人。

在 playSound() 方法中添加下面一行代码：

```swift
func playSound() {

  // 强行指定 selectedSoundFileName 的值为 note2
  selectedSoundFileName = "note2"

  let soundURL = Bundle.main.url(forResource: selectedSoundFileName, withExtension: "wav")

  do {
    try audioPlayer = AVAudioPlayer(contentsOf: soundURL!)
  }catch {
    print(error)
```

```
    }

    audioPlayer.play()
}
```

此时构建并运行应用程序，不管按哪个琴键都会发出一样的声音。如果把 selectedSoundFileName 变量比作苹果树的话，现在它种在了围墙之外，任何人都可以操作它。然而在 playSound() 方法的开头却执行了 selectedSoundFileName = "note2" 代码，这行代码就相当于邻居的采摘行为，我们无法控制围墙外面的苹果树不被别人采摘。

删除之前的全局变量 selectedSoundFileName，修改 notePressed(_ sender: UIButton) 和 playSound() 方法为下面这样：

```
@IBAction func notePressed(_ sender: UIButton) {

    playSound(soundFileName: soundArray[sender.tag - 1])
}

func playSound(soundFileName: String) {

    let soundURL = Bundle.main.url(forResource: soundFileName, withExtension:
"wav")

    do {
      try audioPlayer = AVAudioPlayer(contentsOf: soundURL!)
    }catch {
      print(error)
    }

    audioPlayer.play()
}
```

我们为 playSound() 方法添加了一个参数 soundFileName，该参数只在方法内部有效。在 notePressed(_ sender: UIButton) 方法中我们将数组元素的字符串值作为 playSound() 方法的参数。整个调用过程中，没有泄露任何变量供其他人来访问和修改。

构建并运行项目，应用程序完美运行！

使用 Model-View-Controller 设计模式制作小测验 App

本章我们会创建一个稍微复杂点儿的用于测验的应用，并通过构建该应用学习有关 Model-View-Controller 设计模式（简称 MVC 设计模式）的相关知识。

当我们启动应用程序以后，将会依次出现 13 道问题，你可以使用**是**或**否**按钮来回答问题。在屏幕的底部还会有一个进度条，用于显示当前答题的数量和所得的分数，在用户单击按钮后会在屏幕上出现相应的确认视图，当回答完所有问题以后，会提示用户是否需要重新作答，如图 7-1 所示。

总而言之，我们可以轻而易举地将该应用程序项目变成属于自己的商业应用并上架到 App Store 上面。

图 7-1 问答题测试项目

7.1 初始化 Quizzler 项目

在 GitHub 中下载本项目的源代码，该项目代码压缩包中包含了项目的初始代码，这里请大家打开初始代码文件夹——Quizzler-Start。

当项目打开以后，第一件事就是在设置面板的 **General** 标签中修改 **Bundle Identifier** 标识，将 **.Quizzler** 之前的部分修改为自己拥有的反向域名。如果计划将这个应用运行在物理真机上，则需要设定 Team 选项。

另外，我们还需要找到 Deployment Info 部分的 Device Orientation 选项，确认只勾选了 **Portrait**，为了让应用具有很好的用户体验，所以让该应用不支持除纵向 Home 在下的其他方向。如果你要锁定应用支持指定屏幕方向的话，这是最简单的一种方法。

 提示　在项目导航中选择顶部左侧为蓝色图标的 Quizzler，再单击其右侧的 TARGETS/ Quizzler。

另外需要注意的是，我们已经将**状态栏风格**（Status Bar Style）设置为 Light，如图 7-2 所示。状态栏是应用顶部的部分，我们在这里可以检查电池的电量，信号强弱，时间和日期等信息。因为应用的背景色是浅棕色，所以使用默认的黑色状态栏并不会很好看。透明的 Light 风格可以让界面稍显舒服一些。如果勾选 Hide status bar 则在 Quizzler 运行的时候会隐藏状态栏。

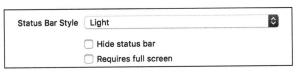

图 7-2　项目的 Status Bar Style 设置

除了在 General 标签中修改项目的各种参数以外，我们还可以直接在 Quizzler 的配置文件中进行手动设置。在项目导航选中 Supporting Files/Info.plist 文件，如图 7-3 所示。

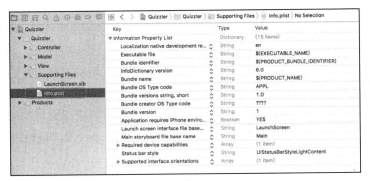

图 7-3　Info.plist 文件中的项目配置

 提示　选择文件的时候请勿执行双击操作，因为在项目导航中双击文件会单独打开一个新的窗口，如果同时开启很多窗口的话会让你顿感晕圈，所以只要保持单击就好。

plist 是 Property List 的缩写，每个 Xcode 项目都会自动创建这个文件。它会存储应用程序的配置信息，在应用程序运行的时候也是如此。这些信息会以键 / 值对的形式存储，类似于字典，键是属性名称，值是实际的配置内容。

我们可以通过修改 Info.plist 文件达到修改项目配置的目的。右侧面板的列表一共包括三项内容：键（Key）、类型（Type）和值（Value）。键就是我们要配置的项目名称，比如 Status bar style。值是真正的配置信息，比如 Status bar style 的值就为 UIStatusBarStyleLightContent，另外我们可以通过值右侧的下拉列表框修改它的值。类型实际上指的就是值的类型，常见的类型有 String、Boolean、Array 和 Dictionary。plist 配置表中的条目实际上都是键 / 值配对的，我们管这叫作字典（Dictionary），因为一个键名对应一个特定值，就像实际生活中的字典一样，每个字都有相应的解释。

实际上 Info.plist 文件中的根（root）条目就是一个字典类型，该字典的内部都是一条条键 / 值配对信息。要想添加一个新的条目，只需单击根条目 Information Property List 右侧的加号即可。

单击根条目 Information Property List 右侧的加号，然后在弹出窗口中找到 View controller-based status bar appearance，它的值是 Boolean 类型，默认值为 NO。

在 ViewController.swift 中我们可以通过代码来修改状态栏的风格，让它成为我们需要的样子，甚至于在一个应用的不同视图控制器中都可以单独设置不同的状态栏风格。但是在有些时候，我们往往要让状态栏在整个应用中有一个固定的风格。当 Info.plist 中的 View controller-based status bar appearance 的值为 YES 的时候，则视图控制器对状态栏的风格设置优先级高于应用程序的设置；为 NO 则以应用程序的设置为准，视图控制器对状态栏风格的修改方法无效，是根本不会被调用的。

除了在项目导航中选择 Info.plist 文件直接进行项目配置的修改以外，在与之前 General 标签同级的 Info 标签中也可以做同样的事情。

构建并运行项目，目前应用程序的状态栏就是透明且使用白色作为前景色，看起来自然、漂亮，如图 7-4 所示。

让我们将注意力集中到项目导航中，与之前的文件组织结构不同，在 Quizzler 项目中，所有文件都被放到了三个主要文件夹之中进行管理，它们是 Controller、Model 和 View。这正与我们本章所要介绍的 Model-View-Controller 设计模式有着很紧密的关系。

展开 View 文件夹并选中 Main.storyboard 文件，在 Interface Builder 中看下用户界面布局效果，如图 7-5 所示。

在视图的上半部是问题的显示区域，它的下面则为"**是 / 否**"一绿一红两个按钮，在视图的底部是进度条，随着答题数量的增加，它的宽度也随之变长，还有就是通过左下角的标签来显示"**答题数 / 总题数**"，该项目一共有 13 道，它的总得分是右下角的标签，目前只是给它一个超大的默认分值，这样也就将标签控件的宽度拉得足够大，不至于在显示分值的时候因为数值太大、太长而导致文本内容被截取的情况。

图 7-4　Quizzler 的初始化项目　　　图 7-5　Main.storyboard 文件中的初始用户界面

　　现在将 Xcode 切换到助手编辑器模式，确保左边打开的是 Main.storyboard，右边打开的是 ViewController.swift 文件。

　　在 ViewController 类中一共有 4 个 IBOutlet 变量，将鼠标放在 ViewController.swift 文件中每个 @IBOutlet 关键字前面的实心圆点时可以发现，与 questionLabel 关联的是视图中显示问题的标签控件，与 scoreLabel 关联的是底部的分值标签控件，与 progressBar 关联的是底部的答题进度视图，与 progressLabel 关联的是视图左下角的答题数 / 总题数标签，如图 7-6 所示。

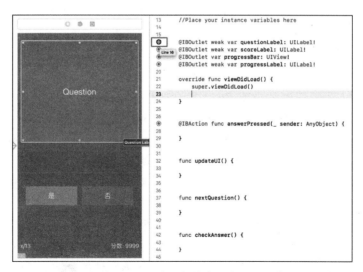

图 7-6　查看 IBOutlet 变量与故事板中界面元素的关联

　　通过前面的学习我们知道这 4 个 IBOutlet 变量的名称不可随意修改，因为故事板中

的 UI 控件还是会指向修改之前的变量名，在故事板视图中的 UI 控件上右击鼠标，在弹出

的面板中可以看到相关的 IBOutlet 和 IBAction 关联，如图 7-7 所示。例如，当前视图顶部的标签控件，它的 IBOutlet 引用就指向了 ViewController 类里面的 questionLabel 变量。如果关联出现了问题，例如将变量名称修改为 myQuestionLabel，一定要查看 UI 控件的关联条目是否和新名称匹配。

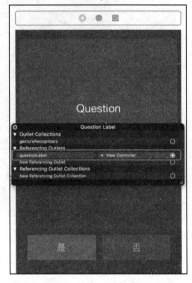

在 ViewController 类中还有一个 IBAction 方法，它会响应两个按钮的用户交互操作，并且基于不同的 tag 值来区分用户单击的到底是哪个按钮。

选中标题为"**是**"的按钮，在 Attributes Inspector 中找到 Tag 属性，当前它的值为 1，标题为"**否**"的按钮的 Tag 值为 2。与 Xylophone 项目一样，我们还是通过 sender 参数的 tag 属性判断用户单击的是哪个按钮。

在 ViewController 类中还有 4 个提前创建好的方法，在这些方法中暂时没有实现任何代码。

图 7-7　在故事板中检查 Label 标签
与 questionLabel 变量的关联

7.2　创建数据模型

本节中我们会创建**数据模型**（Data Model）。在项目导航中可以看到 Quizzler 中包含三个文件夹，其中的 Controller 文件夹包含了 AppDelegate.swift 和 ViewController.swift 这 2 个文件。在 View 文件夹中包含了 Image.xcassets 和 Main.storyboard 这 2 个文件。但是在 Model 文件夹中却没有包含任何文件，目前它还是空的，因为我们还没有创建任何的数据模型。创建数据模型需要创建一个新的 Swift 类型的文件。

到目前为止，我们用到的所有 Swift 文件都是通过 Xcode 模板自动创建的，要想在 Model 文件夹中创建文件，需要在项目导航选中 Model 文件夹，在 Xcode 菜单中选择 File/New/File...，然后在弹出的文件模板选择面板中确保选中 iOS 标签，在 Source 部分里选中 Swift File 格式的文件，然后单击 Next 按钮。将文件名设置为 Question，并确定 Group 当前选中的是 Model，也就意味着新文件位于 Model 文件夹中。Targets 中的 Quizzler 一定要处于勾选状态，然后单击 Create 按钮。

在项目导航中展开 Model 文件夹，然后选中新创建的 Question.swift 文件，该文件中除了版权声明和 import Foundation 导入语句之外没有其他。与之前有所不同，这里导入的是 Foundation 框架库，而不是 UIKit。Swift 提供了能够满足各种需求的框架库，就好比商店里出售的各种瑞士军刀一样，它们有大有小，各具不同的功能，从而满足不同用户的需求。在 Question.swift 中，我们实际上只是需要一个轻量级瑞士军刀的基本功能，比如刀子

和瓶起子。所以要根据需求来选择导入的框架库。Foundation 框架库比 UIKit 的量级要"轻"很多。

接下来我们要创建一个新类，第一件事就是使用 class 关键字声明一个类。

```
import Foundation

class Question {

}
```

在声明类的时候，一个非常重要的事情就是类名称的命名方式，与变量和方法的驼峰命名法不同，类名称的首字母一定要大写。

该类中一共需要两个属性：一个是 questionText 常量，字符串类型；另一个是 answer 常量，布尔类型。

```
class Question {
  let questionText: String
  let answer: Bool
}
```

现在这个 Question 类将会作为问题的架构，每一个单独的问题都会使用该类来存储问题和答案。我们管在类中声明的常量或变量叫作属性，管类中的函数叫作方法。函数和方法会有细微不同，方法相当于类中的函数。简单来说，在类中实现的函数叫作方法，在类外面就叫作函数。

此时的 Question.swift 会报错，如图 7-8 所示。说明此时的 Question 类还没有初始化方法。同时，类中的两个属性也还没有被赋初始值。

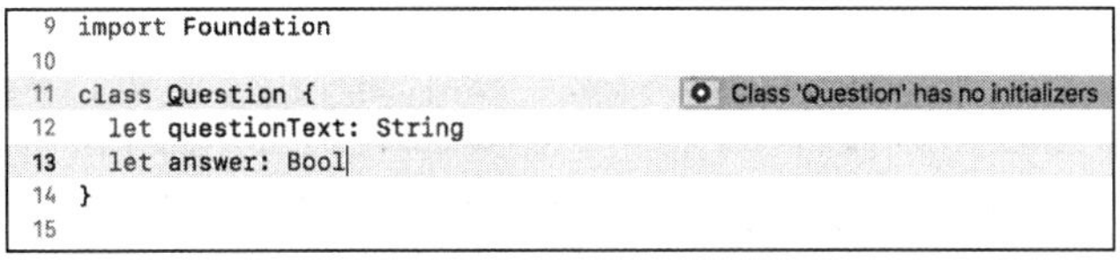

```
 9  import Foundation
10
11  class Question {                    ⓞ Class 'Question' has no initializers
12    let questionText: String
13    let answer: Bool
14  }
15
```

图 7-8　创建用于存储问题的 Question 类

接下来让我们为这两个属性赋初始值，代码如下：

```
class Question {
  let questionText: String = "你还是你吗？"
  let answer: Bool = true
}
```

当赋值完成以后，错误马上消失。这是因为类中的属性都已经被赋值，没有不确定因素的隐患存在。但是，修改后的代码并没有实际意义，因为常量已经被赋值，而这个值并不是我们真正需要的。

因此我们要使用 init 关键字来创建初始化方法。

```
class Question {
  let questionText: String
  let answer: Bool

  init(text: String, correctAnswer: Bool) {
    questionText = text
    answer = correctAnswer
  }
}
```

当我们创建一个新的 Question 类型对象的时候，可以通过初始化方法来确定还需要做些什么。初始化方法的第一个参数 text 是字符串类型的问题描述，第二个参数是布尔类型的正确答案。在 init() 方法中，通过两行代码为属性 questionText 和 answer 赋值。

在本节中我们接触到了 Foundation 框架库，它为应用程序提供了最基础层面的功能，包括数据存储和持久性连接、文本处理、日期和时间计算、排序和过滤以及网络连接。我们可以在 https://developer.apple.com/reference/foundation 里查阅到更多关于 Foundation 框架库的信息。

UIKit 框架为 iOS 或 tvOS 应用程序提供了所需的基础架构。它提供实现用户界面的窗口和视图体系结构，用于向应用程序提供多点触控和其他类型输入的事件处理基础结构，以及管理用户、系统和应用程序之间的交互所需的主运行循环。该框架还提供了包括动画支持、文档支持、绘图和打印支持，关于当前设备的信息，文本管理和显示，搜索支持，可访问性支持，应用程序扩展支持和资源管理相关功能。在 https://developer.apple.com/reference/uikit 里可以查阅到更多相关信息。

7.3　面向对象

本节我们会学习程序开发中一个非常重要的概念——**面向对象**（Object Oriented Programming，**OOP**）。之前，你经常会看到类（Class）和**对象**（Object）的概念，在本节我们将会深入理解它们之间的不同以及如何使用它们创建复杂的应用程序项目。

要想理解面向对象，让我们先回到最初的编程时代。我们都知道计算机只认识 0 和 1 两个数字以及 0 和 1 组成的代码，我们管它叫作机器语言。其实，你所看到的计算机就是由百亿、千亿个切换器构成，切换器的状态非 0 即 1。所以作为程序员，我们可以让计算机去根据需求进行计算，或者是通过 0、1 的数字串格式给它下达指令。要想使用机器语言，你需要键入成千上万的 0 和 1，如果你决心使用机器语言来开发应用程序的话，那将是一个非常疯狂和不切实际的想法。因此，有人开始使用近似于英文语法的编程语言，去编写可以让计算机翻译成 0/1 格式的机器语言的代码。

在 1970 年的时候，丹尼斯·里奇以 B 语言为基础，在贝尔实验室设计、开发出了 C 语言。它其实就是现代编程语言的鼻祖，在其之后推出的 C#、C++ 和 Objective-C 都是以 C 语言为基础的。实际上，还有很多C语言特性都留存在其他语言中，例如PHP、Java、Scala等。

　　C语言属于过程式编程语言的范畴，过程式编程就是按照指令列表依次执行的程序编码方式。就好比开始做什么，然后做什么，再做什么，再做什么……一行一行地执行代码。举个例子，你的餐厅仅有一位职员，需要让她完成所有的事情。从一早开始要打开餐厅的门，开灯，根据顾客的订单将菜品放到餐桌上，给用完餐的顾客结账。总之，你总是给职员一个很长很长的任务单，让她从开始一步一步做下去。当然，这样的形式并不灵活，同时指令列表会很长很长也非常难于调试。

　　如果我们将餐厅的雇员从一位增加到三位，一位是服务员，一位是糕点师，一位是厨师。现在这三个人都有自己的角色，做着自己所负责的工作。他们每个人都有自己擅长的技能，并且如果哪一位的工作做得不理想，可以随时更换一位新的雇员，而不会影响到另外两个人。

　　通过这种现代的方式，有助于帮助我们以更加简单的方式进行调试。因为出现问题的地方会被限制在某个独立的对象中，修改类中的代码并不会影响其他方面的代码。这就是面向对象开发的概念。

　　我们可以发送消息给某个对象，例如餐厅中需要一些蛋糕，则需要给糕点师发送消息，糕点师在收到消息以后就开始制作更多的蛋糕。在这样的环节中，信息的传递并不需要经过服务员，她并不关心制作蛋糕的事情。

　　在之前的很长一段时间，苹果使用面向对象的C语言——Objective-C作为基于macOS系统的程序设计语言。就像是Android平台使用Java语言开发一样。而Swift语言则是苹果近几年自行研发的用于iOS、macOS、tvOS和watchOS平台的程序设计语言。

　　在简单了解了面向对象开发的概念以后，接下来就要看看类和**对象**之间有什么不同。类就好比一张蓝图，它包含了创建一个对象的指令集。如图7-9所示，这是一个汽车类而不是真正的汽车，因此它不是一个汽车对象。它仅仅是一个如何创建汽车的指令集，比如指定有多少个座椅，有多少个门，车是什么颜色的。

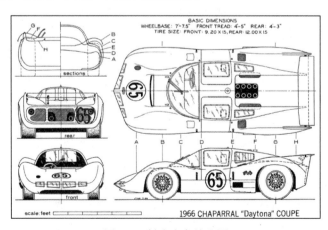

图7-9　制造汽车的蓝图

可以想象一下，我们会创建一个 Car 类，car 对象则是通过 Car 类创建的，它包含三个主要内容。第一个是**属性**（property），例如在上一节的 Question 类中声明了两个属性。第二个是对象中可以执行的**方法**（action），它是对象可以实现的功能，例如汽车如何前进，如何刹车，如何转向。第三个是**事件**（event），一旦某些事情发生的时候，需要对象要做出何种反应，例如当汽车启动以后要做什么，或者是当雨点掉在挡风玻璃上的时候要做什么。在创建类的时候，我们要定义好这三件事，也就是创建好这张"蓝图"。

在之前的 Question 类中，我们定义了两个属性，使用常量定义了 questionText 和 answer。我们使用 init 初始化方法定义了一个事件，当从 Question 类创建对象的时候会执行该方法。在执行初始化方法的时候，要传递两个参数，一个是问题，一个是正确答案。最后，是一个能够被类中其他方法随时调用的 someFunction() 方法，如图 7-10 所示。

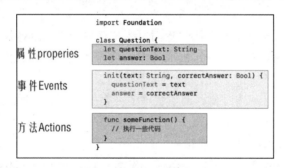

图 7-10　Question 类的属性、事件与方法

在面向对象开发的过程中，为了能够让程序员清楚地描述类和对象的相关内容。让我们尝试着说明一些词的意思。当我们说的是在类的范围内创建的常量和变量的时候，它指的就是**属性**。如果是在类的范围之外所声明的就只能称为**常量**或**变量**。我们在类中所声明的函数就叫作**方法**，如果是在类外声明的就叫作**函数**。

如果你是一个苹果粉，可能会对史蒂夫·乔布斯（Steve Jobs）有关面向对象编程（Object-Oriented Programming）的话题感兴趣。下面是 1994 年滚石访谈的摘录，史蒂夫（并不是纯粹的程序员）简单地解释了 OOP。

史蒂夫·乔布斯说：对象就像人一样。他们真实地存在，呼吸着，并富有知识内涵。他们知道如何做事情，有记忆，可以回忆之前的事情。程序员不是在低级别层面上与它进行交互，而是在非常高的抽象层次上进行交互，就像我们做的这样。

这里有一个例子：如果我是你的洗衣对象，你可以把脏衣服给我，并发给我一条消息，说："你能洗我的衣服吗？。"我碰巧知道旧金山最好的洗衣店在哪里。我说的是英语，口袋里正好有钱。所以我出门打辆出租车，告诉司机带我到旧金山的那个地方。我去洗你的衣服，打出租车再回到这里。我给你干净的衣服，并说："这是给你洗干净的衣服。"

你不知道我是怎么做到的。你不知道洗衣的地方。也许你说法语，甚至不会叫出租车。你无法支付，因为你口袋里没有美元。我知道如何做到这一切，而你不必了解这些。所有这些复杂的事情都被我解决了，而且能够在非常高的抽象层次上进行交互，这就是对象。它们封装了复杂性，并且复杂性的接口是高层次的。

7.4　创建答题库类

这一节我们将会创建一个新类。

在项目导航选中 Model 文件夹，Control-click 文件夹后，在快捷菜单中选择 New File...，与之前一样，在文件模板选择面板中选中 iOS 标签中的 Swift File，文件名设置为 QuestionBank，确保 Group 为 Model，Targets 中勾选 Quizzler，单击 Create 按钮。此时在 Model 文件夹中新增加了 QuestionBank.swift 文件。

选中新创建的 QuestionBank.swift，当前的文件中只导入了 Foundation 框架库。

QuestionBank 类的目的在于存储所有题目，并为 Quizzler 项目使用。该题库中的每一道题都是 QuestionBank 类型的对象。

通过下面的代码创建 QuestionBank 类。

```
class QuestionBank {
}
```

在创建好 QuestionBank 类以后，需要在其内部声明一个 Question 类型的数组。var 代表它是变量，list 是类的属性名，在等号的右侧是 [Question]，代表数组中所存储元素的数据类型是 Question，最后使用一对小括号结束数组的声明。在类中创建的变量或常量就叫作属性，我们通过这个属性来管理应用中的数据。

提示　声明一个数组有很多方式，这里所使用的方法会得到一个初始化好的空数组，只不过这个数组中还没有任何的元素。

为了能够向数组中填充需要的数据，需要创建一个初始化方法。

```
class QuestionBank {

  var list = [Question]()

  init() {
    // 创建一个问题，再将它添加到 list 数组中。
    let item = Question(text: "吃烧烤不能喝啤酒。", correctAnswer: true)

    // 添加 Question 对象到 list 数组中
    list.append(item)

    // 跳过第一步，直接通过数组的 append() 方法将 Question 对象添加到 list
    list.append(Question(text: "喝白酒时最好喝茶水。", correctAnswer: false))

    list.append(Question(text: "空腹最好不吃柿子。", correctAnswer: true))
```

```
    list.append(Question(text: "在野外遇到雷雨天气时，感觉自己的头发竖起来了，皮肤发热，要
立刻就地卧倒，不可继续站立。", correctAnswer: true))

    list.append(Question(text: "参加运动会，临赛前一定要吃饱，这样可以增加体能取得好成
绩。",
correctAnswer: false))

    list.append(Question(text: "面膜做的时间越久越好。", correctAnswer: false))

    list.append(Question(text: "晕船时应尽量将头部固定，不要让头部来回晃动。",
correctAnswer: true))

    list.append(Question(text: "被鱼刺卡住以后应该猛吃食物，迅速咽下。", correctAnswer:
false))

    list.append(Question(text: "红眼病病人是可以与他人共用生活用品和学习用品的。",
correctAnswer: false))

    list.append(Question(text: "身上着火后，应迅速用灭火器灭火。", correctAnswer:
false))

    list.append(Question(text: "创伤伤口内有玻璃碎片等大块异物时，到医院救治前，可自行取出。"
, correctAnswer: false))

    list.append(Question(text: "发生煤气中毒时，首先应将门、窗打开通风换气。",
correctAnswer: true))

    list.append(Question(text: "进行人工呼吸前，应先清除患者口腔内的痰、血块和其他杂物等，
以保证呼吸道通畅。", correctAnswer: true))

    }
}
```

我们使用 init 关键字创建初始化方法，与之前 Question 类带有 2 个参数的初始化方法不同，这里的方法不需要任何参数。在其内部，我们要设置所有 13 道题目的信息。如果你不想输入上面这些信息的话，可以回到 GitHub 网站的 Quizzler 项目文件夹，在 README. md 中找到相关代码，再将其复制到 init() 方法里面。

在 init() 方法中，我们首先声明了一个常量 item，并通过 Question 类的初始化方法将生成的对象赋值给它。然后使用数组的 append() 方法将 Question 对象添加到数组的末尾。此时 list 数组中已经包含了一个 Question 类型的对象。

接下来，我们使用 append() 方法，直接将 Question 类的初始化方法所生成的对象添加到 list 数组中，这里一共添加了 13 道题目。

7.5 Model View Controller (MVC) 设计模式

通过本章的 Quizzler 实战练习，我们要更加深入地了解 MVC 设计模式。为什么设计模

式这么有用，我们应该如何使用设计模式呢？

首先需要搞清楚设计模式是什么？它是开发者对普遍问题的最简单最实用的解决方案。用一个实际生活中的例子来解释：很早很早以前，在人类面对又黑又冷的环境时，是如何御寒呢？早期的人类通过建造草屋来解决这个问题，并且在草屋中还可以躲避其他动物的攻击。但是后来他们认识到火可以阻挡动物的攻击。但是如果有一些凶猛的野生动物潜伏在你的周围时，家人可能随时会有危险。所以人类改进了设计模式——使用泥巴建造房屋，这样动物在向人类发起攻击的时候就不会那么轻易得手了。后来人类又改进了设计模式——使用木材建造房屋，这样的房子不仅保暖而且更加安全。大多数人都会认为这是一个非常不错的设计模式。为了能够让木屋看起来不像是一间茅草屋，在建造的时候就需要设计模式（蓝图）。设计模式规定了房子的墙建在哪里，房顶建在哪里，卫生间要挨着卧室，每个房间要有窗户等，依据这个设计模式就可以建造出一个具有基本功能的房子，至于它的装修、个性化设置可以在之后慢慢实施。

如果你有一个几万行代码的复杂应用程序，设计模式可以帮助你做什么呢？当我们使用 MVC 设计模式以后，这个应用就不再像是一碗"炸酱面"，面、酱、黄豆、蒜、肉丁、豆芽、萝卜丁……都混在一起，而是通过组件的形式将它们搭建在一起。

首先让我们来看看组件，MVC 设计模式中的 M 代表**数据模型**（Model），它负责构建和管理数据。如果项目使用了数据库的话，则它会负责与数据库的协调和沟通，进而读取或删除数据库中的数据。实际上，我们使用它来构建数据，并将数据通过一定形式传递给控制器（View Controller）组件去进行下一步的处理。

接下来是**视图**（View），它其实就是我们在屏幕上面看到的东西。

在这两个组件中间的就是**控制器**（Controller），它负责数据模型与视图之间的沟通。如果你运行了 iOS 的通信录程序，并且查找里面叫作李钢的手机号码，则需要向控制器提出请求，控制器将这个请求做一些处理后向数据模型发送一条消息，询问是否有李钢的手机号码数据。数据模型就像是仓库管理员，它从数据库中获取数据并格式化为一个控制器能看懂的结构（类的对象），然后返回给控制器，最后控制器再将相关数据赋值给视图控件，所需的信息最终便呈现到了 iPhone 屏幕上面。

MVC 设计模式对于信息的传递有一些抽象，我们用一个现实生活的例子来说明。在餐厅中，数据模型就是这里的食材，例如鸡蛋、牛奶、面粉、蔬菜和肉。数据模型被厨师加工成一道道菜肴。这些菜肴会传递给服务员，这里的服务员就是控制器。服务员会将做好的菜肴传递给视图，也就是食客们的餐桌上。

这里，控制器（服务员）会先得到一个请求——1 号桌需要一盘拍黄瓜。服务员会将需求告诉厨房的厨师，由厨师将食材准备好以后按照要求做一盘拍黄瓜。然后服务员再将拍黄瓜送到顾客的餐桌上。

让我们回到之前的 Quizzler 项目代码，在项目导航中可以看到此时的项目已经被分为 Model、View、Controller 三个部分，通过文件名可知 ViewController.swift 是一个控制器组件，它可以让视图显示信息，也可以向数据模型索要信息。如果餐厅中的顾客点了一张披萨，作为控制器的服务员就会在得到这个需求以后，马上将信息反馈给顾客：对不起，这是一家中餐厅，我们无法制作披萨。

Model 文件夹中的 Question.swift 的功能就是将数据以题目的方式组织起来，便于将它们在屏幕上显示出来。QuestionBank 类的作用就是组织所有的 Question 对象。

Controller 文件夹中的 ViewController.swift 会将数据显示在视图或屏幕上，让用户可以看到最终的结果，并与其进行交互。

为什么要使用 MVC 设计模式？它有什么优点呢？一是它提供了完美的代码架构。当你编写复杂代码的时候，无法真正完全掌控它会发生什么。现在，将项目设计为 Model-View-Controller 设计模式，你可以发现这些关系在代码中会实现得非常好。二是作为编程界最常用的设计模式，它非常容易被其他程序员识别出来。所以，在两个以上程序员负责的项目中，使用 MVC 设计模式可以很好地做到无缝连接，不会或很少发生混乱的问题。第三，利用 MVC 可以复用代码，你会注意到在 MVC 设计模式中，数据模型与视图永远不会直接发生联系。也就相当于在餐厅中，顾客永远不会和厨师发生任何联系一样。例如，如果 Quizzler 项目在法国运行，我们可以轻松地将数据从英文换成法文，而不用考虑其他的代码问题。最后，使用 MVC 设计模式允许我们使用多任务特性，这与你编写项目的代码多少有关。例如有三个程序员共同开发一个项目，你可能会让一位同事更多地关注视图部分，他应该是前端设计师。另一位同事是后端设计师，更多的是维护和校验数据等。第三位同事则是更多地在控制器中编写代码，将后端数据呈现到前端视图之中。这样三位程序员就有合作有分工，提高了开发效率。

有很多 iOS 开发初学者可能不太喜欢使用 MVC 设计模式，因为它看起来添加了一些多余的工作，但是到了项目开发的后期，到了开始维护该项目并进行功能升级的时候，它的优势就会立即显现出来。

7.6 初始化第一个题目

在之前的实战练习中我们已经在 Model 文件夹中创建了 QuestionBank 类。在 QuestionBank 类中声明了一个数组 list 用于存储 Question 对象，每个 Question 对象都包含了问题与答案。之后，我们又创建了 13 个 Question 对象，并将其添加到 list 数组之中。因为这些代码都是在 QuestionBank 的初始化方法中执行的，所以在创建 QuestionBank 对象的时候，13 道题目就会被添加到 list 属性中。

在 ViewController 类中，我们将会创建一个 QuestionBank 类型的对象。

```
class ViewController: UIViewController {

    let allQuestions = QuestionBank()
```

......

接下来，要将 QuestionBank 对象中的第一道题显示到屏幕上。在 viewDidLoad() 方法中添加下面的代码：

```
override func viewDidLoad() {
  super.viewDidLoad()

  let firstQuestion = allQuestions.list[0]
  questionLabel.text = firstQuestion.questionText
}
```

在 viewDidLoad() 方法中创建了常量 firstQuestion，并将 allQuestions 对象中的数组 list 里面的第一个元素赋值给它，因为 list 数组中的元素为 Question 类型，所以通过 Swift 的类型断言特性，自动将 firstQuestion 设定为 Question 类型。

因为数组的第一个元素索引值为 0，所以使用 [0] 来获取该元素对象。第一个元素的题目应该是：吃烧烤不能喝啤酒。以此类推，[1] 是第二题，题目内容应该是：喝白酒时最好喝茶水。

然后将 firstQuestion 的 questionText 属性值赋值给 IBOutlet 变量 questionLabel 的 text 属性。因为 questionLabel 指向的是故事板里面的题目标签，所以当代码执行到这里的时候会将题目显示到屏幕上面。

通过刚刚在 viewDidLoad() 方法中新添加的两行代码我们可以了解到，当我们需要访问或设置对象里面的某个属性的时候，需要使用点 (.) 操作符。

构建并运行项目，当应用启动以后就会看到第一道题目显示到了屏幕上的 QuestionLabel 位置上，如图 7-11 所示。目前两个按钮还不能工作，因为我们还没有对相关方法编写程序代码。

当用户单击**是 / 否**两个按钮的时候，将会激活 IBAction 方法 answerPressed(_ sender: UIButton)。为了能够判断用户单击的按钮是否为题目的正确答案，需要在 ViewController 类中再添加一个属性 pickedAnswer，该变量用于存储用户选择的答案，变量的类型为布尔型，并且将初始值设置为 false。

图 7-11　在 Quizzler 项目中显示第一道问题

```
class ViewController: UIViewController {

  let allQuestions = QuestionBank()
  var pickedAnswer: Bool = false
  ......
```

接下来在 answerPressed(_ sender: UIButton) 方法中添加下面的代码：

```
@IBAction func answerPressed(_ sender: UIButton) {
```

```
  if sender.tag == 1 {
    pickedAnswer = true
  }else if sender.tag == 2 {
    pickedAnswer = false
  }

  checkAnswer()
}
```

因为在故事板中，已经提前将是（第一个）按钮的 tag 设置为 1，否（第二个）按钮的 tag 设置为 2。所以在 answerPressed(_ sender: UIButton) 方法中通过参数 sender.tag 来确定用户单击的是哪一个按钮。如果 tag 值为 1，则代表用户单击了**是**按钮，否则代表用户单击了**否**按钮。当用户单击按钮做出回答以后，要判断回答是否正确。这里我们会调用类中的 checkAnswer() 方法来检查对错，只不过目前该方法中还没有任何的代码。

 我们使用 == 操作符判断左右两边表达式的值是否相等，使用 != 操作符判断左右两边表达式的值是否不相等。而单独的等于号在 Swift 语言中是赋值号，即将右边表达式的值赋值给左边的常量或变量。

在 checkAnswer() 方法中添加下面的代码：

```
func checkAnswer() {
  let correctAnswer = allQuestions.list[0].answer

  if correctAnswer == pickedAnswer {
    print(" 回答正确! ")
  }else {
    print(" 错误! ")
  }
}
```

在上面的代码中，通过 allQuestions 的 list[0] 获取到数组中的第一个元素对象，再直接通过点（.）操作符获取该对象的 answer 属性值，并将其赋值给常量 correctAnswer。接下来就是使用 if 语句判断用户回答是否正确，并在控制台输出相应的信息。

构建并运行项目，单击题目下方的两个按钮，控制台中会显示相应的结果，但是当前我们只会停留在第一题中。

7.7　处理后续题目

在上一节中，我们对应用程序中所显示的第一道题进行了处理，在本节中将会继续编写代码来处理后面的题目。

首先为类再添加一个属性（变量）var questionNumber: Int = 0，该变量用于跟踪答题的状态，也就是用户当前回答了多少道题。每回答完一道题，就让该变量的值加 1。

当应用程序开始运行的时候，会先执行 viewDidLoad() 方法，第一道题也就相应地呈现到屏幕上，直到用户单击**是/否**按钮以后，我们应该做些什么呢？每个问题只有一个正确答案，所以当用户单击其中一个按钮以后，会通过 checkAnswer() 方法检查对错，接下来就需要在屏幕上呈现第二道题，因此需要在调用 checkAnswer() 方法之后让 questionNumber 的值加 1。

```swift
class ViewController: UIViewController {

  let allQuestions = QuestionBank()
  var pickedAnswer: Bool = false
  var questionNumber: Int = 0

  ......

  @IBAction func answerPressed(_ sender: UIButton) {
    if sender.tag == 1 {
      pickedAnswer = true
    }else if sender.tag == 2 {
      pickedAnswer = false
    }

    checkAnswer()
    questionNumber += 1
    questionLabel.text = allQuestions.list[questionNumber].questionText
  }
  ......
```

在将 questionNumber 的值加 1 以后，为 questionLabel 的 text 属性重新赋值，这个值就是 list 数组中的第 questionNumber 个元素的 questionText 属性值，只要用户单击一次按钮，questionNumber 就会加 1，然后会显示一道新的题目。

构建并运行项目，可以依次作答完成所有的问题，直到在完成最后一道题目的选择后程序崩溃，如图 7-12 所示。崩溃的原因是出现了致命错误——**超出了数组索引值范围**，我们会在之后解决这个问题。

图 7-12　做完 12 道题目以后应用程序崩溃

目前首要解决的是用户回答正确与否的问题，在控制台显示的信息与题目的正确答案不一致。问题出现在 checkAnswer() 方法中，当前我们总是将 list 数组中第一道题的答案与用户的选择做比较，这肯定是不行的。修改代码如下面这样：

```
let correctAnswer = allQuestions.list[questionNumber].answer
```

再次构建并运行程序，该问题解决。

7.8　使用 Xcode 调试控制台

本节我们会继续深入学习如何利用控制台让整个项目代码的调试变得更加容易。在上一节中所出现的致命错误，是因为 questionNumber 变量导致的，这一点在崩溃的时候我们就已经猜想到了，但是如何证明这一点呢？我们需要通过调试控制台打印出当前questionNumber 的值。

在控制台中键入 print 命令：print questionNumber，当我们输入 questionNumber 的时候还会出现和代码编辑器一样的自动完成窗口，选择需要的内容直接按回车键即可，如图7-13 所示。你会发现这个 print 命令与 Swift 语言稍微有些不同，print 之后并没有小括号，只有需要呈现结果的变量名，按回车键以后你会看到输出的结果。

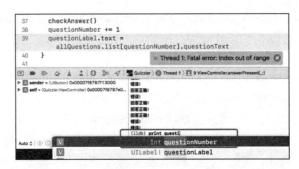

图 7-13　在调试控制台中打印 questionNumber 的值

```
(lldb) print questionNumber
(Int) $R0 = 13
```

这里可以看到 questionNumber 的值为 Int 类型的 13。其实就是在全部问题都呈现到屏幕上以后，questionNumber 又再次加 1，而 list 数组中已经没有索引值为 13 的元素对象了。

其实，我们可以随时在控制台中输出当前类中的变量值，比如在控制台中键入 print allQuestions.list，就会看到下面的输出结果：

```
(lldb) print allQuestions.list
([Quizzler.Question]) $R1 = 13 values {
  [0] = 0x000060c00045e5a0 (questionText = "吃烧烤不能喝啤酒。", answer = true)
  [1] = 0x0000604000257f40 (questionText = "喝白酒时最好喝茶水。", answer = false)
```

```
    [2] = 0x0000604000257d60 (questionText = "空腹最好不吃柿子。", answer = true)
    [3] = 0x0000604000258060 (questionText = "在野外遇到雷雨天气时，感觉自己的头发竖起来了,
皮肤发热，要立刻就地卧倒，不可继续站立。", answer = true)
    [4] = 0x0000604000257fa0 (questionText = "参加运动会，临赛前一定要吃饱，这样可以增加体能取
得好成绩。", answer = false)
    [5] = 0x0000604000257f70 (questionText = "面膜做的时间越久越好。", answer = false)
    [6] = 0x0000604000258090 (questionText = "晕船时应尽量将头部固定，不要让头部来回晃动。
", answer = true)
    [7] = 0x0000604000258030 (questionText = "被鱼刺卡住以后应该猛吃食物，迅速咽下。",
answer = false)
    [8] = 0x0000604000258000 (questionText = "红眼病病人是可以与他人共用生活用品和学习用品的。
", answer = false)
    [9] = 0x00006040002580c0 (questionText = "身上着火后，应迅速用灭火器灭火。", answer
= false)
    [10] = 0x00006040002580f0 (questionText = "创伤伤口内有玻璃碎片等大块异物时，到医院救
治前，可自行取出。", answer = false)
    [11] = 0x0000604000258120 (questionText = "发生煤气中毒时，首先应将门、窗打开通风换气。
", answer = true)
    [12] = 0x0000604000258150 (questionText = "进行人工呼吸前，应先清除患者口腔内的痰、血
块和其他杂物等，以保证呼吸道通畅。", answer = true)
    }
```

因为 list 是一个数组，所以在控制台可以看到数组中所有的 13 个值，其中索引值是从 0 到 12。如果我们硬是要访问 list 数组索引值为 13 的元素，肯定会发生致命错误，因为根本就没有这个值。

如果我们不想使用 print 语句来查看变量信息的话，还可以通过控制台左侧的变量查看窗口解决，如图 7-14 所示。展开 self 条目可以发现，allQuestions 里面有 list 数组，其中一共有 13 个元素，最后一个元素的索引值为 12。而当前 questionNumber 的值为 13，根本没有该索引值的元素存在。

目前，已经介绍了两种使用控制台进行调试的方法，并找到了问题所在，下面就是要解决这个问题。停止应用程序的运行，修改 answerPressed(_ sender: UIButton) 方法和 nextQuestion() 方法。

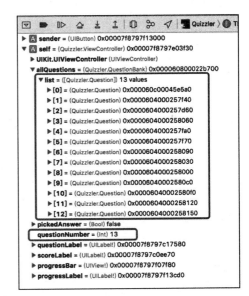

图 7-14 查看当前运行类中变量的值

```
@IBAction func answerPressed(_ sender: UIButton) {
  if sender.tag == 1 {
    pickedAnswer = true
  }else if sender.tag == 2 {
    pickedAnswer = false
```

```
    }

    checkAnswer()
    questionNumber += 1

    nextQuestion()
}

func nextQuestion() {
  if questionNumber <= 12 {
    questionLabel.text = allQuestions.list[questionNumber].questionText
  }else {
    print("全部答完！")
    questionNumber = 0
  }
}
```

在 answerPressed(_ sender: UIButton) 方法中直接调用 nextQuestion() 方法，将之前的 questionLabel.text = allQuestions.list[questionNumber].questionText 移动到 nextQuestion() 方法中。然后通过 if 语句进行条件判断，如果 questionNumber 的值小于等于 12 则执行该代码。如果超过 12 则在控制台打印信息，并将 questionNumber 的值重置为 0，这样当用户回答完第 13 道题目以后再单击按钮就会回到第一题。

构建并运行项目，查看该问题是否被解决。但是目前该项目的用户体验还不是很好，需要在后面的章节中进一步改进。

7.9　如何实现 UIAlertController 以及弹出窗口给用户

在上一节中我们学习了如何通过检测机制来防止应用程序在运行到最后的时候出现崩溃情况。并且在 questionNumber 的值大于 12 的时候还会在控制台中输出一条信息，但是这条信息仅限于程序员在控制台中可以看到，本节将解决如何让用户在回答完 13 道题目以后得到消息通知，并询问是否需要重做这些题目的问题。

在本节我们会使用一个全新的用户界面控件 UIAlertController，它有一个标题和一个文本信息，还有一个取消和一个确定按钮。通过用户的选择来决定应用程序下一步要做什么，如图 7-15 所示。

有关 UIAlertController 的详细介绍可以查看苹果开发手册的相关内容，链接地址为：https://developer.apple.com/documentation/uikit/uialertcontroller。

在概述（Overview）部分有对该 UI 控件的说明和使用方法，以及使用的样例代码。在主题（Topics）部分中，有创建警告控件的初始化方法，该方法会创建并返回一个可以显示给用户的警告视图控制器。通过它的参数可以指定对话框的标题（title）、信息（message）以及警告控件的样式（preferred style），目前它包含的样式有 action sheet 和 modal alert

两种。modal alert 会在屏幕的中央呈现一个对话框，在对话框中出现几个可选项，如图 7-15 所示。action sheet 会从屏幕底部滑出一个界面，它也有类似的标题和信息，并让用户做出选择，如图 7-16 所示。

图 7-15　UIAlertController 控件的外观　　　图 7-16　UIAlertController 控件的 action sheet 风格

在当前项目中，我们会使用 modal alert 警告方式。修改 nextQuestion() 方法中的代码：

```
func nextQuestion() {
  if questionNumber <= 12 {
    questionLabel.text = allQuestions.list[questionNumber].questionText
  }else {
    let alert = UIAlertController(title: "了不起! ", message: "你已经完成了所有的题目,
是否想重新开始呢? ", preferredStyle: .alert)
  }
}
```

除了在对话框中显示标题和信息以外，还需要有两个按钮让用户选择是否重新做题。这需要通过 UIAlertAction 类实现动作按钮。通过苹果的帮助文档 https://developer.apple.com/documentation/uikit/uialertaction 可以找到 UIAlertAction 的相关说明。它的初始化方法如下：

```
init(title: String?, style: UIAlertActionStyle, handler: ((UIAlertAction) ->
Void)? = nil)
```

其中 title 是按钮的标题，style 是按钮的风格，handler 则代表用户单击按钮以后要做什么。至于按钮的风格一共有三种，它是 UIAlertActionStyle 枚举类型，包括：**默认**（default）、**取消**（cancel）和**不可逆**（destructive）。

继续修改 nextQuestion() 方法：

```
func nextQuestion() {
  if questionNumber <= 12 {
    questionLabel.text = allQuestions.list[questionNumber].questionText
  }else {
    let alert = UIAlertController(title: "了不起! ", message: "你已经完成了所有的题目,
是否想重新开始呢? ", preferredStyle: .alert)

    let restartAction = UIAlertAction(title: "重新开始", style: .default, handler:
{ (alertAction) in self.startOver() })

    alert.addAction(restartAction)
    present(alert, animated: true, completion: nil)
  }
}
```

首先，我们通过 UIAlertAction 类的初始化方法创建一个按钮，该按钮的标题为**重新开始**，风格是默认类型，handler 参数用于设定当用户单击该按钮以后所执行的代码。如果你之前没有接触过 Swift 语言的话，对这样的语法可能会感到有些奇怪。当前我们提供给 handler 参数的内容并不是一个值或一个对象，而是一段代码，这段代码被一对大括号包围起来（handler:{}），因此管这样的方式叫作**闭包**。在当前的 handler 闭包中需要执行类中的 startOver() 方法，因此需要调用 self.startOver()。因为闭包有其独立的生存期，它是独立在类之外的特殊代码块，即使代码块是在类中也是如此。所以在闭包之中需要使用 **self** 关键字指明要执行当前类中的 startOver() 方法。如果删除闭包中的 self 关键字，Xcode 编译器则会报错。现在你只需要清楚的是，利用 self 关键字可以在整个 Swift 文件中搜索 startOver() 方法。有关闭包和 self 的相关知识我们会在之后的章节中详细介绍。

接下来，需要利用 addAction() 方法将 restartAction 对象添加到 alert 控制器中。

最后利用 present() 方法，让 alert 控制器呈现到 iPhone 屏幕上，其中第一个参数是 alert 控制器对象，animated 代表是否启用动画效果，completion 与 handler 一样是个闭包，代表在 alert 控制器呈现到屏幕上以后要执行什么代码，这里使用 nil 关键字代表没有任何操作。

构建并运行项目，在完成 13 道题目以后，会弹出一个警告窗口，此时可以单击**重新开始**按钮来重新作答，如图 7-17 所示。

目前，当我们单击**重新开始**按钮以后并没有任何的事情发生，仅仅是关闭了警告窗口而已。因为在代码中，当用户单击**重新开始**按钮以后会执行类中的 startOver() 方法，而目前该方法中并没有任何执行代码。在 startOver() 方法中添加下面的代码：

图 7-17　做完所有题目以后可以重新作答

```
func startOver() {
  questionNumber = 0
}
```

在该方法中，我们会重置 questionNumber 的值为 0，让用户可以重新做题。

再次构建并运行项目，在单击**重新开始**按钮以后，用户可以重新作答。但是这里还有一个 Bug 需要修复。

当用户单击**重新开始**按钮以后，会执行 startOver() 方法，此时 questionNumber 的值会重置为 0。而当前屏幕上的题目还停留在第一轮的最后一道，没有进行更新，当用户单击按钮以后才会更新题目。在调用 answerPressed(_ sender: UIButton) 方法的时候，会先执行 questionNumber += 1 代码，此时 questionNumber 的值变为了 1，再执行 nextQuestion()，这就意味着从第 2 轮开始，重新开始以后永远无法显示题库中的第 2 道题。

修复这个 Bug 非常简单，只要在 startOver() 方法中 questionNumber = 0 代码的后面添加一行 nextQuestion() 即可。

7.10 高级别的重写

这一节我们将会整理之前的代码文件，以提高代码的可读性，便于后期的维护。

在 Quizzler 项目启动以后，首先会运行 ViewController 类中的 viewDidLoad() 方法，在该方法中，创建了 firstQuestion 对象，并且将 list 数组中的第一个元素赋值给它。随后，将题目内容显示到屏幕的 questionLabel 控件上。

根据用户的答题选择，会执行类中的 answerPressed(_ sender: UIButton) 方法，如果 sender 参数的 tag 属性值是 1，则代表用户选择了是。如果是 2 则代表选择了否。在该方法中，通过调用 checkAnswer() 方法检查回答是否正确。在检查完成以后会让 questionNumber 的值增加 1，再调用 nextQuestion() 方法。

在 nextQuestion() 方法中，首先会判断 questionNumber 的值是否小于等于 12，如果为真则更新题目内容。如果为假则代表 13 道题目全部作答完毕，这时会弹出一个警告对话框，询问用户是否要重新开始。当用户单击**重新开始**按钮以后，则会将 questionNumber 重置为 0，并调用 nextQuestion() 方法更新屏幕上的题目。

实际上在 viewDidLoad() 方法中的两行程序代码与 nextQuestion() 方法实现的功能相同，所以将 viewDidLoad() 方法修改为下面这样也可以：

```
override func viewDidLoad() {
  super.viewDidLoad()

  nextQuestion()
}
```

7.11 统计分数

可能你已经注意到了，在目前项目中还没有进度条的变化和分数值的显示，用户还不知道已经做了几道题，当前得了多少分。本节我们将解决这些问题。

我们需要一个变量来跟踪所得到的分数，就如同使用 questionNumber 跟踪当前做到第几题一样。在 ViewController 类中添加一个变量。

```
var questionNumber: Int = 0
var score: Int = 0
```

当用户答对一道题以后就需要增加 score 的值，所以修改 checkAnswer() 方法如下面这样：

```
if correctAnswer == pickedAnswer {
  print(" 回答正确！ ")
  score = score + 1
}else {
  print(" 错误！ ")
}
```

当分数有所变化以后，需要更新 scoreLabel 来显示最新的分数值，我们需要在哪里完成 scoreLabel 的更新呢？可能你会想到的位置是在 score = score + 1 代码行的下面，如果运行的话没有任何问题，可是仔细想想，更新 Label 控件的操作放在 checkAnswer() 方法中似乎不太合理，该方法应该是负责判断用户答题是否正确。所以关于更新 UI 的操作，放在一个独立的方法中更显合适。

在 ViewController 类中找到 updateUI() 方法，添加下面的代码：

```
func updateUI() {
  scoreLabel.text = score
}
```

将 score 分数值赋值给 scoreLabel 的 text 属性，这样操作的意图是正确的，但是 Swift 编译器会报语法错误——**不能将 Int 类型的值赋值给 String 类型**（Cannot assign value of type 'Int' to type 'String?'）。

Swift 是一种非常严格的程序设计语言，在赋值方面，我们只能把 Int 类型的值赋给 Int 类型的变量，把字符串赋值给字符串类型的变量。在上面的代码中，text 是字符串类型，score 是整型值，类型不一致就会导致语法错误。将之前的代码修改为 scoreLabel.text = "\(score)"，在双引号中使用 \() 转意符将变量替换为字符串值，而且表达式的值也是字符串类型。

为了能够在需要的时候更新 UI 界面，要在用户切换到下一题的时候调用 updateUI() 方法。

```
func nextQuestion() {
  if questionNumber <= 12 {
    questionLabel.text = allQuestions.list[questionNumber].questionText

    updateUI()
  }else {
  ......
}
```

构建并运行项目，当答对一道题后分数会增加 1。为了让答题分数显得更加人性化，可以在分数的前面加上文字说明。将代码修改为 scoreLabel.text = " 分数：\(score)"。

接下来，我们需要解决的是为用户显示当前答题的进度情况。主要是通过更新 progressLabel 来实现。在 updateUI() 方法中，添加下面的代码：

```
func updateUI() {
  scoreLabel.text = " 分数: \(score)"
  progressLabel.text = "\(questionNumber + 1) / 13"
}
```

因为 questionNumber 的值是从 0 开始依次
递增的，所以需要将其加 1，以便显示其真正的
题目序号。构建并运行项目，如图 7-18 所示，
可以看到 progressLabel 显示了相关信息。

最后我们需要处理的是 progressBar，也
就是屏幕底部的黄色进度条，我们希望通过

图 7-18　progressLabel 显示的相关信息

这个进度条可以图形化地显示出当前所答题目的进度。当然这还是与 questionNumber 有
关，而且还需要知道屏幕的宽度值，并且将其 13 等分。每次进度条的长度变化都应该是
questionNumber 与其的乘积。

修改 updateUI() 如下面这样：

```
func updateUI() {
  scoreLabel.text = " 分数: \(score)"
  progressLabel.text = "\(questionNumber + 1) / 13"

  progressBar.frame.size.width = (view.frame.size.width / 13) * questionNumber
}
```

首先通过 progressBar 的 frame 属性设置进度条在其父视图（也就是屏幕视图）中的大
小和位置。frame 中包含两个重要的属性：一个是 size，用于确定进度条的宽度及高度；另
一个是 origin，通过其 x 和 y 属性来确定进度条在父视图中的位置。

此时的代码行会报错，如图 7-19 所示。意思是在乘号（*）的两侧不能一边是单精度
值，一边却是整型值。因为 view.frame.size.width 的类型为 CGFloat，所以乘号左边是单精
度值，而 questionNumber 则是整型值，所以 Swift 编译器报错。

```
|   progressBar.frame.size.width = (view.frame.size.width /
    13) * questionNumber
}   ❶ Binary operator '*' cannot be applied to operands of type 'CGFloat' and
    'Int'                                                                    ⊗
```

图 7-19　单精度 * 整型数值报错

修复这个 Bug 非常简单，将代码修改为 progressBar.frame.size.width = (view.frame.size.
width / 13) * CGFloat(questionNumber + 1) 即可。通过 CGFloat() 函数将整型值转换为单精
度值，乘号两边类型一致，报错消失。

构建并运行项目，进度条会根据当前回答题目的数量发生变化。当完成全部 13 道题目
以后黄色进度条的宽度与屏幕宽度一致。当单击**重新开始**按钮以后，进度条又回到最初的
宽度。

7.12　合并 Objective-C 代码到 Swift

在本节中，我们会将 ProgressHUD 开源库合并到 Quizzler 项目之中。在整个过程中，你可能会遇到一些与这个库有关的黄色叹号警告。请不要担心这些警告，它们并不会影响应用程序的功能。但是，如果你想去除这些警告，可以在本节的最后找到答案。

首先在 startOver() 方法中，每当用户重新开始做题的时候，要将 score 的值重置为 0。

```
func startOver() {
  score = 0
  questionNumber = 0
  nextQuestion()
}
```

接下来我们需要做的一件事是，当用户每做完一道题的时候有一个反馈。目前的情况是在回答完一道题以后，Xcode 的控制台会显示正确与否，这些信息只适用于程序员调试和捕获问题，但最终用户却无法看到。所以需要实现针对用户选择的反馈功能。

我们通过 HUD（Head-Up Display，平视显示器）来实现该功能，如图 7-20 所示。HUD 最早运用在航空器上，作为飞行的辅助仪器。平视的意思是指飞行员不需要低头就能够看到他需要的重要信息。平视显示器最早出现在军用飞机上，以降低飞行员需要低头查看仪表的频率，避免注意力中断以及丧失对状态意识的掌握。因为 HUD 的方便性以及能够提高飞行安全，民航机也纷纷跟进安装，之后汽车也开始安装该设备。

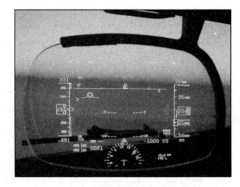

图 7-20　飞机中的 HUD 应用

在 Quizzler 项目，我们希望在用户单击**是** / **否**按钮以后，会出现类似 HUD 方式的反馈信息，告诉用户是否回答正确。如果我们自己编写代码来实现该功能的话，可能需要一周的时间，为了提高效率，我们会使用代码库。这是一个第三方库，很多人在上面写了实现各种功能的成熟开源代码。这也就意味着他们编写的代码对于其他人来说都是可见的，都允许直接将这些代码集成到自己的项目之中。

如果有编程经验的程序员看到这里应该会知道，我所说的这个第三方库指的是 GitHub。在 GitHub 网站上直接搜索 relatedcode/ProgressHUD 关键字，它是一个轻量级的 HUD，如图 7-21 所示。

在 ProgressHUD 的详细页面中，向下滚动到 OVERVIEW 所显示的内容，我们可以看到这个轻量级的 HUD 是如何工作的，如图 7-22 所示。从左至右分别显示了通过 ProgressHUD 进行后台载入的状态，操作正确（成功）的状态和操作错误（失败）的状态。接下来我们将这段代码导入 Quizzler 项目之中。

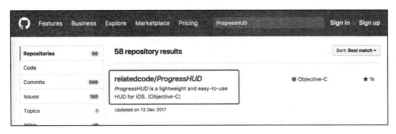

图 7-21　GitHub 中的 ProgressHUD 项目

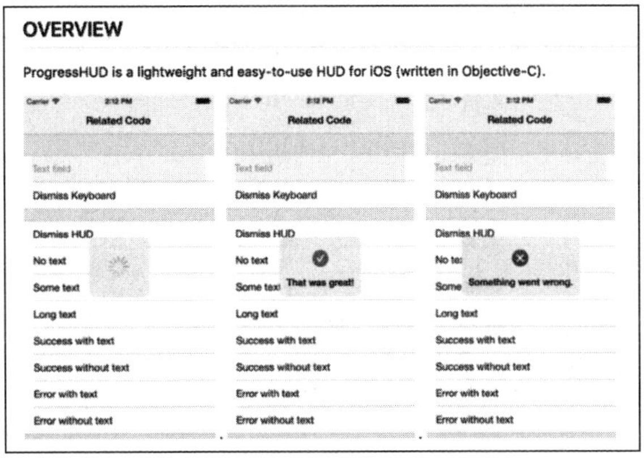

图 7-22　ProgressHUD 项目的介绍页面

实战：通过手动方式将 ProgressHUD 添加到项目中。

步骤 1：单击 GitHub 里面的 Clone or download 连接，并解压缩下载后的文档，如图 7-23 所示。

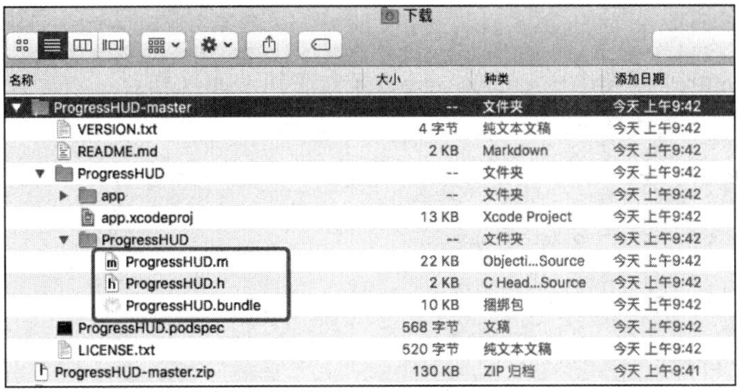

图 7-23　ProgressHUD 项目解压缩后的文件夹

步骤 2：打开 ProgressHUD 文件夹，其中还有一个 ProgressHUD 子文件夹，里面有 ProgressHUD.bundle、ProgressHUD.h 和 ProgressHUD.m 三个文件，选择这三个文件，

然后将其拖曳到 Xcode 的 Quizzler 项目之中，如图 7-24 所示。

步骤 3：在弹出的选项面板中，确保 Copy items if needed 和 Add to targets：Quizzler 处于勾选状态。单击 Finish 按钮。

步骤 4：此时 Xcode 会弹出标题——"是否希望配置一个 Objective-C 桥文件？（Would you like to configure an Objective-C bridging header？）"的对话框，如图 7-25 所示。这是因为 ProgressHUD 代码使用 Objective-C 语言编写，而我们的项目则是用 Swift 语言编写。所以 Xcode 通过桥文件允许我们在 Swift 项目中使用 Objective-C 代码。单击 **Create Bridging Header** 按钮。

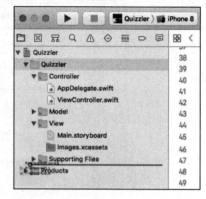

图 7-24　将三个文件拖曳到项目之中

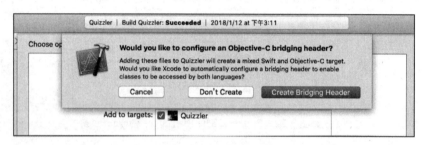

图 7-25　是否希望配置一个 Objective-C 桥文件？

接下来，我们需要告诉 Swift 项目哪个文件是 Objective-C 的代码。

在项目导航中选择 **Quizzler-Bridging-Header.h** 文件，在编辑窗口中键入一行 Objective-C 代码：#import "ProgressHUD.h"。这一步非常重要，否则 Xcode 不识别该 Objective-C 代码文件。

修改 ViewController 类中的 checkAnswer() 方法如下面这样：

```
func checkAnswer() {
  let correctAnswer = allQuestions.list[questionNumber].answer

  if correctAnswer == pickedAnswer {

    ProgressHUD.showSuccess(" 正确 ")

    score = score + 1
  }else {
    ProgressHUD.showError(" 错误！ ")
  }
}
```

构建并运行项目，用户在每次作答的时候都会看到正确与否的反馈。如图 7-26 所示。

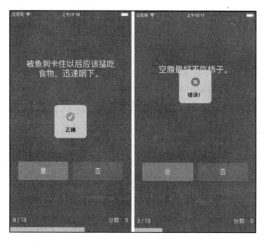

图 7-26 导入 ProgressHUD 后的运行效果

利用第三方开源代码库，我们轻松地在项目中实现了反馈功能。

7.13 挑战：制作情商测试应用

在这一节中，我会抛砖引玉，引导大家制作一款企业招聘时的情商测试应用，用以帮助员工了解自己的情商状况。这个应用共有 29 道题，测试时间 20 分钟，最大 EQ 为 154 分。如果你已经准备就绪，请开始吧！

步骤 1：下载初始化项目。

在 GitHub 中下载 EQTest 项目的源代码，如图 7-27 所示。

在该项目中，故事板的用户界面布局已经设置完成。视图中的三个按钮与 ViewController 类建立了三个 IBOutlet 关联和一个 IBAction 关联。

图 7-27 EQTest 项目源代码

之所以要为按钮建立 IBOutlet 关联，是因为在该项目中每道题目的作答内容并不一样，我们需要根据 Question 对象提供的选项内容来动态修改按钮的标题。

下面是 ViewController.swift 文件中的代码：

```swift
class ViewController: UIViewController {

    @IBOutlet weak var answerOneButton: UIButton!
    @IBOutlet weak var answerTwoButton: UIButton!
    @IBOutlet weak var answerThreeButton: UIButton!
```

```
override func viewDidLoad() {
  super.viewDidLoad()

  // 通过下面的三行代码让按钮的外观变成圆角矩形
  answerOneButton.layer.cornerRadius = 25
  answerTwoButton.layer.cornerRadius = 25
  answerThreeButton.layer.cornerRadius = 25
}

// 用户单击按钮以后执行的方法
@IBAction func answerPressed(_ sender: UIButton) {
}
}
```

步骤 2：制作一个 Tag 属性记录。

在 Main.storyboard 故事板中，将三个按钮的 tag 属性值从上到下依次设置为 1、2、3。在之后的分值统计时，需要根据 tag 值计算每道题的得分，如图 7-28 所示。

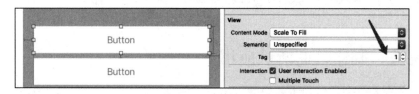

图 7-28　分别设置三个按钮的 Tag 值

Question 类中的属性与 Quizzler 有所不同，当前类中一共有三个属性：字符串类型的 questionText，用于存储题目；字符串数组类型的 questionOption，用于存储题目选项，在测试题中既有三选一的情况，也有二选一的情况，我们在后面会根据情况进行处理；整型数组类型的 questionScore，用于存储每种选项的分值。所以，questionOption 和 questionScore 这两个数组的元素个数必须一致，否则会超出数组范围，导致应用程序崩溃。

```
class Question {
  let questionText: String
  let questionOption: [String]
  let questionScore: [Int]

  init(text: String, option: [String], score: [Int]) {
    questionText = text
    questionOption = option
    questionScore = score
  }
}
```

在 QuestionBank 类的初始化方法中你可以看到所有的题目都添加到了 list 数组之中。

```
class QuestionBank {
  var list = [Question]()
```

```
    init() {
        // 第 1 题
        var item = Question(text: "我有能力克服各种困难。", option: ["是的", "不一定",
"不是"], score: [6, 3, 0])
        list.append(item)

        // 第 2 题
        item = Question(text: "如果我能到一个新的环境, 我要把生活安排得: ", option: ["和从前
相仿", "不一定", "和从前不一样"], score: [6, 3, 0])
        list.append(item)

        ......

    }
}
```

步骤 3：为题目的按钮选项设置标题。

在该项目中，nextQuestion() 方法的代码修改变动比较大。

```
func nextQuestion() {
    if questionNumber <= 28 {
        questionLabel.text = allQuestions.list[questionNumber].questionText

        answerOneButton.isHidden = true
        answerTwoButton.isHidden = true
        answerThreeButton.isHidden = true

        for (index, option) in allQuestions.list[questionNumber].questionOption.
enumerated() {
            if index == 0 {
                answerOneButton.isHidden = false
                answerOneButton.setTitle(option, for: UIControlState.normal)
            }else if index == 1 {
                answerTwoButton.isHidden = false
                answerTwoButton.setTitle(option, for: UIControlState.normal)
            }else if index == 2 {
                answerThreeButton.isHidden = false
                answerThreeButton.setTitle(option, for: UIControlState.normal)
            }
        }

        updateUI()
    }else {
    ......
```

因为在 29 道题中有一部分是二选一，还有一部分是三选一。所以，每次在屏幕上呈现
新题的时候，先让三个选项按钮控件隐藏。然后通过 for 循环迭代出由 questionNumber 索
引的特定题目选项。因为是数组类型的对象，所以可以通过数组类的 enumerated() 方法得
到每个元素的索引（index）和元素值（option）。

在循环中，如果 questionOption 数组有 3 个元素，则会让三个按钮都显示在屏幕上，并

且使用 setTitle() 方法设置每一个按钮的标题。它包含两个参数，第一个是文本信息，第二个 state，即按钮的状态。其中 state 最常用的状态就是 UIControlState.normal，代表按钮的正常状态。除此以外还有 highlighted（高亮）、disabled（禁用）、selected（选中）、focused（焦点）等几种状态。

如果 questionOption 数组中只有两个元素，则在一开始的时候三个按钮均被设置为隐藏，然后通过两次循环只显示第一个和第二个按钮选项，而第三个按钮始终会处于隐藏状态。

步骤 4：计算答题分值。

当用户单击题目选项的时候会执行 answerPressed() 方法，通过按钮的 tag 属性来确定用户选择的是哪个选项。

```
@IBAction func answerPressed(_ sender: UIButton) {
  pickedAnswer = sender.tag - 1
  checkAnswer()
  questionNumber += 1
  nextQuestion()
}
```

在确定选项以后，接下来则是计算分值，让 questionNumber 加 1，在屏幕上显示下一道题目。我们先来看看 checkAnswer() 方法：

```
func checkAnswer() {
  score = score + allQuestions.list[questionNumber].questionScore[pickedAnswer]
}
```

在 checkAnswer() 方法中，我们会针对用户回答的选项的位置来获取分值，然后将其累加。

步骤 5：更新 UI。

在每切换一道新的题目的时候就会执行 updateUI() 方法，在该方法中我们只需将之前的 13 修改为 29 即可。

```
func updateUI() {
  progressLabel.text = "\(questionNumber + 1) / 29"

  progressBar.frame.size.width = (view.frame.size.width / 29) * CGFloat(questionNumber + 1)
}
```

步骤 6：呈现 EQ 测试结果。

呈现 EQ 测试结果的代码是在 nextQuestion() 方法中，如果 questionNumber 的数值超过 28，则需要根据 score 变量的值来呈现测试结果。

```
func nextQuestion() {
  if questionNumber <= 28 {
    ......
  }else {
    var title = ""
```

```
        var message = ""
        if score < 70 {
            title = " 你的 EQ 较低 "
            message = " 你常常不能控制自己，你极易被自己的情绪所影响。很多时候，你轻易被击怒、动火、发
脾气，这是非常危险的信号 ——  你的事业可能会毁于你的暴躁。对此最好的解决办法是能够给不好的东西一
个好的解释，保持头脑冷静使自己心情开朗。"
        }else if score >= 70 && score < 109 {
            title = " 你的 EQ 一般 "
            message = " 对于一件事，你不同时候的表现可能不一，这与你的意识有关，你比前者更具有 EQ 意识，
但这种意识不是常常都有，因此需要你多加注意、时时提醒自己。"
        }else if score >= 110 && score < 129 {
            title = " 你的 EQ 较高 "
            message = " 你是一个快乐的人，不易恐惊担忧，对于工作你热情投入、敢于负责，你为人更是正义
正直、同情关怀，这是你的长处，应该努力保持。"
        }else if score >= 130 {
            title = " 你就是个 EQ 高手 "
            message = " 你的情商高超不但是你事业的助手，更是你事业有成的一个重要前提条件。"
        }

        let alert = UIAlertController(title: title, message: message, preferredStyle:
.alert)

        let restartAction = UIAlertAction(title: " 重新开始 ", style: .default, handler:
{ (alertAction) in self.startOver() })

        alert.addAction(restartAction)
        present(alert, animated: true, completion: nil)
    }
}
```

构建并运行项目，运行效果如图 7-29 所示。

图 7-29 EQTest 项目的运行效果

Chapter 8 第 8 章

iOS 的自动布局和设置约束

这一章我们主要学习如何在故事板中布局 UI 控件和设置约束，以便让我们仅仅通过一种设计布局，就能在各种尺寸的 iOS 设备屏幕和方向上显示出完美的界面布局。

还记得之前我们在 Dicee 项目中的界面布局吗？纵向可以完美显示，而转换到了横向则相当糟糕，如图 8-1 所示。这是因为在横向方向，每个 UI 控件的大小和位置还是沿用之前纵向的设置。所以当你在创建一个项目的时候，一定要考虑是否为其设计横向界面布局。

另外，如果运行在不同设备上，如图 8-2 所示，界面布局也是相当糟糕。

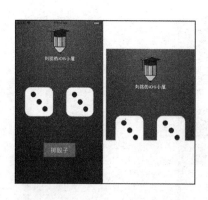

图8-1　纵向和横向显示的Dicee应用的界面效果

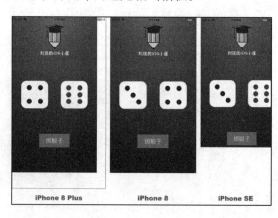

图8-2　不同尺寸屏幕上Dicee的显示效果

正如你知道的，iPhone 设备具有不同的屏幕尺寸：

❑ 对于 iPhone 5/5s/SE，纵向模式的屏幕由水平 320 点（或 640 像素）和垂直 568 点（或 1136 像素）组成。

❏ 对于 iPhone 6/6s/7/8，屏幕由水平 375 点（或 750 像素）和垂直 667 点（或 1334 像素）组成。

❏ 对于 iPhone 6/6s/7/8 Plus，屏幕由水平 414 点（或 1242 像素）和垂直 736 点（或 2208 像素）组成。

❏ 对于全新的 iPhone X，屏幕由水平 375 点（或 1125 像素）和垂直 812 点（或 2436 像素）组成。

❏ 对于 iPhone 4s，屏幕由 320 个点（或 640 个像素）和 480 个点（或 960 个像素）组成。

这里所提供的屏幕分辨率单位为什么是**点**而不是像素呢？

早在 2007 年，苹果就推出了 3.5 英寸屏幕，分辨率为 320 × 480，即水平 320 像素和垂直 480 像素的初代 iPhone。之后在 iPhone 3G 和 iPhone 3GS 上保留了这个屏幕分辨率。显然，如果你当时正在构建一个应用程序，一个点就是对应一个像素。后来，苹果推出了带有视网膜显示屏的 iPhone 4。屏幕分辨率翻倍至 640 × 960 像素。所以一个点对应视网膜显示屏的两个像素。

以**点**为单位的坐标系统使程序员的开发变得轻松。无论屏幕分辨率如何变化（例如，分辨率再次翻倍至 1280 × 1920 像素），我们仍然处理的是基于像素的点数（即 iPhone 4/4s 的 320 × 480 或 iPhone 5/5s/SE 的 320 × 568）。点和像素之间的转换自动由 iOS 处理。

如果不使用自动布局，则在故事板中放置按钮的位置是固定的。也就是说，我们硬性指定按钮的 origin 属性。在 Dicee 项目中，"掷骰子"按钮的 frame.origin 被设置为（120，501）。因此，无论你使用的是 4 英寸、4.7 英寸还是 5.5 英寸的模拟器，iOS 都会在指定的位置绘制按钮。图 8-3 显示了不同设备上 frame 的起始位置。这就解释了为什么"掷骰子"按钮只适合在 iPhone 6/7/8 上显示，而在其他 iOS 设备上的效果就非常糟糕。

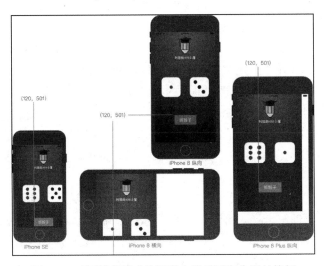

图 8-3　不同屏幕尺寸的屏幕上显示固定位置的按钮

很显然，我们希望应用程序在所有 iPhone 机型上都有完美的布局，并且可以纵向和横向显示，这就是我们学习自动布局的原因。目前，针对布局的问题有两种解决方案：一是通过代码的方式来确定按钮（Button）、标签（Label）、图像（ImageView）等界面元素在屏幕上的大小与位置；二是通过自动布局（Auto Layout）和设置约束的方式，比如设置一个按钮总是定位在屏幕的正中央位置，而不管屏幕的大小与方向。

8.1　通过代码定位 UI 元素

为了能够更好地说明如何使用代码来确定 UI 控件的大小与位置，需要使用 Single View Application 模板创建一个新的项目，在项目导航中选择 ViewController.swift 文件。

让我们将注意力集中到 ViewController 类的 viewDidLoad() 方法，在应用程序启动，各种相关 UI 控件被载入设备的内存之后，控制器就会调用该方法，我们可以在该方法中通过代码的方式设置指定 UI 控件的大小与位置，以及设置某些数据的初始值。

修改 viewDidLoad() 方法如下面这样：

```
override func viewDidLoad() {
  super.viewDidLoad()

  let square = UIView(frame: CGRect(x: 0, y: 0, width: 50, height: 50))
  square.backgroundColor = UIColor.red
  self.view.addSubview(square)
}
```

通过 UIView 的初始化方法创建了一个视图对象，该初始化方法带有一个参数 frame，frame 用于指定一个矩形在屏幕上的大小与位置。为了确定这个 frame，我们使用 CGRect() 函数生成一个矩形，要想确定一个矩形我们需要四个方面的信息：矩形的左上角在其父视图的 x 和 y 的位置，以及矩形的宽度与高度值。

新创建的矩形在其父视图（0，0）点的位置，请记住：父视图的坐标体系也是从左上角开始的。所以这个视图的位置是手机屏幕左上角开始的长和宽均为 50 的矩形。为了在模拟器中可以看到这个视图区域，通过设置 square 的 backgroundColor 属性将其背景色设置为红色。

最后，我们使用 view 的 addSubview() 方法将 square 添加到当前控制器的视图之中，这也就意味着 square 的父视图就是控制器中的 View。还记得每个控制器默认都有一个视图（View）吗？它就是控制器中的根（顶级）视图，所有的 UI 控件或子视图都被添加到其内部，如图 8-4 所示。

构建并运行项目，可以发现屏幕的左上角有一个红色的矩形，如图 8-5 所示。

为了可以更好地理解 frame 的四个属性，你可以随意修改 x、y、width、height 的值，从中体会不同数值带来的不同效果。例如将上面的代码修改为 let square = UIView(frame: CGRect(x: 50, y: 50, width: 100, height: 100))。

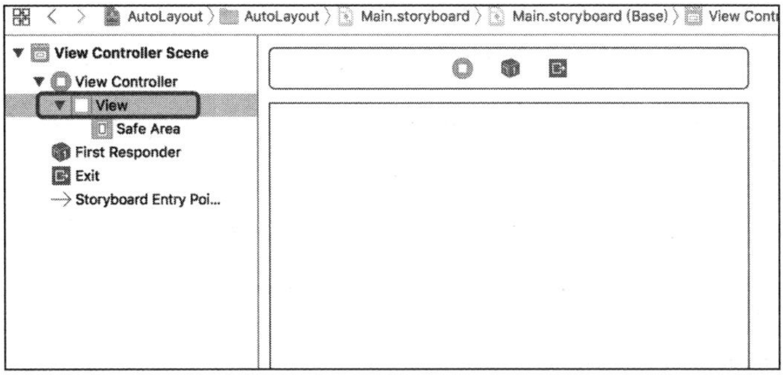

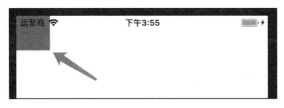

图 8-4　控制器中的根视图

图 8-5　项目的运行效果

除了 UIView 以外，按钮（UIButton）、图像（UIImageView）、标签（UILabel）等控件都可以用这种方式创建，只需要将 UIView 关键字替换为相应的 UI 控件类即可。

但是，当这段代码在 iPhone SE、iPhone 8 或 iPhone 8 Plus 模拟器中运行的话，这个 square 在屏幕上的显示效果不尽相同。虽然矩形的大小与位置还是代码中的数值，但是在不同分辨率的屏幕上所显示的位置就有了一些出入。如果这个矩形是应用程序的 Logo，或者是非常重要的选项按钮，则会在不同的 iPhone 设备显示在不同的位置上，用户体验会非常糟糕。

读到这里你是否意识到，如果我们确定 UI 控件的大小与位置越是精确，对于处理不同屏幕尺寸的布局就越是麻烦。要如何解决这个问题呢？可以通过 square 与其父视图的位置关系来确定布局。

例如我们想将 square 定位到屏幕的中央，而不管是什么型号的 iPhone。对于 frame 的四个属性，我们可以将它们设置为下面这样：

```
x = self.view.frame.width / 2 - square.frame.width / 2
y = self.view.frame.height / 2 - square.frame.height / 2
width = 100
height = 100
```

这里，我们让 square 的 x 属性等于其父视图（屏幕视图）宽度的一半，再减去自己宽度的一半，相当于向左移动 50 个点，这样 square 就会水平居中。y 属性等于父视图高度的一半，再减去自己高度的一半，相当于向上移动 50 个点，这样 square 就会垂直居中。但是真正的代码应该像下面这样：

```
override func viewDidLoad() {
  super.viewDidLoad()

  let square = UIView(frame: CGRect(x: 0, y: 0, width: 100, height: 100))

  let x = self.view.frame.width / 2 - square.frame.width / 2
  let y = self.view.frame.height / 2 - square.frame.width / 2

  square.frame.origin = CGPoint(x: x, y: y)

  square.backgroundColor = UIColor.red
  self.view.addSubview(square)
}
```

构建并运行项目，效果如图 8-6 所示。

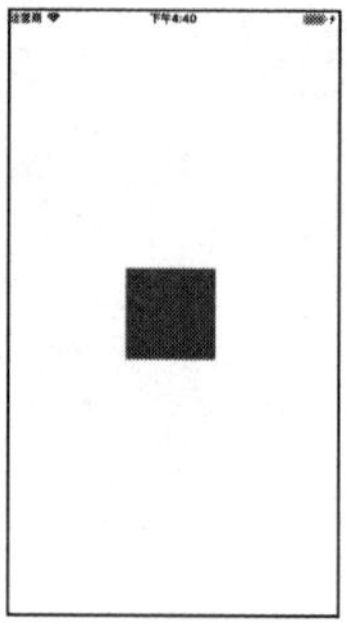

8.2 自动布局

这一节将会向大家介绍如何在 Interface Builder 中使用自动
布局（Auto Layout）特性，以及通过可视化方式创建约束。

图 8-6　项目的运行效果

自动布局是基于约束的布局系统，它允许程序员创建一个自适应的用户界面，用以在各种屏幕尺寸和方向上完美显示用户界面布局。作为初学者可能你会觉得非常难学，甚至某些开发者宁愿编写大量的程序代码去设置用户界面控件的大小与位置，而故意回避去使用它。但是，请相信我所说的：如果你现在还不学习使用它的话，最终你将会被淘汰。

在十年之前 iPhone 第一代首次发布的时候，只有一个屏幕尺寸——3.5 英寸。后来有了 4 英寸的 iPhone 4。在 2014 年 9 月，苹果推出了 4.7 英寸的 iPhone 6 和 5.5 英寸的 6 Plus。现在，iPhone 的屏幕尺寸包括：3.5 英寸、4 英寸、4.7 英寸、5.5 英寸和 5.8 英寸的屏幕。当你在设计应用程序界面的时候，必须支持所有这些屏幕尺寸。如果应用程序要同时支持 iPhone 和 iPad（也称为通用应用程序），则需要确保该应用程序适合更多的屏幕尺寸，包括 7.9 英寸、9.7 英寸、10.5 英寸和 12.9 英寸。如果不使用自动布局，那么创建支持所有屏幕分辨率的应用程序将会非常困难。

什么叫作"基于约束的布局"呢？

请考虑之前的 square 视图，如果要将其置于视图的中心，应该如何准确描述其位置呢？你可能会用这样的方法描述：无论屏幕的分辨率和方向如何，square 应该水平和垂直居中。

这里实际上定义了两个约束：

❑ 垂直居中

❑ 水平居中

这些约束表达了界面中视图的布局规则。

自动布局是通过各种约束实现的。虽然我们用文字描述了约束条件，但是自动布局中的约束条件是以数学形式表示的。例如，如果要定义 square 的位置，你可能想要说"square 的左边缘应该是它父视图的左边缘30点"。这将转换为 square.left =（fatherView.left + 30）。

幸运的是，我们并不需要通过代码的方式来描述这些约束条件，而是可以直接使用 Interface Builder 来创建所描述的约束。

现在让我们来看看如何在 Interface Builder 中定义布局约束来居中 square 视图。

8.2.1　在界面生成器中实时预览布局效果

继续编辑项目中的 Main.storyboard 文件。在将约束添加到用户界面之前，让我先介绍一个在 Xcode 中非常方便和实用的功能。

你可以在模拟器中测试应用程序的用户界面，以便查看它在不同屏幕尺寸下的布局。但是，Xcode 在 Interface Builder 中为开发人员提供了一个**配置栏**（configuration bar）来预览用户界面的布局效果。

在默认情况下，Interface Builder 被设置为在 iPhone 8（4.7英寸）上预览用户界面。要查看应用程序在其他 iPhone 设备上的显示效果，需要单击 View as：iPhone 8 按钮以显示配置栏，然后选择要预览的 iPhone/iPad 设备进行测试，如图 8-7 所示。你还可以改变设备的方向，查看最终的显示效果。

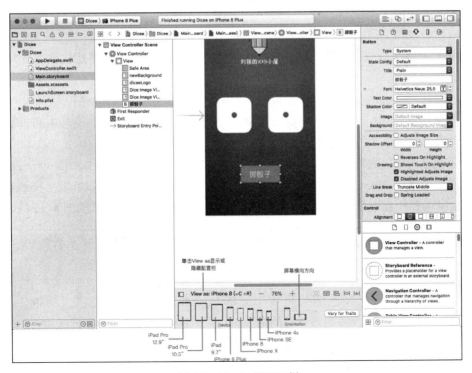

图 8-7　Xcode 的配置栏

配置栏是从 Xcode 8 开始被引入的一个很棒的功能。

8.2.2 使用自动布局将 square 居中

现在让我们继续讨论自动布局，Xcode 提供了两种方法来定义自动布局的约束：

❑ 自动布局栏

❑ 控制拖动

我们将在这里演示这两种方法，让我们从自动布局栏开始。在 Interface Builder 编辑器的右下角，你可以从自动布局栏找到 5 个按钮，使用这些按钮来定义各种类型的布局约束并解决布局的问题，如图 8-8 所示。

图 8-8　自动布局栏中的 5 个按钮

自动布局栏中的每个按钮都有特定的功能：

❑ 对齐（Align）：创建对齐约束，例如对齐两个视图的左边缘。

❑ 添加新的约束（Add new constraints）：创建空间约束，例如定义 UI 控件的宽度。

❑ 解决自动布局问题（Resolve auto layout issues）：解决布局问题。

❑ 堆栈（Stack）：将视图嵌入堆栈视图（stack view）中。堆栈视图是从 Xcode 7 引入的新功能。

❑ 更新帧（Update frames）：参照给定的布局约束更新 frames 的位置和大小。

正如前面所说的，为了居中 square 视图，必须定义两个约束：水平居中和垂直居中。这两个约束都是关于当前控制器视图的。

为了创建约束，我们使用 Align 按钮。首先在 Interface Builder 中选择 square 视图，然后在布局栏中单击 Align 图标。在弹出式菜单中，同时选中 "Horizontally in Container" 和 "Vertically in Container" 选项，然后单击 "Add 2 Constraints" 按钮，如图 8-9 所示。

提示　你可以通过快捷键 command+0 隐藏项目导航栏，这样会释放更多的屏幕空间，便于我们将注意力放在用户界面的设计上。

你现在会看到一组红色的约束线，如图 8-10 所示。如果在文档大纲视图中展开 "Constraints" 选项，则会发现该视图的两个新约束。这两个约束会确保按钮始终位于 View 的中心。或者，你可以在 "Size Inspector" 检查器中查看这些约束。

红色约束线代表 square 视图的约束设置还不完整，Swift 无法根据当前仅有的这两个约束来确定 square 视图的大小和位置。确定选中 square 视图，单击添加新的约束按钮，并在弹出菜单中勾选 Width 和 Height，然后单击 Add 2 Constraints 按钮。此时 square 的约束线均变成了蓝色，如图 8-11 所示。

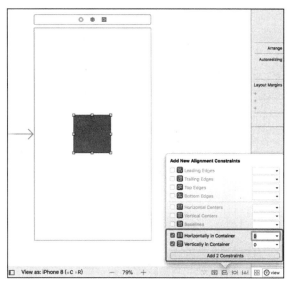

图 8-9　为 Square 创建水平和垂直约束

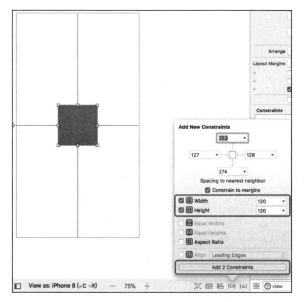

图 8-10　查看 square 的两个约束

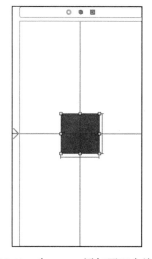

图 8-11　为 square 添加了四个约束

 提示　当用户界面控件的约束布局配置正确且不存在歧义时，它的约束线将呈现蓝色。

构建并运行项目，无论屏幕的大小和方向如何，square 都在屏幕上居中显示。

8.2.3 解决布局约束的问题

目前，我们创建的布局约束是完美的，但有些时候情况并非总是如此。在用户界面控件数量较多的视图中，我们往往会忽略掉某些元素的约束，从而导致整个界面布局的混乱。然而，Xcode 足够智能，可以帮助我们检测各种约束问题。

现在，尝试将 square 视图拖曳到屏幕的左下角。Interface Builder 立即检测到一些布局问题，相应的约束线变成橙色，表示用户界面控件放错了位置，如图 8-12 所示。

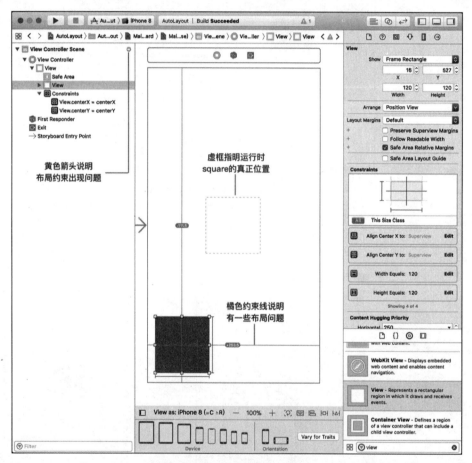

图 8-12 设置的约束与用户界面元素实际位置不匹配

当你创建了不明确或有冲突的约束时，会出现自动布局问题。比如我们要让 square 在视图中垂直和水平居中，但现在却位于视图的左下角。因此 Interface Builder 使用橙色线条来指明布局问题。虚线框则表示 square 的预期位置。

当有任何布局问题时，"文档大纲"视图会显示一个指示箭头（红色或者橙色的）。现在，单击指示箭头查看问题列表。对于这样的布局问题，Interface Builder 足够智能，可以帮我们相应解决。

　　单击问题旁边的指示器图标，在弹出的窗口上会显示一些解决方案。在这种情况下，选择"更新帧（Update frames）"选项并单击"修复错位（Fix Misplacement）"按钮。square将被移动到视图的中心位置，如图 8-13 所示。

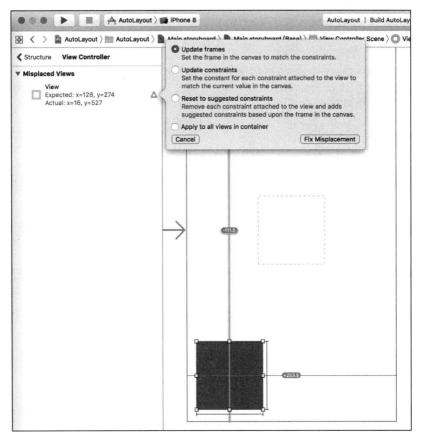

图 8-13　利用 Xcode 修复约束的问题

　　或者，你可以简单地单击布局栏的"更新 Frames"按钮来解决当前的问题。

　　上面的这个布局问题是手动触发的，目的只是想演示如何找到问题并修复它们。若你在后面章节中进行练习时遇到类似的布局问题，你就可以知道如何快速解决该类布局问题了。

8.2.4　另一种预览故事板的方式

　　虽然可以使用配置栏来预览应用程序用户界面，但 Xcode 还为程序员提供了备用预览功能，可以同时在不同设备上预览用户界面。

　　在 Interface Builder 中，打开"助手"弹出式菜单的 Preview(1)。按住 option 键，然后

单击 Main.storyboard（Preview），如图 8-14 所示。

图 8-14　打开故事板的预览功能

　　Xcode 将在助理编辑器模式中显示应用程序的用户界面的预览效果。默认情况下，它会显示 iPhone 8 屏幕的预览效果。你可以单击助手编辑器左下角的 "＋" 按钮来添加其他 iOS 设备（例如 iPhone SE/8 Plus）以进行预览。如果你想要了解横向屏幕的外观，只需单击**旋转**按钮即可。预览功能对于设计应用程序的用户界面非常有用。你可以对故事板进行更改（例如，向视图添加一个按钮），并查看用户界面控件在各种设备上的显示效果，如图 8-15 所示。

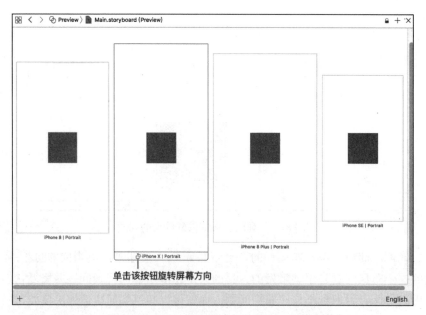

图 8-15　在 Interface Builder 中查看不同尺寸屏幕的界面布局

　提示　当你在预览助手窗口中添加了很多设备以后，Xcode 可能无法同时将所有设备尺寸预览放入屏幕。这时可以使用触控板，用两根手指向左或向右滑动来浏览预览效果。如果你用的是滚轮鼠标，只需按住 shift 键水平滚动。

8.2.5　添加一个标签

现在你已经对自动布局和预览功能有了一些了解，接下来让我们在视图的右下角添加一个标签，看看如何定义标签的布局约束。iOS 中的标签通常用于显示简单的文本和消息。

在 Interface Builder 编辑器中，从对象库中拖出一个标签并将其放置在视图的右下角附近。双击标签并将其更改为"欢迎使用自动布局"或任何你想要显示的文本信息。然后按 command+= 自动调整标签到合适的大小，如图 8-16 所示。

如果再次打开预览助手，你应该会看到用户界面有所改变。因为没有为标签定义任何布局约束，所以在不同设备上会看到这个标签呈现在不同位置上，如图 8-17 所示。

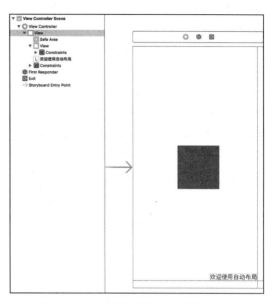

图 8-16　在视图中添加一个新的 Label

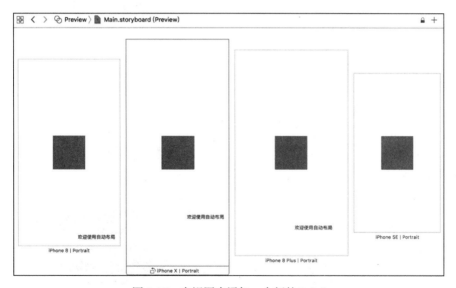

图 8-17　在视图中添加一个新的 Label

怎么解决这个问题？显然，我们需要为标签设置一些约束。问题是：我们应该添加什么样的约束？

我们试着用文字来描述标签的要求。你可能像这样描述它：标签应该放在视图的右下角。虽然描述正确但还不够精确。描述标签位置的更精确的方法是这样的：标签位于距视图右边缘 0 点，距离视图底部 20 点的位置。

当你准确地描述一个控件的位置时，可以很容易想出布局约束。在这里，标签的约束应该是：

❑ 标签距离视图的右边缘 0 点。

❑ 标签距离视图底部 20 点。

在自动布局中，我们将这种约束称为间距约束。要创建这些间距约束，可以使用布局按钮的"添加约束"按钮。但是这次我们将使用按住鼠标右键并拖曳的方法来创建自动布局约束。在 Interface Builder 中，你可以通过该方法，将某个用户界面控件拖曳到自身或者拖曳到另一个界面控件上，用于创建全新的约束。

要添加第一个间距约束，请在标签上按住鼠标右键并向右拖动鼠标，直到视图变为蓝色突出显示。然后释放鼠标按钮，你会看到一个弹出式菜单，显示约束选项列表。选择"Trailing Space to Safe Area"，这样就从标签右边缘到视图的右边缘添加了一个间距约束，如图 8-18 所示。

图 8-18　为 Label 创建间距约束

在文档大纲视图中，你应该会看到新的约束。Interface Builder 现在以红色显示约束线，表示存在一些缺失的约束。这很正常，因为我们还要继续创建第二个约束。

现在，使用同样的方法从标签上将鼠标拖曳到视图的底部。松开鼠标并在快捷菜单中选择"Bottom Space to Safe Area"。这会从标签底部到视图底部布局指导线创建一个间距约束，如图 8-19 所示。

图 8-19　继续为 Label 创建间距约束

一旦你添加了两个约束，所有的约束行都应该是纯蓝色的。在预览用户界面或在模拟器中运行应用程序时，标签应在所有屏幕尺寸上都正确显示，甚至在横向模式下也能正常显示，如图 8-20 所示。

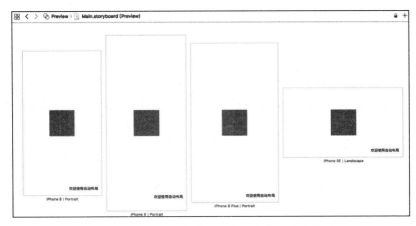

图 8-20　为 Label 创建两个间距约束以后的效果

至此，你已经正确定义了约束。但是，你可能会注意到文档大纲中的黄色指示符。如果单击该指示符便会发现与本地化有关的布局警告。

这是为什么呢？在 Xcode 9 中的 Interface Builder 有一个新的功能。当前的程序项目只支持英语。我们定义的布局约束完美地适用于英语。但是如果这个项目需要支持其他的语言呢？目前的布局约束是否能够适用于从右到左的语言（例如阿拉伯语）？

在 Xcode 9 中 Interface Builder 将检查你的布局约束，并检查它们是否适合所有的语言。如果发现有问题，则会发出定位警告。要解决这个问题，你可以选择第二个选项来添加前导约束，如图 8-21 所示。

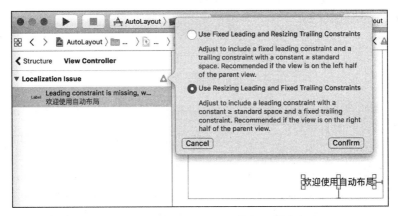

图 8-21　在大纲导览视图中修复问题约束

8.2.6　安全区域

在文档大纲中，你是否注意到一个名为"安全区域（Safe Areas）"的条目？不知道你还记不记得我们之前定义的间距约束也与安全区域有关。我们定义过两个间距约束：

❑ 将空间拖到安全区域（Trailing space to Safe Area）

❑ 底部空间到安全区域（Bottom space to Safe Area）

那么，安全区又是什么呢？首先，苹果从 Xcode 9 开始引入了安全区域的概念，以取代之前 Xcode 中使用的顶部和底部的参考线。

在文档大纲中选择安全区域条目，蓝色区域便是安全区。安全区域实际上是一个布局参考，代表控制器中视图的一部分，不被状态栏和其他内容所遮掩。如图 8-22 所示，安全区域是除状态栏之外的整个视图。

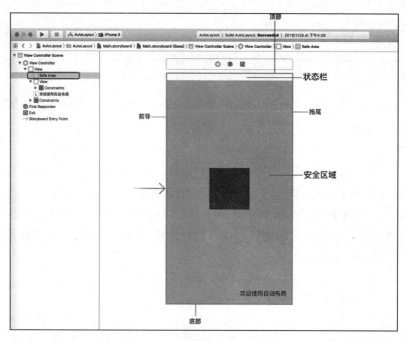

图 8-22　阴影部分为安全区域

安全区域布局参考可以帮助程序员更轻松地处理布局约束，因为安全区域会在导航栏或其他内容覆盖视图时自动更新。

我们将之前的 square 视图的水平和垂直的中央对齐约束修改为与 Safe Areas 相关的，如图 8-23 所示，如果视图中没有导航栏或标签栏，则安全区域是除状态栏之外的整个视图。

如果视图中包含导航栏，则无论是使用 iOS 11 中的标准标题还是大标题，安全区域都会自动调整。square 会放置在导航栏下方居中的位置。因此，UI 对

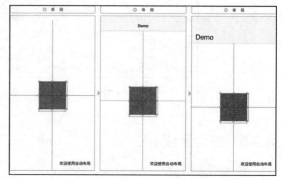

图 8-23　不同界面中的安全区域大小不同

象只会相对于安全区域受到约束限制，即使将导航或标签栏添加到用户界面之中，你的布局也是正确的。

8.2.7　编辑约束

"欢迎使用自动布局"标签现在距安全区的拖尾锚点有 16 个点。如果你想增加标签和视图右侧之间的距离怎么办？ Interface Builder 提供了一种编辑约束常量的简便方法。

你可以在文档大纲视图中选择约束或直接在设计区域选择约束。在 Attributes Inspector 检查器中可以找到此约束的属性，包括关系、常数和优先级。常数现在设置为 16。你可以将其更改为 30 以增加一些额外的空间，如图 8-24 所示。

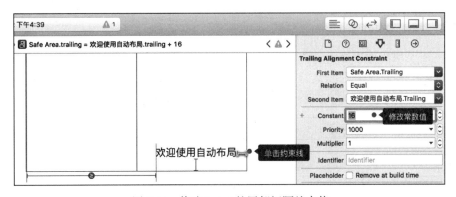

图 8-24　修改 Label 的尾部间隔约束值

另外，你也可以双击约束线，在弹出的约束设置面板中编辑其属性，如图 8-25 所示。

图 8-25　通过双击约束线的方式修改约束值

8.3　自动布局实战——设置约束

还记得之前所做的 Dicee 项目吗？当时我们并没有对其进行自动布局或添加约束的处理。因此在不同 iPhone 设备或屏幕方向上都显示得不尽完美。本节我们将会利用所学的自动布局技能使其完美呈现在各种屏幕尺寸和方向的设备上。

你可以直接从 GitHub 中下载 Dicee 项目，或者使用自己之前做好的 Dicee 项目。打开项目以后，在项目导航中选择 Main.storyboard 文件，并确定在 Interface Builder 配置栏中的默认设备是 iPhone 8（wC hR）。

目前的界面布局在 4.7 英寸的屏幕上面会完美显示，但是在其他 iPhone 设备上的显示效果就非常糟糕。因此在本节中我们要让这个界面布局既能够适应大尺寸的屏幕，又能够适应一些小尺寸的屏幕。

整个 Dicee 用户界面可以分成上中下三个部分，上面的部分是应用程序的 Logo 图标，中间的部分是两个骰子，下面的部分则是"掷骰子"按钮。

我们先来搞定中间的部分，为了可以更好地布局这 2 个骰子，我们将其放到一个容器（子视图）之中。

C:\ 实战：设置 Middle Container 的约束。

步骤 1：从对象库中拖曳一个 View 到控制器视图之中，然后将 2 个骰子拖曳到其内部，使 2 个 Image View 成为刚刚新添加 View 的子视图。在 Size Inspector 中将新添加视图的 width 属性设置为 295，height 属性设置为 120。

提示 可以在文档大纲视图中，使用鼠标直接拖动相关条目到目标视图的内部。如图 8-26 所示。

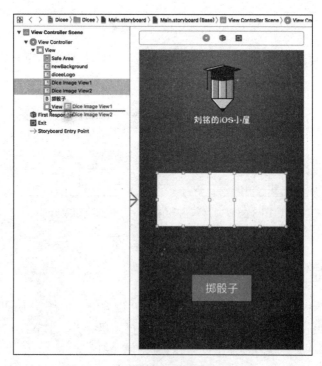

图 8-26　将按钮拖曳到新建的 View 中

步骤2：在文档大纲视图中将新添加的视图的名字修改为 Middle Container。然后将2个骰子的位置调整在 Middle Container 容器的两边。如图8-27所示。

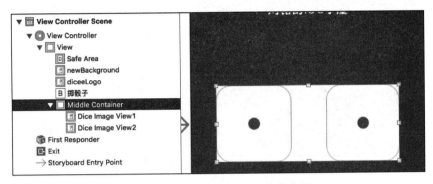

图 8-27　调整骰子在 View 中的位置

步骤3：为 Middle Container 添加4个约束，分别是容器的 width、height 以及容器在屏幕的水平和垂直方向居中对齐。确保选中该容器，单击 Interface Builder 右下角布局栏的 Add New Constraints 按钮，勾选 Width（295点）和 Height（120点）两个约束，然后单击 Add 2 Constraints 按钮以固定视图容器的尺寸，如图8-28所示。单击布局栏中的 Align 按钮，勾选 Horizontally in Container 和 Vertically in Container 两个约束，然后单击 Add 2 Constraints 按钮以固定视图容器的位置，如图8-29所示。

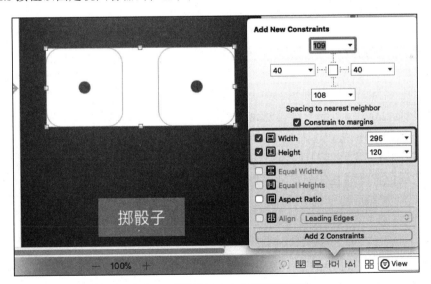

图 8-28　调整新 View 的宽度和高度

 提示　此时不管我们选择哪种屏幕尺寸的 iPhone，Middle Container 视图都会以相同的大小呈现到屏幕的中央位置。

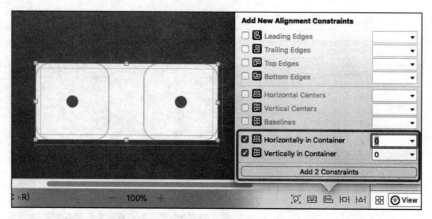

图 8-29 调整新 View 的水平和垂直约束

C:** **实战：为背景图设置约束。

虽然 Middle Container 的位置和大小已经布局完成，但是红色背景图在不同尺寸的屏幕上显示不尽完美，尤其是在 iPhone 8 Plus 上面会有白色空白出现。我们需要将 Image View 的上下左右边缘与屏幕视图的上下左右边缘重合，也就是将它们相应的边缘间距设置为 0。

选中红色背景的 Image View 控件，单击布局栏的 Add New Constraints 按钮，在约束面板的上半部分，有代表四个方向的丁字形线段，当前它们的颜色都是灰色，单击使其变为红色。当工形线变为红色以后，代表当前所选中的 Image View（呈现背景图的 Image View），与其距离最近的界面控件（当前项目中是其父视图）在上下左右四个方向的距离为 0，即边缘与屏幕边缘重合。单击 Add 4 Constraints 按钮让四个约束生效，如图8-30 所示。

现在，红色背景图在任何尺寸的屏幕上都会全屏显示。

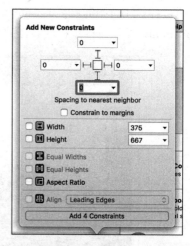

图 8-30 调整新 View 的水平和垂直约束

C:** **实战：为骰子设置约束。

在 Middle Container 中的 2 个骰子也需要添加相应的约束，选中左侧的骰子，在 Add New Constraints 面板中勾选 Width 和 Height，以及将其顶部和左侧边缘工形线点亮，这样便可以确定左侧骰子的大小与位置。同样，选中右侧的骰子，在 Add New Constraints 面板中勾选 Width 和 Height，以及将其顶部和右侧边缘工形线点亮。现在 Middle Container 及其内部的 2 个骰子的约束均添加完成，如图 8-31 所示。

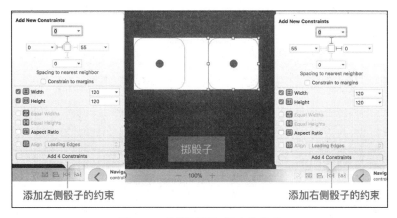

图 8-31　为骰子添加相应的约束

在配置栏中将屏幕方向修改为横向，骰子部分依然会完美显示，如图 8-32 所示。

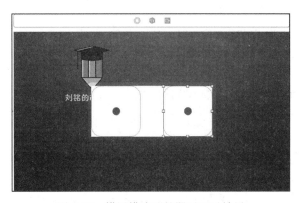

图 8-32　横屏模式下的骰子显示效果

实战：为 Logo 和"掷骰子"按钮添加约束。

实际上，我们需要让 Logo 和掷骰子按钮分别在所属部分的居中位置，因此需要先将这两个用户界面控件分别放到容器之中。

步骤 1：从对象库中拖曳一个 View 到故事板中，让其左上角与屏幕的左上角对齐，右边缘与屏幕的右边缘重合，底部靠近 Middle Container 的顶部。

步骤 2：在文档大纲视图中将新添加的 View 名称修改为 Top Container，然后将 View 中的 diceeLogo 调整到该容器内部。

步骤 3：单击布局栏中的 Add New Constraints 按钮，在面板的上半部分中将四个方向的工形线全部按亮。然后分别单击四个常数值右侧的下三角确认 Top Container 的顶部与 View 顶部的间距为 0，其左侧边缘与屏幕 Safe Area 的左边缘间距为 0，其右侧边缘与屏幕 Safe Area 的右边缘间距为 0，其底部与 Middle Container 的顶部间距为 0，如图 8-33 所示。

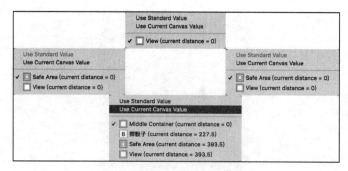

图 8-33　为 Top Container 添加约束

步骤 4：从对象库再拖曳一个 View 到故事板中，让其左下角与屏幕的左下角对齐，右边缘与屏幕的右边缘重合，顶部靠近 Middle Container 的底部。

步骤 5：在文档大纲视图中将新添加的 View 名称修改为 Bottom Container，然后将 View 中的"掷骰子"按钮调整到该容器中。

步骤 6：确定选中 Bottom Container 容器，单击 Add New Constraints 按钮，在面板的上半部分中将四个方向的工形线全部按亮。然后确认 Bottom Container 的顶部与 Middle Container 底部的间距为 0，其左侧边缘与屏幕 Safe Area 的左边缘间距为 0，其右侧边缘与屏幕 Safe Area 的右边缘间距为 0，其底部与 View 的底部间距为 0。

步骤 7：为了可以清晰地分辨上中下三部分区域，将所添加的三个视图的背景色修改为不同的颜色。

在 Interface Builder 的配置栏中，我们可以随意选择不同屏幕尺寸的 iPhone 设备，此时这三个部分会被均匀布局到屏幕上。

步骤 8：选中 Logo 图标，为其添加 Width 和 Height 两个约束，并添加"Horizontally in Container"和"Vertically in Container"两个约束。对"掷骰子"按钮也做同样的操作。最后将三个容器视图的背景色设置为无色。

步骤 9：在配置栏中选择不同的 iPhone 设备，可以看到布局根据所设置的约束完美显示在屏幕上，如图 8-34 所示。

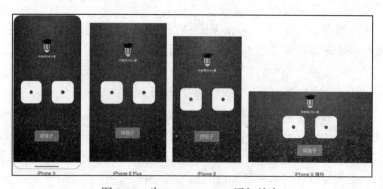

图 8-34　为 Top Container 添加约束

8.4　挑战自动布局

如果你自认为已经可以熟练运用自动布局特性为用户界面控件添加合适的约束的话，接下来就将进入自我挑战时间。在为读者提供的初始化项目中，故事板里没有任何的UI控件，仅仅是在 Assets.xcassets 文件中为读者提供了两个图像素材文件：applePad 和 appleWatch。

通过自动布局特性，我们想要达到的最终布局效果为：不管是纵向还是横向屏幕方向，applePad 和 appleWatch 图像分别占据在控制器视图上下两个部分的容器之中，并且无论屏幕尺寸如何变化，这两个容器的高度均相等，两张图像也始终位于容器的中央位置。

最终的运行效果如图 8-35 所示。

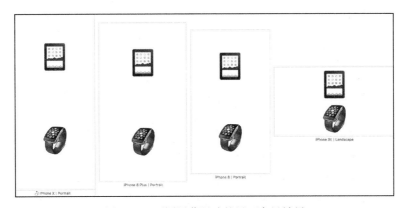

图 8-35　不同屏幕尺寸的界面布局效果

💻 **实战**：挑战提示。

步骤 1：在 GitHub 网站上搜索 "liumingl/Auto Layout Practice iOS11" 关键字，下载初始项目代码，解压缩项目到目标文件夹，并打开项目。

步骤 2：在项目导航中选择 Main.storyboard 文件，从对象库拖曳 2 个 Image View 到屏幕之中，将其中一个 Image view 的 Image 属性设置为 applePad，将另一个设置为 Apple Watch。并将这 2 个 Image View 的 Content Mode 设置为 Aspect Fit。

步骤 3：从对象库拖曳 2 个 UIView 对象到视图上，一个充满屏幕的上半部分，并将名称修改为 Top View，另一个充满屏幕的下半部分，并将名称修改为 Bottom View。为这 2 个容器分别创建约束，其中 Top View 要与控制器的 View 创建顶部、左侧和右侧的约束，其底部要与 Bottom View 的顶部创建间距为 0 的约束。Bottom View 要与控制器的 View 创建底部、左侧和右侧的约束。

步骤 4：此时会有红色约束线出现，因为 Interface Builder 目前还无法计算出每个容器的具体高度是多少。同时选中上下两个容器，然后在 Add New Constraints 面板中勾选 Equal Heights，并单击 Add 1 Constraint 按钮，如图 8-36 所示。

步骤 5：分别在两个容器中为两个 Image View 添加相应的约束，固定它们的高度与宽度值，并设置水平和垂直方向居中。最终效果如图 8-37 所示。

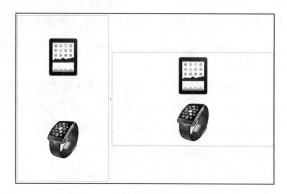

图 8-36　通过约束让两个视图的高度相等　　　　图 8-37　项目的最终运行效果

8.5　在自动布局中使用堆叠视图

在本节中我们将利用堆叠视图（Stack View）再结合约束，对多个用户界面控件进行定位与对齐。在不同屏幕方向的情况下，利用堆叠视图可以简化对用户界面的布局设置。

在之前版本的 Xcode 中，我们只能通过设置容器，并为容器设置相关约束来进行多用户界面控件的布局。在最新的 Xcode 中，苹果通过堆叠视图让程序员的设计流程更加方便、简单。

在设计应用程序界面的时候，我们往往需要让多个界面元素或水平 / 垂直平均分布在某个容器之中。例如 macOS 系统中的计算器，在整个视图中一共有 19 个按钮和 1 个标签控件用于显示输入的内容，如图 8-38 所示。

如果分别为这 20 个界面元素创建约束的话，大致需要 80 个左右。光是这些约束就会让你在 Interface Builder 中眼花缭乱。接下来，我们将会使用堆叠视图来快速搭建计算器的用户界面。

图 8-38　macOS 中的
计算器应用程序界面

实战：创建计算器的用户界面。

步骤 1：创建一个全新的 Xcode 项目，选择 Single View App，Product Name 设置为 Auto Layout Calculator。

> **注意** 本节主要是通过堆叠视图创建计算器应用程序的用户界面，有兴趣的话可以在完成界面布局以后，自己尝试添加相关代码。

步骤2：选中 Main.storyboard 文件，从对象库拖曳1个按钮对象到视图之中，在 Size Inspector 中将按钮的 Width 和 Height 属性均设置为50。在 Attributes Inspector 中将 Background 属性设置为**蓝色**，Text Color 属性设置为**白色**，Font 属性设置为 Bold 30，最后将按钮的 Title 修改为1。

为该按钮对象创建与 ViewController 类的 IBAction 关联，方法名称设置为 buttonPressed()。

接下来，我们将会复制这个设置好的按钮，并将它们充满屏幕的大部分空间。

步骤3：选中当前的按钮，按住 Option 键后拖曳该按钮，这样便复制了1个新的按钮。重复这样的操作再复制2个，此时视图中一共有4个按钮，如图8-39所示。

> 提示 被复制出来的新按钮不仅保留原有按钮的所有属性设置，而且之前设置的 IBAction 方法也会被保留。

步骤4：同时选中这4个按钮，重复前几步操作，再添加16个这样的按钮，如图8-40所示。

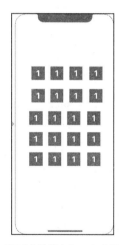

图8-39　通过复制创建四个计算器按钮　　　　图8-40　通过复制创建二十个计算器按钮

目前的用户界面中一共有四列五行的计算器按键，在没有设置任何约束的情况下，在各种设备和方向的屏幕上的显示效果并不理想。

步骤5：选中第一行的四个按键，单击布局栏中的 Embed in Stack 按钮，或者在菜单栏中选择 Editor/Embed In /Stack View，如图8-41所示。

此时的4个按键已经横向水平合并到了一起，但它们之间并没有间隔，而且还会有一小部分的重叠。接下来，我们就来修复这个问题。

步骤6：在故事板中选中刚刚创建好的 Stack View，在 Attributes Inspector 中将 Distribution 设置为 Fill Equally，这样可以保证堆叠视图中的每个界面元素在水平方向上宽度相等。继续保持 Stack View 的选中状态，单击 Add New Constraints 按钮，将左右两侧的工形线点亮，让 Stack View 的左右边缘与 Safe Area 的边缘有 10 个点的间隔，如图 8-42 所示。

图 8-41　为第一行的 4 个按钮建立堆叠　　　图 8-42　为第一行的 Stack View 设置约束

💡 提示　如果在故事板中选择某个视图比较困难的话，可以直接在文档大纲视图中选取该视图。

步骤 7：在 Attributes Inspector 中，将 Spacing 属性设置为 10。此时，4 个按键会等宽等距地布局在水平堆叠视图之中，每个按键之间会有 10 个点的间隔，如图 8-43 所示。

接下来，我们可以继续按照第一行的操作方法，将下面的按键以行为单位内嵌到四个独立的堆叠视图之中。不过，既然已经做好的第一行，我们就可以直接复制它。

步骤 8：删除除第一行以外的所有按键，然后将第一行的堆叠视图重新复制 4 遍。再选中所有的堆叠视图，单击布局栏中的 Embed in Stack 按钮。因为所有的堆叠视图呈垂直方向排列，所以 Xcode 智能地将最后创建的堆叠视图的 Axis 属性设置为垂直方向，如图 8-44 所示。

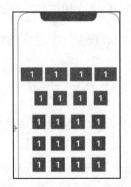
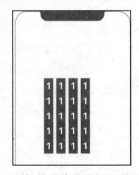

图 8-43　对第一行的 Stack View 设置相关的属性　　图 8-44　Xcode 智能的将堆叠视图设置为垂直方向

步骤 9：为最外层垂直方向的堆叠视图创建布局约束，设置其上下左右边缘与 Safe Area 边缘的间距都为 0，并确保勾选 Constraint to margins。在 Attributes Inspector 中确保 Alignment 设置为 Fill，Distribution 设置为 Fill Equally，Spacing 设置为 10。在配置栏中修改屏幕的尺寸和方向，效果如图 8-45 所示。

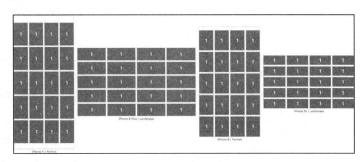

图 8-45　为最外层的堆叠视图创建约束

接下来，我们还需要在所有按键的上方为计算器添加 1 个标签控件，通过该控件来显示用户输入的数字以及计算的结果。要想实现这个布局，我们并不需要去破坏现有堆叠视图，直接将标签控件添加到相应的堆叠视图中即可。

实战：添加标签控件到堆叠视图中。

步骤 1：从对象库中拖曳一个标签控件到垂直堆叠视图的顶部，使其成为最外层堆叠视图中最顶端的子视图。将内容修改为任意数字（比如 34585.23），将 Color 设置为白色，将 Background 设置为 Light Gray Color，将字号设置为 50，对齐方式为右对齐。

> **注意** 任何控件都可以被随意添加到堆叠视图之中，所以在放置控件到目标位置之前，一定要确认好位置，否则就会出现布局混乱的情况。

在 Mac 的计算器应用中，Label 中的数字是不能紧贴屏幕右侧边缘的，所以我们需要利用一个容器，为标签设置一些约束，从而解决这个问题。

步骤 2：从对象库中拖曳一个视图（UIView）到最外层的垂直堆叠视图之中，再将之前的标签控件拖曳到视图里面。因为视图本身在垂直堆叠视图的内部，所以不需要设置任何的约束。

步骤 3：选中视图中的标签控件，为其上下左右与它的父视图边缘创建 0、0、10、10 间距的约束，如图 8-46 所示。

步骤 4：将 Label 的 Background 修改为无填充色，将其父视图的 Background 设置为 Light Gray Color。

接下来，我们需要仿照 Mac 版本的计算器修改所有的按键标题。但是这里出现一个问题：计算器中最下面的一行只有 3 个按键，而且最左侧的按键 0 占据了 2 个按键的宽度。

如果此时你强行删除 1 个按钮的话，该水平堆叠视图中的三个按键会等宽平均布局，如图 8-47 所示，用户体验会不尽如人意。

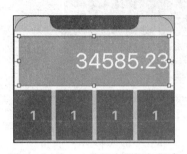

图 8-46　为 Label 的容器添加约束

图 8-47　为 Label 的容器添加约束

实战：设置约束调整按键宽度。

步骤 1：同时选中小数点（.）和等号（=）两个按键，在 Add New Constraints 面板中勾选 Equal Widths。此时这两个按键的宽度被设置为相同。

步骤 2：同时选中 0 和小数点（.）按键，在 Add New Constraints 面板中勾选 Equal Widths，让这两个按键的宽度也相等。

实际上我们希望按键 0 的宽度是小数点按键宽度的 2 倍，但是在添加约束的时候我们并不能实现这样的操作，需要通过单独编辑约束的方式来解决它。

步骤 3：选中包含按键 0 的水平堆叠视图，在 Attributes Inspector 中将 Distribution 设置为 Fill Proportionally，让堆叠视图按照约束比例布局。

步骤 4：选中按键 0，然后在 Size Inspector 中找到与它相关的约束，这里只有 1 条，单击其右侧的 Edit，在弹出的面板中将 Multiplier 设置为 1:2，代表根据比例按键 0 的宽度是 2 倍，如图 8-48 所示。

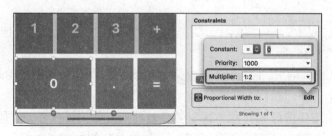

图 8-48　将按键 0 的宽度设置为小数点按键的 2 倍

提示　如果你仔细看的话，会发现按键 0 的边缘与其他行的边缘并没有完全对齐，这是因为该行的间隔只有 2 个 10 点，而其他行都是 3 个 10 点。可以重新调整按键 0 的 Multiplier 属性值为 1:2.1。

步骤 5：最后将 C、+/-、% 三个键的背景色修改为 Dark Gray Color，将 ÷、×、−、+ 四个键的背景颜色修改为橘红色，如图 8-49 所示。

虽然界面的整体感觉不错，但是最外层的堆叠视图最好还是与屏幕边缘有一定的间隔距离。选中最外层的堆叠视图，在 Size Inspector 中找到之前设置好的 4 个约束，依次单击这些约束的 Edit 按钮，在弹出的面板中将 Constant 属性值设置为 20，如图 8-50 所示。

图 8-49　将最右侧的按键设置为橘红色

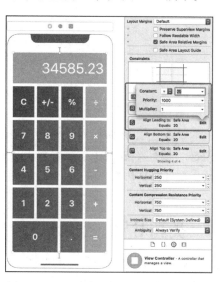

图 8-50　设置按键的边缘有 20 点的间隔

对于堆叠视图还有一点需要说明的是，在大多数情况下我们总是希望其内部的所有子视图都按照等宽（水平堆叠）或等高（垂直堆叠）排列。但在特殊的时候却希望按照内容的多少以比例的方式进行布局。

实战：在堆叠视图中按照比例布局。

将按键 8 的内容修改为 3.14159，此时该按键的内容由于太长被自动截取为 3...9。

选中包含该按键的水平堆叠视图，然后在 Attributes Inspector 中将 Distribution 属性修改为 Fill Proportionally，效果如图 8-51 所示。

图 8-51　设置按键的 Distribution 属性

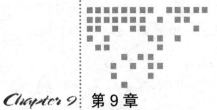

Chapter 9 第 9 章

Swift 4 中阶知识

本章我们会更加深入地学习 Swift 的相关知识与概念，主要包括：类（class）、对象（object）、属性（property）和继承（inheritance），还有就是 override 关键字是用来做什么的，初始化和可选是什么。

9.1 类和对象

类就像是决定各种属性的蓝图，如图 9-1 所示。通过一张汽车设计蓝图，我们可以确定一辆汽车包含几个座位，发动机是多大的，有几个排气孔等。一旦你根据这张蓝图制造了一辆汽车，那么这辆真实存在的汽车便是对象。

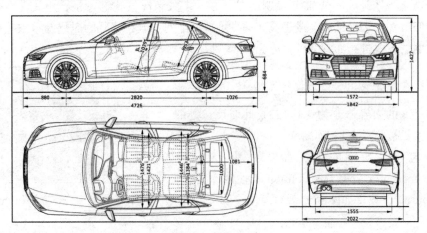

图 9-1 汽车蓝图

这辆汽车有很多属性，也就是对象中的变量与常量。例如汽车的颜色，使用代码可以表示为：let color = red。汽车的座位数，使用代码 let numberOfSeats = 5 表示。在程序代码中，这些都被称为**属性**（property）。

对象也包含**动作**（action），也就是我们常说的**方法**（method）。比如我们想让汽车开动前行，则可以让该对象执行 func drive() 方法。

最后，如果我们想要让某个事件发生或某个特殊时间点做某件事情的话，可以利用**事件**（event）。例如当视图控制器中的视图被载入内存以后会执行 viewDidLoad() 方法。

9.2 创建全新的类

首先让我们创建一个全新的 Xcode 项目。

C:** **实战：使用新的模板创建项目。

步骤 1：Xcode 中创建一个新的项目，在模板选择面板中选择 macOS/ Application/ Command Line Tool，如图 9-2 所示。

为什么我们要创建 Command Line Tool 项目而不是 Single View App 呢？主要是因为不想让大家被其他花里胡哨的东西所影响，而且本身这个项目也不需要 Assets.xcassets 等素材文件夹的支持。

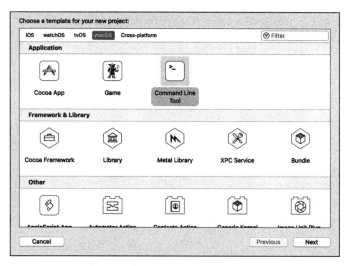

图 9-2 选择 Command Line Tool 模板

本章中创建的项目非常简单，其目的仅仅是帮助读者了解那些代码都是做什么用的，而不用关注 UI 或视图控制器方面的事情。

步骤 2：在项目选项面板中，将 Product Name 设置为 Classes and Objects，并确认

Language 为 Swift，然后单击 Next 按钮。在选择好保存位置以后，单击 Create 按钮完成项目的创建。

在项目创建好以后，你会发现它的配置选项比之前 iOS/Single View App 要少很多。而且在项目导航栏中，只有一个 swift 文件——main.swift。这里就是我们编写并执行代码的地方，从头到尾，始终都在这里。目前该文件中的代码只有下面两行：

```
import Foundation

print("Hello, World!")
```

另外，我们将会在后面的学习中为项目添加一些附属文件，用于存储我们的数据模型等。

构建并运行项目，你可能已经预感到在 Xcode 底部的控制台中会打印出"Hello, World！"字符串，除此以外并无其他。与之前我们创建的项目有些不同的是，之前总是有一个可视化界面，总是有一个视图可能呈现相关的内容，而这里并没有这样的视图，我们只会看到 main.swift 文件中的类和对象。

接下来，我们需要在该项目中创建一个新类，继而在 main.swift 文件中调用该类。

步骤 3：在项目导航中的 Classes and Objects 文件夹（黄色图标）上面单击鼠标右键，在弹出的快捷菜单中选择 New File...，在文件模板面板中选择 macOS/Swift File，单击 Next 按钮。

设置新类的文件名为 Car，单击 Create 按钮。

目前的 Car.swift 文件中除了 import Foundation 一行代码以外并无其他，我们需要在这里手动创建 Car 类。

💿提示 在 Swift 文件中需要继续保留 Foundation 框架，因为它包含了 Swift 语言中很多基本的功能，例如基本的数据类型、集合和操作系统服务、数学函数、随机函数等。

在 Car.swift 文件中添加下面的代码：

```
class Car {

}
```

这里使用 class 关键字创建类，然后添加类的名称，在 Swift 中命名类的名称时需要其所有单词的首字母都为大写，这是与常量、变量和方法命名不一样的地方。在类名称的后面使用大括号完成类的创建。

目前 Car 类还是一个完全空白的类，因为在大括号中并没有任何的代码。它就像是一张空白的蓝图，为了可以让这张蓝图起到一定的作用，接下来我们需要在该类中添加一些代码。

在 Car 类中添加下面的属性：

```
class Car {
```

```
    var colour = "Black"
    var numberOfSeats: Int = 5

}
```

如果把属性放到类的外面，其实它就是变量和常量。在 Car 类中，我们设置了一个 colour 属性，并且让它的值为字符串类型的 Black。也就意味着，现在所有从生产线上生产的汽车默认都是黑颜色的。第二个属性是汽车里面的座椅数量（numberOfSeats），因为代表的是数量，所以我们指明该变量的类型为整型。

目前，我们已经为汽车蓝图添加了两个属性，如果现在决定使用该蓝图创建一个汽车对象的话，那它就会是一辆黑色五座汽车。

9.3　创建枚举

在 9.2 节中，我们创建了全新的 Car 类，它包含两个属性——colour 和 numberOfSeats。

接下来，我们会继续添加一个新的属性——carType 来标识汽车的类型，比如普通轿车（Sedan）、双门轿车（Coupe）、两厢轿车（Hatchback）等。但是对于 carType 属性，我们该如何定义它的类型呢？也许你会用整型值 0 代表普通轿车，用 1 代表迷你型轿车，用 2 代表两厢轿车。但是这样做的问题在于还需要一个文档或备注来说明每个数值代表什么类型的汽车。

又或者出于某些原因，其他人负责了你的项目代码，那当他们看到这些数值的时候会不清楚 0、1、2 代表的是什么。因此为了能够尽可能清楚地表达汽车的类型，我们需要使用**枚举类型**（enumeration，简称 enum）。

实际上，创建一个枚举等同于创建一个新的数据类型。例如整型类型代表所有的整数值，字符串类型代表由单个字符组成的字符串。我们可以创建一个 CarType 类型，并且让它有几个不同的选项。

在 Car 类定义代码的上面，创建一个枚举类型：

```
import Foundation

enum CarType {
  case Sedan
  case Coupe
  case Hatchback
}

class Car {
......
```

这里使用关键字 enum 声明一个枚举类型，之后添加枚举的名字，与类的命名方式一样，单词的首字母要求大写。最后是一对大括号。在大括号之中，我们使用了另一个关键字——case，每个 case 代表一种汽车类型。

接下来，我们就可以在 Car 类中创建 CarType 类型的变量了：

```swift
class Car {

  var colour = "Black"
  var numberOfSeats: Int = 5
  var typeOfCar: CarType = .Coupe

}
```

这里我们创建了一个新的属性 typeOfCar，它是我们自定义的数据类型 CarType，这个属性的值是 .Coupe。利用点（.）标记可以访问 CarType 枚举中的所有情况，其实如果你仅仅输入点（.），然后再耐心等待 1 秒钟左右，Xcode 将会列出所有的 case 值，以供我们选择。

9.4　根据类创建一个对象

在本节中，我们将会向大家介绍如何使用自定义的枚举属性，这样我们就再也不需要使用 0、1、2 这些数值来代替所有的情况，大大减少了出现 Bug 的情况。

首先我们需要先将"汽车蓝图"（Car 类）实例化为真正的汽车对象（Car 对象）。可能你会发现，目前在项目导航中的 Car.swift 文件，其头部的雨燕图标都是灰色的，代表该文件有所修改但是还没有保存，这个时候请先使用 Command+S 快捷键将文件保存上，如图 9-3 所示。

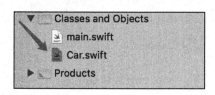

图 9-3　保存修改后的 Car.swift 文件

保存修改后的文件看似是一个非常简单的操作，但却非常重要。因为有些时候，当我们试图去引用一些还没有被保存的、在其他文件中的代码的时候，往往会出现很多问题。

接下来，我们需要在 main.swift 文件中实例化一个 Car 对象，因为在该项目中程序代码会从这个文件开始运行。

在 main.swift 文件中添加下面的代码：

```swift
import Foundation

let myCar = Car()
```

使用 let 关键字创建一个全新的对象——myCar，我们使用 Car 类作为它的"蓝图"。

现在我们已经成功创建了 myCar 对象，但是还没有看到任何的汽车出现在屏幕上。下面让我们通过 myCar 对象的属性来看看这辆车是什么样子。

```swift
let myCar = Car()
```

```
print(myCar.colour)
print(myCar.numberOfSeats)
print(myCar.typeOfCar)
```

构建并运行项目，程序会先创建一个 Car 类型的对象——myCar，然后会在控制台中显示对象的各种属性。

```
Black
5
Coupe
Program ended with exit code: 0
```

9.5　类的初始化

在 9.4 节中我们创建的 Car 类型对象，在实例化的时候并没有携带任何参数，因此在控制台中打印出来的对象属性都是"蓝图"中的默认值。如果我们想要一辆个性化的汽车该怎么办呢？我们可以在类中创建类初始化方法。

我们希望汽车是可以自定义颜色的，虽然 colour 的默认颜色为黑色，但通过下面的代码我们可以将其修改为红色。

```
let myCar = Car()

print(myCar.colour)
print(myCar.numberOfSeats)
print(myCar.typeOfCar)

myCar.colour = "Red"

print(myCar.colour)
```

控制台打印内容为：

```
Black
5
Coupe
Red
Program ended with exit code: 0
```

如果将上面的代码转化为现实生活中的场景，就相当于我们在拿到新车以后，再返厂将车的颜色喷涂为红色，作为一般的客户来说，这种做法是不现实的。其实我们并不想重新为车喷涂颜色，而是汽车在生产线上装配的时候就是红色。

其实，在将类实例化的时候我们希望有一个自定义的设置将汽车的颜色喷涂为红色，让汽车生产厂商直接按照客户的需求来生产汽车。在 Swift 语言中，需要在类中创建一个自定义初始化方法。

在 main.swift 中删除之前修改汽车颜色的代码，再在 Car 类中添加一个初始化方法：

```
class Car {

  var colour = "Black"
  var numberOfSeats: Int = 5
  var typeOfCar: CarType = .Coupe

  init(customerChosenColour: String) {
    colour = customerChosenColour
  }
}
```

这里使用 init 关键字声明一个初始化方法，括号中的参数代表着客户想要的汽车颜色。在初始化方法中，将这个颜色赋值给 Car 类的 colour 属性。

回到 main.swift 文件，此时编译器会报错：**初始化方法丢失参数 customerChosen-Colour**。如图 9-4 所示。这是因为在之前定义 Car 类的时候，我们并没有定义该类的初始化方法。而现在的 init() 方法中有一个必须实现的参数。

```
let myCar = Car()        ⊗ Missing argument for parameter 'customerChosenColour' in call
```

图 9-4 之前的实例化方法调用报错

修改代码如下：

```
let myCar = Car(customerChosenColour: "Red")

print(myCar.colour)
print(myCar.numberOfSeats)
print(myCar.typeOfCar)
```

尽管在 Car 类中 colour 属性的默认值为黑色，但是我们利用初始化方法，将对象的属性值设置为了自定义的红色。也就意味着在制造汽车的时候，汽车的颜色已经从默认的黑色修改为了红色。

构建并运行项目，在控制台显示的信息如下：

```
Red
5
Coupe
Program ended with exit code: 0
```

因此，通过类的初始化方法可以重写类中属性的默认值。如果你还记得之前介绍的有关类的事件（Event）的内容，那么初始化方法就属于这种情况。在实例化对象的时候，程序会自动调用初始化方法，只不过目前我们仅仅是在该方法中设置 colour 属性的值。

9.6 Designated 和 Convenience 初始化方法

现在，创建的 Car 类还有一个问题，如果我们试图再实例化一个汽车对象，就必须在初始化的时候指定汽车的颜色，即使 Car 类中的 colour 属性默认是黑色也是如此，否则编译器就会报错。

其实我们更需要一个用于实例化标准属性的汽车对象的初始化方法。在 Swift 语言中，我们可以使用 designated 和 convenience 两种类型的初始化方法来解决这个问题。

回到之前的 Car.swift 文件，当我们使用 init 关键字创建初始化方法的时候，这个方法就叫作 **Designated 初始化方法**，你可以在这个方法中强制设置某些参数，让类在实例化的时候必须通过参数被赋值。例如可以将 Designated 初始化方法修改为下面这样：

```
init(customerChosenColour: String, numberOfSeats: Int, typeOfCar: CarType) {
  colour = customerChosenColour
  // 因为参数名称与类中属性名称一样，所以这里使用 self.属性名称来代表将参数的值赋给类中的属性。
  self.numberOfSeats = numberOfSeats
  self.typeOfCar = typeOfCar
}
```

但是在这样设置了 Designated 初始化方法以后，每次在实例化对象的时候就会非常麻烦，而且类中已经为每个属性设置了默认值，很多客户可能只是需要个性化其中的一种属性，并且随着类要实现的功能越来越多，有可能在 Car 类中需要定义十几甚至几十个属性，通过这样的方式肯定是不现实的。

要想解决这个问题，我们需要通过 **Convenience 初始化方法**。在 Car 类中添加下面的代码：

```
class Car {

  var colour = "Black"
  var numberOfSeats: Int = 5
  var typeOfCar: CarType = .Coupe

  init() {
  }

  convenience init(customerChosenColour: String) {
    self.init()
    colour = customerChosenColour
  }
}
```

这里使用 convenience init 关键字创建 convenience 初始化方法。当我们使用 convenience 初始化方法的时候，首先要调用 Designated 初始化方法来实例化一个对象，然后再去设置这个对象的 colour 属性。

回到 main.swift 文件，将之前的代码修改为 let myCar = Car()，这意味着 myCar 对象使用的是 Car 类的 Designated 初始化方法实例化的对象。

在其下面添加新的代码：

```
let myCar = Car()

let myFriendCar = Car(customerChosenColour: "Gold")

print(myCar.colour)
print(myCar.numberOfSeats)
print(myCar.typeOfCar)

print(myFriendCar.colour)
print(myFriendCar.numberOfSeats)
print(myFriendCar.typeOfCar)
```

此时在自动完成列表中，我们既可以使用 Car 类的 Designated 方法实例化一个全部为默认值的对象，也可以使用 Convenience 方法实例化一个个性化颜色的汽车对象，如图 9-5 所示。

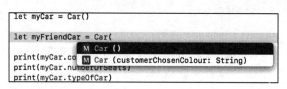

图 9-5　通过自动完成特性显示的初始化方法

控制台显示信息如下：

```
Black     // myCar 属性
5
Coupe
Gold      // myFriendCar 属性
5
Coupe
Program ended with exit code: 0
```

在本节的最后希望大家一定要记住的是：用 Designated 初始化方法必须要保证类中的所有属性都被赋值，而 Convenience 初始化方法实际上是将 Designated 方法实例化好的对象的个别属性值进行重写。有了这样的经验，你还可以再定义几个不同的 Convenience 方法来实例化不同需求的对象。

9.7　创建一个方法

目前，我们已经创建了一个 Car 类，并且通过该类实例化了 2 个对象。在类中除了定义 3 个属性和 2 个事件方法，本节我们要在类中添加动作（方法）让汽车可以开动起来。在 Convenience 方法的下面添加一个新的方法。

```
func drive() {
  print(" 汽车已经开动 ")
}
```

在该方法中使用 func 关键字定义一个方法，方法名称为 drive，该方法没有任何参数。在方法中，我们使用 print 语句表示汽车已经开动。

在 main.swift 文件中删除之前所有的 print 代码，在最后添加一行新的代码：myCar.drive()。我们可以通过点（.）操作符访问对象的属性或执行对象中的方法。

构建并运行项目，在控制台中可以看到打印的信息，代表 drive() 方法被执行。

```
汽车已经开动
Program ended with exit code: 0
```

 提示　在类外面定义的叫作函数，在类内部定义的函数则叫作方法。之前用于生成随机数的 arc4random_uniform() 就是函数，因为它没有定义在任何的类中，因此不需要用点操作符来调用它。

9.8　类的继承

在本节中我们将会学习**继承**（Inheritance）的相关知识。现在所有的 Car 类型的对象都具备了开动（drive）的能力，然而随着时代的发展和社会的进步，特斯拉品牌的汽车已经具备了自动驾驶的能力，我们将会在类中添加可以自动驾驶的汽车。

但是自动驾驶汽车不完全等同于普通的汽车，为了创建它，我们需要一个新的"蓝图"，继续在项目中创建一个新的 Swift 文件——SelfDrivingCar。

在 Classes and Objects 文件夹（黄色图标）中添加一个新的 Swift 文件。文件名称设置为 SelfDrivingCar，确认 Group 为 Classes and Objects，并勾选 Targets 中的 Classes and Objects 选项。

在 SelfDrivingCar.swift 文件中的 import Foundation 下面添加类定义的代码：

```
class SelfDrivingCar {

}
```

在 selfDrivingCar 类中需要很多的属性，包括普通汽车的 colour、numberOfSeats 和 typeOfCar。还记得之前我说过的优秀的程序员都是非常懒的，作为其中的一员，我们并不想手动建立这些属性，复制 / 粘贴的方式也不优雅，所以我们通过让 SelfDrivingCar 类继承 Car 类来处理这个问题。

修改 SelfDrivingCar 类的代码。

```
import Foundation
class SelfDrivingCar : Car {
}
```

在 SelfDrivingCar 名称的后面添加冒号（:），接着是 Car，这样 SelfDrivingCar 类就继

承了 Car 类的所有属性和方法。我们可以说，SelfDrivingCar 现在是 Car 的**子类**，Car 是 SelfDrivingCar 的**父类**。

在 main.swift 文件中实例化一个新的 SelfDrivingCar 对象。

```
let mySelfDrivingCar = SelfDrivingCar()
mySelfDrivingCar.drive()
print(mySelfDrivingCar.colour)
```

构建并运行项目，在控制台中显示如下信息：

```
汽车已经开动   // 调用 myCar.drive()
汽车已经开动   // 调用 mySelfDrivingCar.drive()
Black        // 调用 mySelfDrivingCar.colour
```

Car 中的任何事情在 SelfDrivingCar 类中都可以有。

在程序语言中，我们可以用动物族谱来更好地说明继承，如图 9-6 所示。因为所有的动物都需要呼吸，所以在 Animals 类中定义了 breathe() 方法。而不管是鸟类（Birds）还是哺乳动物（Mammals）类都会从 Animals 继承 breathe() 方法。另外 Birds 类还有属于自己的 fly() 方法，Mammals 类有属于自己的 hasHair 属性。

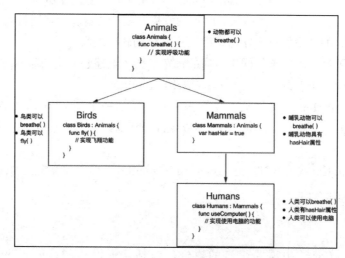

图 9-6　有关动物的继承

在图谱中，人类（Humans）是 Mammals 的子类，因此它既拥有来自于 Animals 类的 breathe() 方法，又拥有来自于 Mammals 类的 hasHair 属性。

9.9　重写一个继承的方法

在之前的例子中，如果我们再创建一个鱼（Fish）的类，它也是需要继承 Animals 类，但是 Fish 是不能够呼吸空气的，它有自己独特的呼吸方式——在水中通过腮呼吸。这就需要我们在 Fish 类中**重写**（override）breathe() 方法。

```
class Fish : Animals {
  override func breathe() {
    super.breathe()
    // 在水中呼吸的代码
  }
}
```

在 Fish 类中我们重新定义 breathe() 方法，但要在 func breathe() 的前面使用 override 关键字，这样当我们调用 Fish 类的 breathe() 时，会先执行父类（Animals）的 breathe() 方法，接着再执行自己在水中呼吸的代码。

如果你查看之前任何项目中的 ViewController.swift 文件的代码，会发现很多方法都被重写了。

```
class ViewController: UIViewController {

......
override func viewDidLoad() {
  super.viewDidLoad()

  updateUI()
}
```

实际上，ViewController 类都是继承于 UIViewController 类，在 UIViewController 类中也有 viewDidLoad() 方法，用于处理其他视图对象的显示情况。通过重写 viewDidLoad() 方法，我们可以知道在父类中定义了 viewDidLoad() 方法，而且还重写了该方法，添加了属于自己的类的特定方法。

super 关键字用于指定 ViewController 类的父类，也就是 UIViewController 类，并执行父类的 viewDidLoad() 方法，我们并不关心它会去做什么，只要做好自身类的事情就好。

接下来，我们会利用所学的继承的相关知识，完善 SelfDrivingCar 类。

在 SelfDrivingCar 类中添加一个新的属性——Destination，因为作为普通汽车，目的地是由司机决定的，但是在没有司机的自动驾驶汽车上，我们会需要这个属性来确定汽车行驶的目的地。

```
class SelfDrivingCar : Car {
  var destination: String = "幸福巷 4 号"
}
```

destination 是 SelfDrivingCar 类唯一的属性。

接下来我们需要重写 drive() 方法。如果只是使用 func 关键字，编译器则会报错，如图 9-7 所示。这意味着在父类 Car 中已经定义了 drive() 方法，子类中要重写 drive() 方法则必须使用 override 关键字。另外，如果在编写代码的时候遇到同样的报错，就可以判断父类中定义了同样的方法。

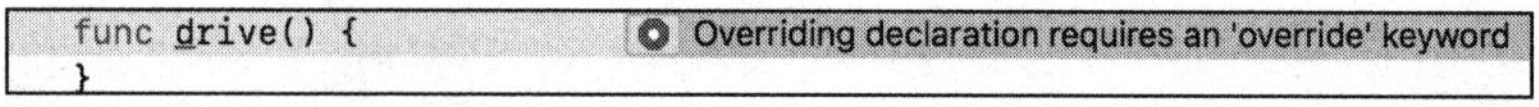

```
func drive() {          ⊘ Overriding declaration requires an 'override' keyword
}
```

图 9-7　没有使用 override 关键字报错

```
override func drive() {
  super.drive()

  print("驾驶的目的地为：" + destination)
}
```

在该方法中，首先还是执行父类的 drive() 方法，然后再执行自身的扩展功能代码，打印自动驾驶的目的地。

修改 main.swift 代码。

```
import Foundation

let mySelfDrivingCar = SelfDrivingCar()
mySelfDrivingCar.drive()
```

构建并运行项目，在控制台中会显示下面两条信息。

```
汽车已经开动　// 来自于 Car 类的 drive() 方法
驾驶的目的地为：幸福巷 4 号　// 来自于 SelfDrivingCar 类的 drive() 方法
```

9.10　Swift 语言中的可选

如果你之前仔细观察过项目代码的话，不难发现在 swift 语言中有很多地方都用到了问号（？）和感叹号（！），如图 9-8 所示。本节我们就向大家解读这两个符号的作用。

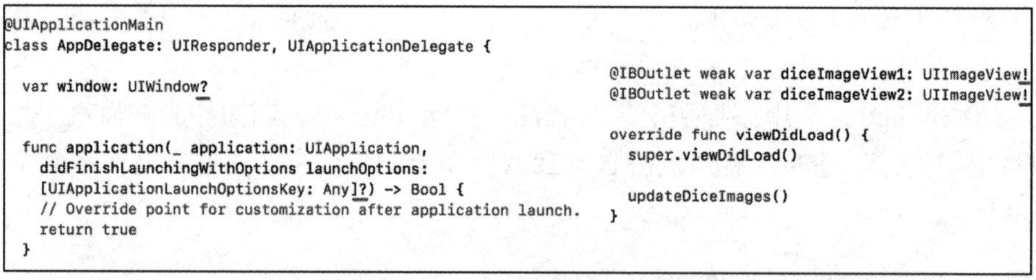

```
@UIApplicationMain
class AppDelegate: UIResponder, UIApplicationDelegate {         @IBOutlet weak var diceImageView1: UIImageView!
                                                                @IBOutlet weak var diceImageView2: UIImageView!
  var window: UIWindow?
                                                                override func viewDidLoad() {
  func application(_ application: UIApplication,                  super.viewDidLoad()
    didFinishLaunchingWithOptions launchOptions:
    [UIApplicationLaunchOptionsKey: Any]?) -> Bool {              updateDiceImages()
    // Override point for customization after application launch.  }
    return true
  }
}
```

图 9-8　项目代码中的？和！标识

让我们回到 SelfDrivingCar 类，在该类中声明了一个属性叫作 destination，用来指引自动驾驶汽车驶向到哪里。但是，我们给了这个属性一个默认值——"幸福巷 4 号"，这样的代码似乎有点"不近人情"，为什么要让每个刚下线的新车的目的地都是幸福巷 4 号呢？

或者你想到可以不为 destination 赋值，也就是让 destination 为 nil。在 Swift 语言中，nil 代表没有值，它与纯粹的空字符串（""）完全不同。当前的 destination 的类型是 String，所以我们只能将它的初始值设置为 ""，但这并不代表它没有被赋值，而是被赋值为空字符串。在当前情况下，我们想先让 destination 属性在用户赋值之前一直为 nil。

如果在声明 destination 属性的时候将 nil 赋值给它，编译器将会报错，如图 9-9 所示。nil 是一种非常特殊的数据类型，我们不能直接将 nil 赋值给 String 类型的变量。

```
class SelfDrivingCar : Car {
    var destination: String = nil    ⊗ Nil cannot initialize specified type 'String'
```

图 9-9　不能直接将 nil 赋值给 String 类型的变量

正确的做法是将属性的声明修改为 var destination: String?，也就是在变量声明的最后添加一个问号，这样也就代表该变量包含了 nil 值。因此，在 Swift 编程里面，当我们想要创建一个属性时，建议在变量声明的最后添加问号。

在修改完成以后，print 语句会报错：**使用了一个"未拆包"（unwrapped）的可选字符串变量，需要在其结尾添加感叹号（！）**，如图 9-10 所示。

```
override func drive() {
    super.drive()
    print("驾驶的目的地为: " + destination)
}                    ⊗ Value of optional type 'String?' not unwrapped; did you mean to use '!' or      ⊗
}                      '?'?
                     Insert '!'                                                              Fix
```

图 9-10　使用了一个"未拆包"的可选字符串变量

让我们再重新梳理一下 destination 的问题，为了可以让它包含 nil 值，需要在声明变量的时候在其末尾添加问号，我们管这种形式的变量叫作**可选**（optional）变量。该类型的变量不仅可以包含字符串类型的值，还可以包含 nil。

但是，为了在之后可以访问或修改该变量，就不得不将其做"拆包"处理。其中一种方式叫作**强制拆包**，当使用变量的时候，在其结尾处添加一个感叹号。这也就相当于告诉编译器：我确认这个变量包含有真正的类型值，而不是 nil。

将代码修改为 print（"驾驶的目的地为："+ destination!），构建并运行项目，编译器会报错——**发生致命错误：在拆包一个可选值的时候，意外发现 nil**，如图 9-11 所示。

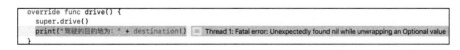
```
override func drive() {
    super.drive()
    print("驾驶的目的地为: " + destination!)    ≡ Thread 1: Fatal error: Unexpectedly found nil while unwrapping an Optional value
}
```

图 9-11　在拆包一个可选值的时候，意外发现 nil

使用感叹号代表你告诉编译器 destination 中已经包含了确切的值，并且绝对不是 nil，直接使用它就好。但实际上，我们并没有在任何地方为 destination 赋予真正的字符串类型值。编译器并不会检测它是否为 nil，所以在打印的时候会报致命错误，因为 print 语句是不能打印 nil 值的。

所以使用感叹号为可选变量进行强制拆包是一种非常危险的方式，这种方式完全依赖于程序员百分百确认该变量有真正的值存在，否则应用程序就会崩溃。

在 main.swift 文件中添加下面的代码：

```
import Foundation

let mySelfDrivingCar = SelfDrivingCar()
mySelfDrivingCar.destination = " 幸福巷 4 号 "
mySelfDrivingCar.drive()
```

构建并运行项目，可以在控制台看到如下的信息，程序运行状态良好。

```
汽车已经开动
驾驶的目的地为: 幸福巷 4 号
Program ended with exit code: 0
```

虽然我们通过为 destination 赋值的方式解决了之前的问题，但是如果下次忘记了为 destination 赋值，应用程序依旧还会崩溃。作为用户，谁也不希望在 App 运行的时候发生崩溃，并跳回到 Home 主屏幕。这样不可避免地会得到用户 1 星的评价和评论。

为了避免出现崩溃的情况，我们需要一个更安全的机制，让这种情况永远不会发生。修改 SelfDrivingCar 类如下：

```
override func drive() {
  super.drive()

  if destination != nil {
    print(" 驾驶的目的地为: " + destination!)
  }
}
```

我们需要通过 if 语句来检查可选变量是否安全，因此使用 if destination != nil 语句，这样如果 destination 有真正值会正常打印到控制台，否则就根本不会执行 print 语句。

在 main.swift 文件中删除对 destination 的赋值语句，构建并运行项目，应用程序便不会再发生崩溃的情况，这样项目的代码就非常安全了。

接下来，再说说 "拆包" 的第二个方式：**可选绑定**（optional binding）。使用可选绑定可以在你访问该变量之前，帮助你检测并确保可选变量有真正的值存在。将 drive() 方法中的代码修改如下：

```
override func drive() {
  super.drive()

  if let userSetDestination = destination {
    print(" 驾驶的目的地为: " + userSetDestination)
  }
}
```

构建并运行项目，运行效果和之前一样，不会发生崩溃的情况。这就是可选绑定的语法，在 if 语句中，使用 let 创建一个常量，并将可选变量赋值给这个常量。当 destination 的值不为 nil 时，就会执行 if 语句中的代码。并且可选变量的值就存储在 userSetDestination 常量中，在 if 语句内部可以随时使用它。

使用可选绑定的好处在于，避免了由于强制拆包发生崩溃的情况，让代码更加安全。

可选是 Swift 语言中非常精彩的一个特性，让我们再用生活中一个具体的例子来描述一下它的概念。

我们把之前声明的变量想象为一个盒子，并且把一只叫作 Tommy 的猫放进这个盒子里面。另外，我们又在盒子中放了一瓶毒药（oh my god），而且这瓶毒药非常容易被弄开，并且随时都可以毒死 Tommy 猫。

此时，我们把盒子封上，并且去了其他的地方度过了一个不短的假期，因此我们听不到盒子的任何声音。问题就是，在我们回来以后，并不知道 Tommy 猫是死是活。

这里的盒子就好比是可选变量，它里面的 Tommy 猫可能活着，也可能因为喝了毒药死掉了。这就相当于可选变量可能包含真正的值或者是 nil，但是只有在拆开盒子以后才能够得到确认。

在 Swift 语言中，如果创建了一个带有问号的变量就意味着我们创建了一个可选。它就像是一个密封好的盒子，可能有值也可能没有。当我们试图去使用变量时，需要打开盒子才能发现答案。如果盒子中是 nil，则应用程序运行会崩溃。如果盒子中包含真正的值，则应用程序会继续平滑运行。

如果在使用变量的时候，在其后面添加一个感叹号，就叫作强制拆包。就好比不管盒子里面是什么情况，我们都会打开盒子，直接使用它。

另一种选择叫作可选绑定，例如在这种情况下，我们先摇一摇盒子，看里面是否有什么动静。如果盒子没有动静则代表里面已经没有活物了，直接忽略它以防止发生崩溃的情况。如果盒子里面有动静的话，则继续执行相应的代码。

声明可选变量的语法只是简单地在数据类型的后面加上问号，如下面代码行所声明的两个变量的类型，第一行变量的类型是字符串，第二行变量的类型则是可选字符串。

```
var destination1: String
var destination2: String?
```

为了使用该可选变量，我们可以直接在它的后面放一个感叹号。例如下面的代码：

```
print("驾驶的目的地为: " + destination!)
```

强制拆包的效果相当于将可选字符串类型强制转换为字符串类型，有经验的程序员很少会使用这种方式访问可选变量，因为如果变量的值为 nil 就会导致应用程序崩溃。

比较安全的方式是通过 if 语句判断可选变量的值是否为 nil，如果不是则执行 if 语句的相关代码，防止应用程序崩溃。

```
if destination != nil {
```

```
    print("驾驶的目的地为: " + destination!)
}
```

Swift 推荐的方式是在 if 语句中使用 let 关键字创建一个新的常量，并且让这个常量等于可选变量的值，如果可选变量有真正的值，则会执行 if 语句的相关代码，这就是可选绑定。

```
if let userSetDestination = destination {
  print("驾驶的目的地为: " + userSetDestination)
}
```

在可选绑定代码中，我们不会强制拆包任何变量，而是先检测 destination 是否有值，如果有则将其赋值给常量 userSetDestination，并在括号中使用这个新常量。如果 destination 的值为 nil，则直接跳过 if 语句中的代码。

利用 Cocoapods、GPS、APIS、REST 制作天气应用

在本章中，将会让大家的开发技能提高到一个新的层次。我们将会了解 CocoaPods 和开源代码库的相关知识。实际上，我们可以利用一些小巧而精致的第三方代码库，将其整合到我们自己的项目之中，这样可以节省大量的开发时间。另外，我们还会学习**应用程序编程接口**（Application Program Interface，API）的使用方法，并通过相关 API 抓取网站中的数据，再应用到自己的应用之中。

本章我们将会创建一个天气相关的应用，当它启动以后首先会显示基于本地的天气情况，这需要抓取当前手机的 GPS 数据，并将其经纬度值数据发送给远程的天气服务并得到当前位置的天气数据。

有两类信息需要显示在应用之中，当前的温度和当前的气象情况。比如单击切换按钮，可以进入另一个控制器视图，这也是本章我们将要学习的内容。在一个应用中包含多个控制器和视图。这里我们会实现在输入城市名称并单击**获取气象信息**按钮后使应用显示指定城市的气象信息。

运行效果如图 10-1 所示。

图 10-1　Weather 项目的运行效果

10.1   设置项目

首先，我们需要先在 GitHub 中下载 Weather 项目的初始代码。在初始项目中已经包含了设计好的用户界面并添加了相关约束，还有就是项目会用到的所有图片素材。

打开 Weather 项目，在项目导航中单击 Main.storyboard 文件。可以看到当前故事板中包含了多个控制器视图。在之前的所有项目中，都只有一个单独的视图控制器。这是我们第一次管理多个控制器视图，而且将来也会如此，在之后所创建的项目中还会添加更多的控制器。

目前所有的 UI 控件都已经设置好了约束，所以在不同屏幕尺寸的 iPhone 中，它们都会完美显示，如图 10-2 所示。

图 10-2   在不同尺寸屏幕上的运行效果

在故事板中选择 WeatherViewController 视图控制器，然后将 Xcode 切换到助手编辑器模式，如图 10-3 所示。其中 temperatureLabel 关联的是故事板中显示温度的标签控件，weatherIcon 关联的是显示天气情况的图像控件，cityLabel 关联的是显示城市名称的标签控件。

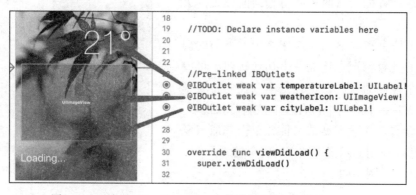

图 10-3   WeatherViewController 中关联的 IBOutlet 和 IBAction

在界面的右上角还有切换城市气象信息的按钮，如图 10-4 所示。但是它并没有关联任何的 IBAction 方法，这里使用的是 Segue 方式。当用户单击按钮以后就会触发标识为 changeCityName 的 Segue，它会将屏幕切换到 ChangeCityViewController 控制器的视图。你可以在故事板中"点亮" Segue 连线，然后在 Attributes Inspector 中看到有关标识（Identifier）的相关信息。

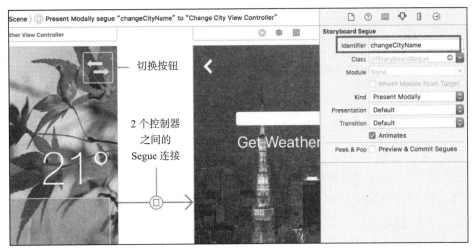

图 10-4　2 个控制器之间的 Segue

在 ChangeCityViewController 控制器视图中有一个文本框控件，它与 changeCityTextField 属性建立了 IBOutlet 关联。当用户在文本框中输入了城市的名称，然后再单击其下方的 Get Weather 按钮就可以得到该城市的气象信息，GetWeather 按钮关联了 getWeatherPressed(_ sender: AnyObject) 这个 IBAction 方法。

这里有一个小小的设计缺陷：Get Weather 并不像一个真正的按钮，有的用户可能并不认为这是一个可交互的控件。你也可以随意去修改这个按钮的风格，但是苹果的扁平化设计理念是让任何东西都去除冗余、厚重和繁杂的装饰效果，这样可以让"信息"本身重新作为核心被凸显出来。

最后，在视图的左上角还有一个返回按钮，它关联的 IBAction 方法为 backButtonPressed(_ sender: AnyObject)。在该方法中只有一条最基本的代码，用于销毁当前的视图控制器，并将用户带回到之前的 WeatherViewController 控制器。

```
@IBAction func backButtonPressed(_ sender: AnyObject) {
    self.dismiss(animated: true, completion: nil)
}
```

另外，在项目的 Images.xcassets 文件中，可以发现里面有很多预设好的气象图标，我们将会根据不同的气象条件让它们呈现到屏幕上。

10.2 注册免费的 API Key

在该项目中，我们会在 WeatherViewController 类中看到一个叫作 APP_ID 的属性，它是字符串类型的常量，是在 www.openweathermap.org 网站注册后得到的 API Key。只有通过这个 API Key 才能获取指定城市的气象信息。

```
class WeatherViewController: UIViewController {

    //Constants
    let WEATHER_URL = "http://api.openweathermap.org/data/2.5/weather"
    let APP_ID = "1d505359c7db3fcf2502ffd40525ddc8"
    ......
}
```

> 提示　强烈建议读者使用自己注册后的 API Key 来构建当前的项目，因为当应用程序在每分钟有超过 60 次 APP_ID 访问的时候就会收取费用。

实战：在 OpenWeatherMap 上建立你自己的免费账号，并获得一个免费的 API Key。

步骤 1：在 www.openweathermap.org 网站中创建自己的账号。

步骤 2：在用户控制面板中单击 API Keys 链接，复制 Key 中的字符串，如图 10-5 所示。

图 10-5　在 openweathermap 上创建账号并获取 API Keys

另外，你可以通过 Name 部分的按钮修改 API 服务的默认名称，方便我们将来区分多个 API 服务。但是，不管你创建了多少个 API 服务，作为免费用户来说，我们每分钟访问 API 的数量不能超过 60 次。

步骤 3：将之前复制的 Key 字符串值替换到 WeatherViewController 类中声明 APP_ID 属性的代码部分。

10.3 为什么需要 Cocoapods？

本节中，我们将要在你的 Mac 电脑里面安装一个 CocoaPods。CocoaPods 是什么呢？

当我们开发 iOS 应用程序的时候，经常会用到很多第三方开源类库，比如 JSONKit、AFNetWorking 等。可能某个类库又用到其他类库，所以为了使用它，必须还得额外下载其他类库，而其他类库又可能会用到其他类库——"子子孙孙无穷尽也"，这也许是一种比较特殊的情况。总而言之，一个个手动去下载所需的类库十分麻烦。

另外一种常见情况是，如果在项目中用到的类库有版本更新，我们就必须重新下载新版本的代码，然后再将其重新加入到项目之中，十分麻烦。如果能有什么工具可以解决这两个烦人的问题，那将"善莫大焉"。CocoaPods 就是为此而存在的。

CocoaPods 是 iOS 最常用、最著名的类库管理工具，上述两个烦人的问题，通过 CocoaPods，只需要一行命令就可以完全解决，当然前提是你必须正确设置它。重要的是，绝大部分著名的开源类库都支持 CocoaPods。所以，作为 iOS 程序员，掌握 CocoaPods 的使用方法是必不可少的基本技能。目前，CocoaPods 拥有超过 4.2 万个库，用于超过 300 万个应用程序上面。

CocoaPods 的官方网址是 CocoaPods.org，在这里我们可以看到有关 CocoaPods 的相关介绍。另外，通过主页上的搜索栏可以直接找到相关的第三方开源类库。例如，我们想做一个进度条，你可以花费一周的时间自己去搞定它，也可以在搜索栏中输入"Progress Bar"找到很多关于进度条的项目代码，如图 10-6 所示。

图 10-6　CocoaPods 中关于进度条的代码

如果想要查看某个开源类库的详细信息，可以单击 Expand 按钮，这里我们展开 YLProgressBar，如图 10-7 所示。

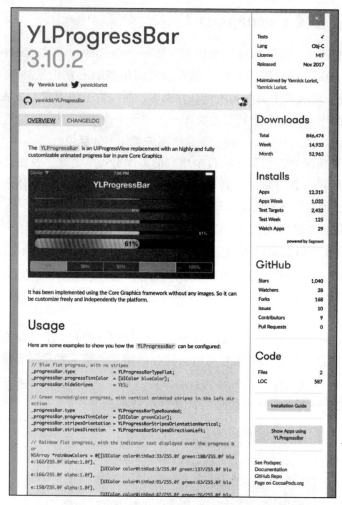

图 10-7　YLProgressBar 的相关介绍页面

　　在展开页面中，我们可以看到 YLProgressBar 开源库类的版本号、GitHub 作者信息、效果预览、使用和安装方法、联系方式和许可证书。另外，在页面的右侧还可以查阅到代码的语言、发布时间、下载次数、安装次数、在 GitHub 中的状态，以及安装指南等。

　　接下来，在我们将开源类库整合到项目之前，先学习如何安装和设置 CocoaPods。

10.3.1　在你的 Mac 上安装和设置 Cocoapods

　　要想使用 CocoaPods，我们需要在 macOS 上打开终端应用程序，通过命令行的方式先安装 CocoaPods。

　　在终端中输入下面的命令：

```
liumingdeMacBook-Pro:~ liuming$ sudo gem install cocoapods
```

我们使用 gem 来安装 CocoaPods，如果你使用过 Ruby on Rails 的话，对于 gems 就会比较熟悉。如果你没有使用过的话也没有关系，我们只是通过 gem 方式将 CocoaPods 安装到你的系统之中。其实，gems 是 RubyGems 的简称，它是一个用于对 Ruby 组件进行打包的 Ruby 打包系统。

sudo 命令代表我们以管理员权限执行后面的命令，在经过不长时间的等待以后就可以使用 CocoaPods 命令。如图 10-8 所示。

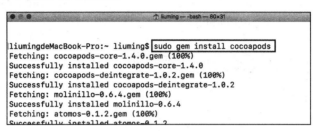

图 10-8　通过终端安装 CocoaPods

接下来，我们需要在 macOS 中设置 CocoaPods。在终端中继续输入下面的命令：

```
pod setup --verbose
```

在命令行中有一个参数 --verbose，它可以让我们看到 CocoaPods 每一步的设置进程和当前的状态。当设置完成以后，会在最后显示 Setup completed 信息。如图 10-9 所示。这意味着我们已经在 macOS 系统中安装并设置好 CocoaPods，现在就可以使用它，而且以后再也不用执行这个操作了。

```
liumingdeMacBook-Pro:~ liuming$ pod setup --verbose

Setting up CocoaPods master repo
  $ /usr/bin/git remote set-url origin https://github.com/CocoaPods/Specs.git
  $ /usr/bin/git checkout master
  Already on 'master'
  Your branch is up-to-date with 'origin/master'.

Updating spec repo `master`
  $ /usr/bin/git -C /Users/liuming/.cocoapods/repos/master fetch origin
  --progress
  remote: Counting objects: 216969, done.
  remote: Compressing objects: 100% (125/125), done.
  remote: Total 216969 (delta 44615), reused 44579 (delta 44579), pack-reused 17
  2255
  Receiving objects: 100% (216969/216969), 70.09 MiB | 207.00 KiB/s, done.
  Resolving deltas: 100% (147304/147304), completed with 7163 local objects.
  From https://github.com/CocoaPods/Specs
     5b03bd7a8f5..6ee73cef4b5  master            -> origin/master
   * [new branch]             backz             -> origin/backz
   * [new branch]             swift_version_support -> origin/swift_version_sup
  port
  $ /usr/bin/git -C /Users/liuming/.cocoapods/repos/master rev-parse
  --abbrev-ref HEAD
  master
  $ /usr/bin/git -C /Users/liuming/.cocoapods/repos/master reset --hard
  origin/master
  Checking out files: 100% (17449/17449), done.
  HEAD is now at 6ee73cef4b5 [Add] YNXMLParser 1.0.5
warning: inexact rename detection was skipped due to too many files.
warning: you may want to set your diff.renameLimit variable to at least 16862 an
d retry the command.
Setup completed
liumingdeMacBook-Pro:~ liuming$
```

图 10-9　设置 CocoaPods

10.3.2 在你的 Xcode 项目中安装 Pods

接下来，我们要将一些 pods 添加到 Xcode 项目中。首先，关闭之前的 Xcode 应用程序项目，因为 CocoaPods 会在后台对 Xcode 进行一些改变。

其次，就是要清楚项目的存储位置。因为项目的初始化代码是从 GitHub 下载的，在对其解压缩以后，需要进入到该文件夹中，如图 10-10 所示。当前的项目文件夹中包含一个 Weather 文件夹和一个 Weather.xcodeproj 文件，接下来执行 pod init 命令，当再次检查该文件夹时，会发现多了一个 Podfile 文件。

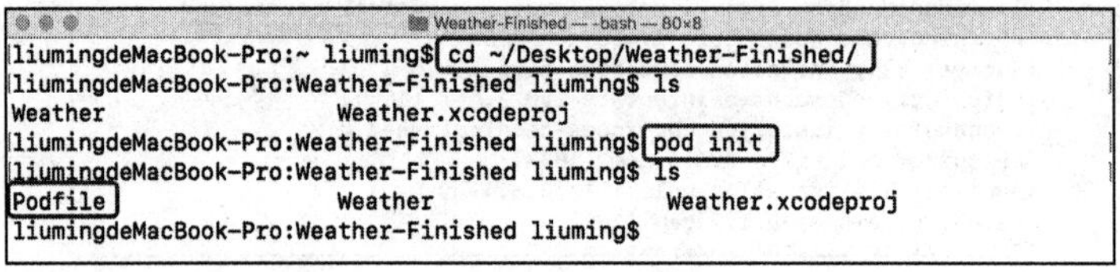

```
liumingdeMacBook-Pro:~ liuming$ cd ~/Desktop/Weather-Finished/
liumingdeMacBook-Pro:Weather-Finished liuming$ ls
Weather                 Weather.xcodeproj
liumingdeMacBook-Pro:Weather-Finished liuming$ pod init
liumingdeMacBook-Pro:Weather-Finished liuming$ ls
Podfile                 Weather                 Weather.xcodeproj
liumingdeMacBook-Pro:Weather-Finished liuming$
```

图 10-10　通过 pod init 命令创建 Podfile 文件

此时你需要编辑 Podfile 文件，双击将其打开，文件的内容如下：

```
# Uncomment the next line to define a global platform for your project
# platform :ios, '9.0'

target 'Weather' do
    # Comment the next line if you're not using Swift and don't want to use dynamic frameworks
    use_frameworks!

    # Pods for Weather

end
```

一般的文本编辑器不如 Xcode 代码编辑器好用，所以在终端中输入 open -a Xcode Podfile 命令，打开当前文件夹中的 Podfile 文件。

将 Podfile 文件中的内容修改如下：

```
platform :ios, '9.0'

target 'Weather' do
    # Comment the next line if you're not using Swift and don't want to use dynamic frameworks
    use_frameworks!

    # Pods for Weather
    pod 'SwiftyJSON'
    pod 'Alamofire'
    pod 'SVProgressHUD'

end
```

CocoaPods 与 Swift 的语法虽然不尽相同，但是语义还是可以理解的。在 Swift 中我们使用 // 进行注释，在 CocoaPods 中则使用 # 号。

删除 Podfile 中的 # 号注释，激活 platform :ios, '9.0' 代码，表示我们的项目是基于 iOS 9 以上的 SDK 版本。

在 Swift 中，我们使用 { } 界定一段完整的代码块。在 CocoaPods 中则使用 do...end 作为标识，do 就相当于"{"，而 end 相当于"}"。

在代码块中，使用 pod 命令添加开源库类，在 Weather 项目中我们需要：SwiftyJSON、Alamofire 和 SVProgressHUD 三个开源库类。

如果想查看这些开源库的用途，可以利用 cocoapods.org 主页的搜索栏找到相关的内容，如图 10-11 所示。

接下来回到 macOS 的终端应用程序，将当前目录切换到 Weather 文件夹。首先通过 pod --version 命令检查 CocoaPods 的版本，当前最新的版本应该是 1.4.0。只要版本号大于 1.1.0 就没有问题。如果 CocoaPods 低于 1.1.0 版本的话，通过百度搜索一下如何升级 CocoaPods 即可。

图 10-11　在 CocoaPods.org 中查看 SVProgressHUD 的用途

确认终端应用程序中的当前目录为 Weather，然后输入 pod install 命令。这样就会安装前面所提到的三个开源库类，如图 10-12 所示。

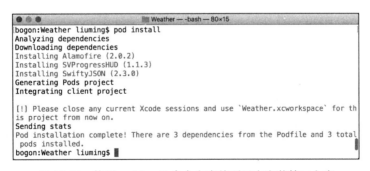

图 10-12　使用 pod install 命令在当前项目中安装第三方库

如果将来某个开源库类发布了新版本，就可以直接使用 pod update 进行升级，非常方便。

10.4　设置 Location Manager 并从 iPhone 获取 GPS 数据

通过 CocoaPods 安装好开源库类以后，必须通过双击 Weather.xcworkspace（白色图标的）文件才能正常打开项目，因为该文件中包含了 CocoaPods 的相关信息。

在项目导航中你可以发现 Weather 和 Pods 两个蓝色项目图标，展开 Weather 项目及
其内部的 Weather 文件夹，你可以看到所有的文件被组织成
Model、View 和 Controller 形式，每个文件夹中都包含着相
关的文件，如图 10-13 所示。

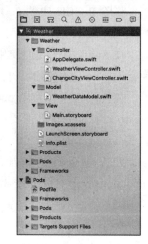

首先，在项目导航中打开 Controller 文件夹中的 Weather-
ViewController.swift 文件，该类中有 2 个预设好的常量属
性，它是我们从 openweathermap.org 网站获取气象数据的
"开门砖"。WEATHER_URL 是从网站获取数据的 url 链接，
APP_ID 是我们自己在网站注册后得到的 App Key。设置
App Key 的原因是网站需要跟踪哪种类型的用户需要访问什
么内容的数据。

在 openweathermap.org 网站的 API 链接中，你可以看到
各种类型的 Web Service 服务，如图 10-14 所示。比如当前
天气数据、五天每 3 小时一次的预报、气象站数据管理、空
气污染数据等。

图 10-13　通过 CocoaPods 将
第三方库整合到 Weather 项目

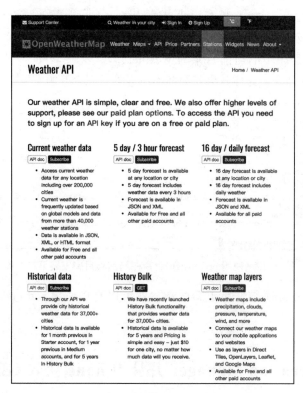

图 10-14　openweathermap.org 提供的各种类型的 Web Service 服务

在 WeatherViewController 类中，会发现有很多预置好的 Mark 注释语句，每个 Mark 都代表需要通过方法实现的一部分功能。比如 MARK: - Networking 代表需要实现网络连接功能，MARK: - JSON Parsing 代表需要实现 JSON 格式数据的解析功能，MARK: - Location Manager Delegate Methods 代表需要实现定位功能等。我们需要在这些标注的位置下面添加相关的方法。另外，我们还可以利用代码编辑窗口顶部的分隔条快速定位到标记的位置。如图 10-15 所示。

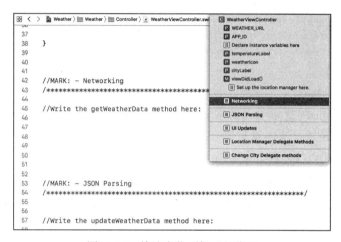

图 10-15　快速定位到标记的位置

第一个标记是 Networking，我们会利用 HTTP 从 openweathermap 网站请求数据。第二个标记部分是 JSON Parsing，通过编写代码将获取到的数据解析为项目可以使用的格式。第三部分是 UI Updates，通过代码更新气象条件的图标和相关的标签。Location Manager Delegate Methods 部分是获取当前的位置，即 iPhone 手机当前的经纬度坐标。最后一个部分 Change City Delegate methods 是通过代码将一个控制器的数据传递到另一个控制器。

实战：获取 GPS 数据。

步骤 1：在 WeatherViewController.swift 文件中导入 GPS 相关类库 import CoreLocation。通过该类库，苹果允许我们使用手机的 GPS 定位功能。按住 option 键并单击 CoreLocation 类库可以查看 CoreLocation 的相关描述。

步骤 2：在 WeatherViewController 类声明的最后，修改代码如下。

```
class WeatherViewController: UIViewController, CLLocationManagerDelegate {
```

CLLocationManagerDelegate 是 Swift 语言中处理位置数据的协议（Protocol），也就是说，WeatherViewController 类既是 UIViewController 的子类，又符合 CLLocationManager Delegate 的规则。

步骤 3：在 TODO: Declare instance variables here 的下面声明实例变量。

```
//TODO: Declare instance variables here
let locationManager = CLLocationManager()
```

这里声明了一个 CLLocationManager 类型的常量，在其初始化方法中没有任何参数。

步骤 4：修改 viewDidLoad() 方法如下。

```
override func viewDidLoad() {
super.viewDidLoad()

//TODO:Set up the location manager here.
locationManager.delegate = self

}
```

这里设置 locationManager 的 delegate 属性等于 self，这个 self 相当于当前类——WeatherViewController。这里引入了一个全新的概念——**委托**（delegate）。

至于如何确定位置，这涉及了信号塔的 GPS 三角定位。另外，如果蜂窝信号很弱则可以通过 Wi-Fi 尝试去查找位置。

在 CoreLocation 类库中有很多的类和方法来帮助我们进行定位，locationManager 对象的用处就是帮助我们找出 iPhone 当前的位置，而 WeatherViewController 类就充当了locationManager 的委托（delegate）对象。这也就意味着每当 locationManager 找到具体位置的时候，该控制器就自愿充当处理位置数据的角色。

为了让 WeatherViewController 类能够成为 locationManager 委托对象的角色，首先要让其符合 CLLocationManagerDelegate 协议，然后在 viewDidLoad() 方法中将自己（self）赋值给 locationManager 的 delegate 属性。协议和委托是 Swift 语言中较高层次的概念，我们会在后面的章节中进行详细介绍。

目前，我们只要清楚，为了通过 locationManager 获取 GPS 数据，需要让 Weather-ViewController 类作为 locationManager 的 delegate。让 locationManager 处理所有的定位功能，只要有位置数据更新，locationManager 知道会向谁去报告。

步骤 5：在之前代码的下面添加下面的代码。

```
override func viewDidLoad() {
  super.viewDidLoad()

  //TODO:Set up the location manager here.
  locationManager.delegate = self
  locationManager.desiredAccuracy = kCLLocationAccuracyHundredMeters
}
```

这里设置了 locationManager 的另一个属性来确定定位的精准度，在输入kCLLocationAccuracy 的时候，自动完成列表中会列出多达 6 种不同的精确度设置。其中 **Best**是最高级别的精确度，除此以外还有接近 10 米（NearestTenMeters）、100 米（HundredMeters）、

1千米（Kilometer）、3千米（ThreeKilometers）和适合导航（BestForNavigation），如图10-16所示。如果在项目中使用到定位功能的话，请先想好它需要什么样的精准度，才能满足应用程序的需求。

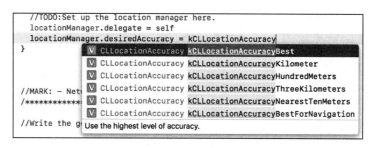

图 10-16　GPS 定位的 6 种不同精度

例如我们的应用程序是一个导航类应用，则需要适合导航的精准度。如果是天气类应用程序，则可以设置为 100 米精准度。

步骤 6：继续添加下面的代码。

```
override func viewDidLoad() {
  super.viewDidLoad()

  //TODO:Set up the location manager here.
  locationManager.delegate = self
  locationManager.desiredAccuracy = kCLLocationAccuracyHundredMeters
  locationManager.requestWhenInUseAuthorization()
}
```

最后，我们需要让应用程序询问用户是否打开获取位置数据的权限。如果你安装了一个需要定位的应用程序（例如美团），在第一次运行的时候都会询问是否打开定位的权限，上面的代码就是实现这个功能。

这里一共有 2 个可选方法，requestAlwaysAuthorization() 方法是在应用程序进入后台以后都可以进行定位，就像是一位永远不知疲倦的间谍。而 requestWhenInUseAuthorization() 方法则只会在当前使用应用程序的时候才打开定位功能。

10.5　定位权限

如果你现在构建并运行应用程序的话，并不会在屏幕上看到权限提示框，原因是还需要添加一个描述信息。为了做到这一点我们需要编辑 property list 文件。

当我们创建一个全新的 Xcode 项目的时候，默认会在 Supporting Files 文件夹中创建一个 info.plist 文件。打开它以后会看到有很多不同的配置属性以及与其相对应的值，如图 10-17 所示。

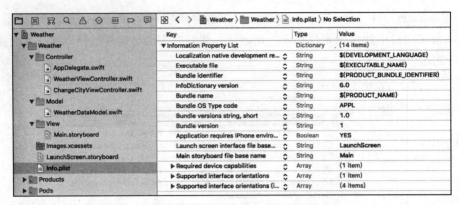

图 10-17　项目中的 Info.plist 文件

接下来，我们需要在 info.plist 中创建 2 个新的属性。单击 **Information Property List**一行右侧的⊕按钮，此时其下方会添加一行新的属性值，如图 10-18 所示。

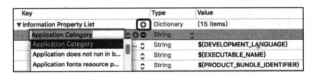

图 10-18　在 Info.plist 中添加一行配置

此时新添加的默认属性名称为 **Application Category**，将其修改为 **Privacy - Location When In Use Usage Description**，再添加一个属性，名称为 **Privacy - Location Usage Description**。

> **提示** 在添加属性名称的时候，我们可以借助 Xcode 的自动完成列表，可以有效防止输入错误而产生的 Bug。

在我们添加这两个属性以后，当程序执行到 viewDidLoad() 方法中的 locationManager.requestWhenInUseAuthorization() 一行，会去查找 Info.plist 文件中的两个属性值，并将它们显示到用户的屏幕上。

现在，我们需要给这两个属性赋值，这样在弹出权限提示框的时候会显示相应的信息。将这两个属性值都设置为：**为了获取气象信息需要定位你当前的位置**。

另一种修改属性值的方式是通过代码，在项目导航里面右击 Info.plist 文件，在弹出的快捷菜单中选择 **Open As/Source Code**，你会发现 Info.plist 文件内容实际上是标准的 XML 格式。

> **注意** 在 Source Code 状态下编辑项目属性会大大增加 Bug 出现的几率，所以强烈建议还是使用 Property List 方式进行属性的设置。

在 GitHub 网站提供的该项目的描述部分，你会发现修复应用程序数据传输安全（Fix for App Transport Security Override）的方法，将这部分 XML 格式的代码复制到 Info.plist 文件中新添加的两个属性的下方代码如下所示，其效果图如图 10-19 所示。

```xml
<?xml version="1.0" encoding="UTF-8"?>
<!DOCTYPE plist PUBLIC "-//Apple//DTD PLIST 1.0//EN" "http://www.apple.com/DTDs/
PropertyList-1.0.dtd">
<plist version="1.0">
<dict>
    <key>NSLocationUsageDescription</key>
    <string>为了获取气象信息需要定位你当前的位置。</string>
    <key>NSLocationWhenInUseUsageDescription</key>
    <string>为了获取气象信息需要定位你当前的位置。</string>
    <key>NSAppTransportSecurity</key>
    <dict>
        <key>NSExceptionDomains</key>
        <dict>
            <key>openweathermap.org</key>
            <dict>
                <key>NSIncludesSubdomains</key>
                <true/>
                <key>NSTemporaryExceptionAllowsInsecureHTTPLoads</key>
                <true/>
            </dict>
        </dict>
    </dict>
......
```

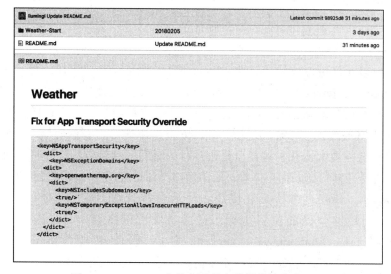

图 10-19　GitHub 中的应用程序数据传输安全配置

添加这些属性的原因是苹果只允许 iOS 设备通过 HTTPS 方式与远程 API 进行沟通，这是一种安全的数据传输协议，例如 GitHub 网站使用的就是 HTTPS 传输协议。

现在的问题是：只有付费用户才能使用 openweathermap 网站提供的 HTTPS 数据传输协议，而免费用户只能使用 HTTP 这种不安全的数据传输协议。因此，需要将之前的 XML 代码复制到 Info.plist 文件中，才可以调用非 HTTPS 的 URL 链接。

构建并运行应用程序，在程序启动以后你就会看到一个消息框，如图 10-20 所示。单击**允许**按钮，这意味着应用程序可以使用 GPS 传感器。如果你不小心单击了**不允许**按钮，也不用担心，可以在模拟器上通过主屏幕中的**设置 / 隐私 / 定位服务 /Weather**，重新开启 Weather 应用程序的定位服务。

图 10-20   项目运行
后弹出的定位请求

10.6   在 WeatherViewController 中获取 GPS 数据

让我们回到 WeatherViewController.swift 文件，在 viewDidLoad() 方法的最后再添加一行代码。

```
override func viewDidLoad() {
  super.viewDidLoad()

  //TODO:Set up the location manager here.
  locationManager.delegate = self
  locationManager.desiredAccuracy = kCLLocationAccuracyHundredMeters
  locationManager.requestWhenInUseAuthorization()
  locationManager.startUpdatingLocation()
}
```

startUpdatingLocation() 方法会启动 iPhone 的定位服务，需要记住的是，它是一个**异步方法**（Asynchronous Method），也就意味着该方法会在后台抓取 GPS 位置坐标。

假如它运行在前台的话，也就代表它是在系统的**主线程**中运行，这样会导致整个应用程序发生"冻结"（假死）的情况。因为在 iPhone 查找到 GPS 位置的时候，根据之前所设置的定位精确度，会需要大概几秒钟甚至是十几秒的时间，此时应用程序根本无法响应用户的交互操作。这是非常糟糕的用户体验，因为用户不知道应用程序到底发生了什么。

startUpdatingLocation() 方法是在应用程序后台进行 GPS 定位，那它到底做了什么呢？如果查找到足够精确的位置坐标，它就会发送信息给 WeatherViewController 类。因为我们设置了 locationManager 的 delegate 属性，它就相当于 locationManager 对象的"老板"。为了让 WeatherViewController 类可以获取到位置信息，需要包含一个名叫 didUpdateLocations() 方法。在 WeatherViewController.swift 文件的下半部分可以找到它的注释。

在 "//Write the didUpdateLocations method here:" 注释的下方，添加一个方法：

```
//Write the didUpdateLocations method here:
func locationManager(_ manager: CLLocationManager, didUpdateLocations locations:
[CLLocation]) {
}
```

在代码编辑面板中可以直接输入 didUpdateLocations，在自动完成面板中可以看到 3 个相关的方法，如图 10-21 所示。我们要用的是第一个 locationManager(_ manager: CLLocationManager, didUpdateLocations locations: [CLLocation]) 方法，并且在下方的方法描述中说明了在 iPhone 获取到有效位置数据后会告诉委托对象——WeatherViewController。

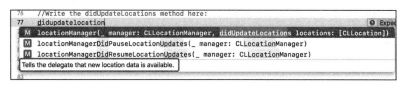

图 10-21　在控制器中添加 locationManager() 方法

> **注意** 在输入方法的时候由于方法名称太长，可能会导致 Bug 的出现，强烈建议大家通过自动完成特性输入方法名称。

一旦 locationManager 发现新的位置，就会激活 didUpdateLocations 方法，我们会在后面添加代码来完善它的功能。现在，我们需要添加来自于 locationManager 的另一个委托方法 locationManager(_ manager: CLLocationManager, didFailWithError error: Error)，在 locationManager 获取位置数据失败时告诉委托对象——WeatherViewController。失败的原因有多种的情况，可能因为用户将 iPhone 设置为飞行模式或因为用户是在电梯、隧道或地下停车场里面导致没有蜂窝信号等，这些情况都会导致该方法被激活。在该方法中我们需要将错误信息打印到控制台，并且要在故事板的 Label 中显示定位失败的信息。

将 didFailWithError 方法修改为下面这样：

```
//Write the didFailWithError method here:
func locationManager(_ manager: CLLocationManager, didFailWithError error:
Error) {
    print(error)
    cityLabel.text = "定位失败"
}
```

在 didUpdateLocations 方法中有一个参数是 locations，它是 CLLocation 数组类型。按住 Option 键并单击 CLLocation 可以看到相关的描述。

CLLocation 对象是由 CLLocationManager 对象生成的位置数据，在该对象中包含了 iPhone 设备根据之前所设置的测量精准度、生成的地理位置坐标（包括经度值和纬度值）和高度值。

在调用 startUpdatingLocation() 方法以后，locationManager 开始获取当前设备的位置信息，每次位置的更新都会将这个新位置（CLLocation 类型的对象）添加到 didUpdateLocations 方法的参数——location 的数组之中。所以，在 location 数组中会包含一大堆的位置数据对象，不过我们最关心的是数组中最新的数据。因为被添加到数组中的首个位置数据的精度是比较粗略的，之后会越来越精准，所以最新的一个才是我们最想要的。

在 didUpdateLocations 方法中添加下面的代码：

```
func locationManager(_ manager: CLLocationManager, didUpdateLocations locations:
[CLLocation]) {
    let location = locations[locations.count - 1]

    if location.horizontalAccuracy > 0 {
      locationManager.stopUpdatingLocation()
      print("经度 = \(location.coordinate.longitude), 纬度 = \(location.coordinate.latitude)")
    }
}
```

在 didUpdateLocations 方法中创建一个常量 location，为了获取 locations 数组中最新的值，通过 locations.count−1 得到数组中最后一个元素的索引值，其中 count 属性值代表数组中元素的个数，因为数组索引是从 0 开始的，所以再减 1 就得到最后一个元素的索引值，然后利用该索引值得到最新的元素对象。

接下来我们需要判断位置信息的有效性，使用 if 语句判断 location 的 horizontalAccuracy 属性值是否大于零。location 的经纬度坐标代表世界地图中的一个具体位置，如图 10-22 所示。horizontalAccuracy 就相当于以该位置为圆心的半径，也就是用户可能的位置。

从图 10-22 中可以发现，horizontalAccuracy 的值越高代表用户可能在的位置范围就越大。但是当这个值为负数（小于零）的时候就代表获

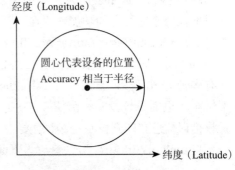

图 10-22　经纬度坐标及精确度

取到了一个无效的数据。获取到一个有效数据时，就通过 stopUpdatingLocation() 方法让 locationManager 停止定位，因为 locationManager 在通过 GPS 定位的时候是非常耗电的，除非你想故意为电池放电，否则在获取到有效数据之后，就要马上停止 iPhone 定位功能。

之后，通过 print 语句将有效的经纬度值打印到控制台。CLLocation 类中包含一个 coordinate 属性，该属性中包含 longitude（经度）和 latitude（纬度）属性。

构建并在模拟器中运行项目，如果在控制台中看到如图 10-23 所示的信息，这是因为 Mac 硬件中并没有 GPS 模块，所以在模拟器中运行就会定位失败。如果你是在 iPhone 真机

上测试就不会出现这样的问题。

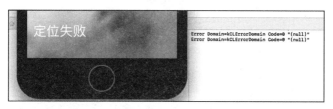

图 10-23　模拟器没有 GPS 模块导致定位失败

解决这个问题我们需要在模拟器菜单中选择 Debug/Location/Apple，这会让模拟器模拟一个 GPS 模块，而且设定当前 iPhone 的位置为苹果总部。控制台会显示如下的信息。

```
经度 = -122.03031802，纬度 = 37.33259552
```

此时证明 locationManager 已经起作用了。为了验证经纬度坐标的真实性，可以通过浏览器访问 www.latlong.net，在主页顶部单击 Lat Long to Address 链接，然后输入经度值和纬度值，就可以查找详细信息，如图 10-24 所示。

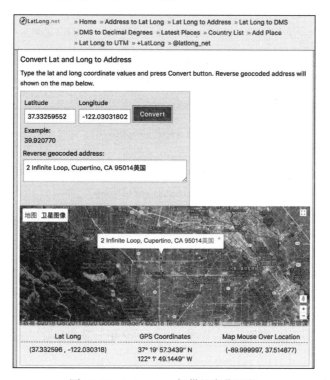

图 10-24　latlong.net 提供的定位服务

另外，你也可以通过地址查找经纬度坐标，单击 Address to Lat Long 链接，然后输入地址信息（例如北京市天坛）就可以，如图 10-25 所示。

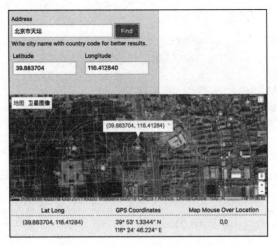

图 10-25　通过城市名称确定经纬度坐标

接下来，我们需要将经纬度坐标值作为参数发送回 openweathermap 的 API。在 didUpdateLocations() 方法中继续添加代码：

```
func locationManager(_ manager: CLLocationManager, didUpdateLocations locations:
[CLLocation]) {
    let location = locations[locations.count - 1]

    if location.horizontalAccuracy > 0 {
        locationManager.stopUpdatingLocation()

        print("经度 = \(location.coordinate.longitude), 纬度 = \(location.coordinate.
                latitude)")

        let latitude = location.coordinate.latitude
        let longitude = location.coordinate.longitude

        let params: [String: String] = ["lat": latitude, "lon": longitude, "appid":
                                APP_ID]
    }
}
```

这里创建了 latitude 和 longitude 两个常量，分别来自 location 对象的 coordinate 属性。params 的类型是 [String: String]，它是**字典（Dictionary）类型**，也就相当于具有键/值元素的数组，对于字典的使用会在之后章节进行具体的介绍。其中字典的键的类型为 String，值的类型也为 String。

其中，字典 params 中第一个值的键（Key）为 "lat"，它是字符串类型，它的值是常量 latitude。另一个参数的键为 "lon"，也是字符串类型，它的值是常量 longitude。最后一个参数 appid 是我们在 openweathermap 注册后得到的 APP Key。有了这三个参数我们便可以知道所在的城市名称。这三个参数的名称是特定的，不可以随便修改，在 http://www.

openweathermap.org/current 页面中的 **By geographic coordinates** 部分可以看到代码样例，如图 10-26 所示。

图 10-26　OpenWeatherMap 提供的 API 格式

其中，API 的调用方式为 api.openweathermap.org/data/2.5/weather?lat={lat}&lon={lon}，{lat} 和 {lon} 就是在代码中定义的参数。我们可以将样例 API 调用复制到浏览器中，此时会返回 401 错误，提示为：无效的 API Key，可以访问 http://openweathermap.org/faq#error401 查看相关信息，如图 10-27 所示。

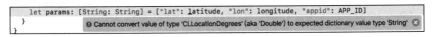

图 10-27　通过浏览器调用 openweathermap 的 API

通过该页面可知，从 2015 年 10 月 9 日开始，API 请求就需要一个有效的 APPID 了。这也是为什么在 params 字典中还要定义 appid 键。

此时编译器会报错，如图 10-28 所示。意思是 latitude 和 longitude 当前是 Double 类型，而字典中的值类型为 String 类型。

```
let params: [String: String] = ["lat": latitude, "lon": longitude, "appid": APP_ID]
}
  ❶ Cannot convert value of type 'CLLocationDegrees' (aka 'Double') to expected dictionary value type 'String' ⊗
```

图 10-28　latitude 和 longitude 的类型为 Double 引发的错误

此时可以如下修改之前的代码：

```
let latitude = String(location.coordinate.latitude)
```

```
let longitude = String(location.coordinate.longitude)
```

虽然现在会出现 1 个警告信息，但是不用担心，这只是目前还没有使用过 params 而已。

10.7 委托、字典和 API

10.7.1 委托

在本节，我们会了解什么是委托（delegate），为什么要为 locationManager 设置 delegate 属性。

假如我们要在两个类（Class A 和 Class B）之间传递数据，最简单的方式是在 Class A 中实例化一个 Class B 对象，取名叫 B1。假设在 Class B 中有一个属性叫作 data，那么在 Class A 中我们可以很方便地设置实例化好的 B1 对象中 data 的属性值，例如将它设置为 123，如图 10-29 所示。这是最简单最基本的在类之间传递数据的方法。

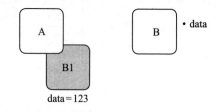

图 10-29　Class A 中实例化一个 Class B 对象

我们可以把 Class A 和 Class B 想象为两个视图控制器，它们之间需要传递数据。在大部分情况下，两个视图控制器都是我们自己定义的，所以会知道它们内部所有的属性和方法名称，数据之间的传递没有什么问题。

在本项目中，当 locationManager 找到 iPhone 当前位置以后，它会发送这个城市的名称，例如 beijing。但是问题在于 locationManager 对象并不确定将这个值发给 WeatherViewController 的哪个属性，因为 locationManager 类是苹果工程师编写的，CoreLocation 根本不可能知道我们编写的 WeatherViewController 类中会包含什么属性和方法。

要想解决这个问题，就需要用到委托。当 locationManager 定位成功以后，会发送位置信息给 delegate，如果此时的 delegate 值为 nil 则不会发生任何事情。但是如果设置了 delegate，比如当前的项目中就是 WeatherViewController，那它就会接收来自 locationManager 对象发送来的数据。一旦控制器接收到数据，就会进一步使用该地点去获取气象数据。

概括来说，哪个控制器类用到 CoreLocation 的定位功能，就需要将该控制器作为 CLLocationManager 类的 delegate 属性值，这样才能接收到相关数据。

10.7.2 字典

在之前的代码中我们使用到了字典（Dictionary），本节我们就要弄清楚什么是字典。在现实生活中的字典包含一个词条和其相关的解释。

SWIFT：Swift，苹果于 2014 年 WWDC（苹果开发者大会）发布的新开发语言，可与 Objective-C 共同运行于 macOS 和 iOS 平台，用于搭建基于苹果平台的应用程序。

在 Swift 语言中，我们使用字典将键（Key）/ 值（Value）组成一对，每个值都对应唯一的键。当创建一个字典的时候，我们往往会创建多个键 / 值配对，但是它们必须都是相同的数据结构。比如键都是字符串类型，值也都是字符串类型；或者键是字符串类型，值都是整型类型。

```
var dict1 = [" 中国 ": " 北京 ", " 英国 ": " 伦敦 "]
var dict2 = [" 刘铭 ": 39, " 李钢 ": 34]
```

在上面的代码中，Swift 通过类型断言明确了 dict1 的数据类型为 [String: String]，dict2 的数据类型为 [String: Int]。在定义字典的时候也可以写成下面这样：

```
var dict1: [String: String] = ["lat": "1233432", "lon": "4325", "appid":
"984732"]
    var dict2: [String: Int] = [" 刘铭 ": 39, " 李钢 ": 34, " 陈雪峰 ": 35]
```

这样的语法声明形式似乎和之前的数组有相似之处，没错，数组和字典都是 Swift 语言中的集合类型，通过不同的方式来组织和管理数据。数组管理的是有序数据，通过索引来访问数组中的指定元素。字典管理的是键 / 值配对数据，通过键来访问字典中的指定元素的值。

在 Playground 环境中，我们可以尝试获取字典中值。

```
var dict1: [String: String] = ["lat": "1233432", "lon": "4325", "appid":
"984732"]

let latitude = params["lat"]
```

10.7.3 API

之前我们一直在说使用 API，但是 API 到底是什么呢？它是应用编程接口（Application Program Interface）的缩写，实际上它只是一个约定。为了能够从 Web 服务器获取到所需的信息，这个约定是你的应用程序必须遵守的规则，并且这个规则是预先设定好并写在了 API 文档中。

对于 openweathermap 的数据 API，我们需要提供给它经度值、纬度值和 App ID，那么它会给我们该位置的相关气息数据。如图 10-30 所示。我们会根据 API 文档提供的规则，让 app 生成一个请求（request）并发送给 Web 服务器，然后 Web 服务器会返回一个包含数据的响应。

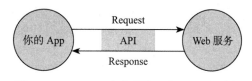

图 10-30 Class A 中实例化一个 Class B 对象

10.8 使用 Alamofire

在本节中，我们会通过相关参数生成 HTTP 请求，进而获取气息信息。如何生成 HTTP 请求以及如何发送这个请求，需要借助第三方类库 Alamofire。利用该库可以节省很多的时间，例如在处理 HTTP 请求、接收相关信息和处理服务器异常等方面上。

首先在 didUpdateLocations 方法的最后添加如下代码：

```
func locationManager(_ manager: CLLocationManager, didUpdateLocations locations:
[CLLocation]) {
    let location = locations[locations.count - 1]

    if location.horizontalAccuracy > 0 {
      ......
      let params: [String: String] = ["lat": latitude, "lon": longitude, "appid":
                                      APP_ID]
      getWeatherData(url: WEATHER_URL, parameters: params)
    }
}
```

我们通过 getWeatherData(url: String, parameters: [String : String]) 方法从 openweathermap 获取气象信息，当前 Xcode 编译器会报错：Use of unresolved identifier 'getWeatherData'，这是因为我们还没有实现该方法。

接下来在 Write the getWeatherData method here: 注释行的下面创建 getWeatherData(url: String, parameters: [String : String]) 方法。

```
//Write the getWeatherData method here:
func getWeatherData(url: String, parameters: [String: String]) {
}
```

为了可以在 getWeatherData(url: String, parameters: [String : String]) 方法中使用 Alamofire，需要先导入它。在 WeatherViewController.swift 文件中添加如下代码：

```
import UIKit
import CoreLocation
import Alamofire
import SwiftyJSON
```

> 🎯 提示　此时 Xcode 编译器可能会报错——No such module 'Alamofire'，尽管我们已经通过 CocoaPods 方式在项目安装了 Alamofire，但是 Xcode 还是没有发现它。不用担心，这只不过是 Xcode 的 Bug，可以先使用快捷键 Shift + Command + K 清理（Clean）一下项目，再使用 Command + B 重新构建（Build）一下项目，报错就会消失。

要想使用好 Alamofire，最好先阅读一下它的说明文档。在浏览器中访问 https://github.com/Alamofire/Alamofire，里面包含了 Alamofire 的特性说明、安装方法、使用样例等。

在 getWeatherData(url: String, parameters: [String : String]) 方法中，添加下面的代码：

```
func getWeatherData(url: String, parameters: [String: String]) {
  Alamofire.request(url, method: .get, parameters: parameters).responseJSON {
    response in
    if response.result.isSuccess {
      print("成功获取气象数据")
    }else {
      print("错误 \(String(describing: response.result.error))")
      self.cityLabel.text = "连接问题"
    }
  }
}
```

新输入的这段代码是 Alamofire 的标准格式代码，request() 方法用于生产一个 HTTP 请求，它带有 3 个参数，url 参数来自于项目之前定义好的 WEATHER_URL 链接，method 参数是 HTTP 请求的方式，这里是 get 方式，除了 get 方式以外还有 head、delete、post 等其他方式。第 3 个参数就是 API 请求所需要的参数，也就是我们之前定义好的字典常量。

当我们将 request 发送到 openweathermap 以后就会收到回应的一些数据，这时需要检测 response 中 result 的 isSuccess 是否为真。如果 isSuccess 的值为假，则需要告诉用户网络连接发生了问题，这里需要将错误信息打印到控制台，并在 cityLabel 上显示相关信息。如果为真则需要去处理返回的数据。

这部分的代码与我们之前见过的有点不同，原因是该方法采用了异步方式。这也就意味着 Alamofire 是在后台与 openweathermap 服务器进行数据沟通的，这样就不会让用户在交互的时候有"假死"的感觉。

当我们从服务器得到响应信息以后就会运行 response in 里面的代码，也就意味着后台进程处理完成，数据已经从 Web 服务器获取到。

10.9　JSON 以及如何解析 JSON

本节我们需要处理在发送请求以后，成功响应的情况。在之前的代码中，我们只是简单地在控制台中打印"成功获取气象数据"的信息。

我们知道在成功响应以后，下一步需要格式化从 openweathermap 传回的数据，然后再将其显示到屏幕上。

```
if response.result.isSuccess {
  print("成功获取气象数据")
  let weatherJSON: JSON = response.result.value
}else {
```

首先，我们创建了常量 weatherJSON，它的数据类型是 JSON。JSON 是 JavaScript Object Notation 的缩写，在很多程序语言和应用程序中都会用到 JSON 格式的数据。因为这是一种非常简单的大批量数据整理格式，并且易于在互联网上进行数据传输。

从 openweathermap 服务器获取的 JSON 格式数据就存储在 response.result.value 中，我们直接将它赋值给 weatherJSON。

此时编译器会报错，因为 response 中 result 的 value 是可选的，所以需要在 value 后面添加一个感叹号将其强制拆包。因为在 if 语句中已经确认 result.isSuccess 的值为真，所以 value 一定是有真值存在的，这里才会使用强制拆包的方式。

编译器报的另一个错误是因为 value 的类型为 Any ？（ Any 的可选类型），虽然对其进行了强制拆包，但是我们不能将其赋值给 JSON 类型的常量。我们需要现将其转换为 JSON 类型。将之前的代码修改为：let weatherJSON: JSON = JSON(response.result.value!) 就可以了。

实际上这里的 JSON() 来自于第三方类库 SwiftyJSON，JSON 则是该类库中的一个结构体。它可以帮助我们更加方便地使用 JSON 格式的数据。

在我们得到 JSON 格式的数据以后，可以将其打印到控制台，添加如下代码：

```
if response.result.isSuccess {
  print("成功获取气象数据")
  let weatherJSON: JSON = JSON(response.result.value!)
  print(weatherJSON)
}else {
```

构建并运行项目，虽然在模拟器中没有发现任何变化，但是在控制台中可以看到一大堆 JSON 格式的数据。如图 10-31 所示。

图 10-31　程序运行后在控制台打印的位置信息

在控制台中，从最外面的一对大括号开始就是 JSON 格式的数据。另外，由于之前的代码设置，一旦在我们看到数据以后，就会让 locationManager 停止更新位置的操作。除此以外，我们还可以将 locationManager 的 delegate 属性设置为 nil，这样做会更加彻底一些，因为目前我们不再需要 locationManager 了。

在 didUpdateLocations 方法中添加如下代码：

```
func locationManager(_ manager: CLLocationManager, didUpdateLocations locations:
[CLLocation]) {
    let location = locations[locations.count - 1]

    if location.horizontalAccuracy > 0 {
        locationManager.stopUpdatingLocation()
        locationManager.delegate = nil   // 将delegate设置为nil
        ……
```

为了可以更加清楚地查看 JSON 数据的内容，我们可以借助 **jsoneditoronline.org** 网站，该网站可以根据提供的 JSON 数据生成便于查看的结构列表，增加了数据的可读性，如图 10-32 所示。

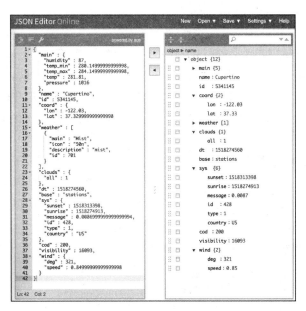

图 10-32　jsoneditoronline.org 所生成的 JSON 数据结构

从结构列表中我们可以发现，当前的 JSON 数据一共包含了 12 个对象，其中 main 包含了 5 个与温湿度相关的信息，name 是所定位的城市名称，id 代表的是城市的 ID，coordinate 是定位的经纬度坐标，weather 是天气情况等。

回到 WeatherViewController.swift 文件，在 Write the updateWeatherData method here: 注释的下面添加一个新的方法：

```
//Write the getWeatherData method here:
```

```
func getWeatherData(url: String, parameters: [String: String]) {
  Alamofire.request(url, method: .get, parameters: parameters).responseJSON {
    response in
    if response.result.isSuccess {
      print(" 成功获取气象数据 ")
      let weatherJSON: JSON = JSON(response.result.value!)
      // 删除之前的 print 语句，添加对 updateWeatherData() 方法的调用。这里一定要使用 `self.`，
否则编译器会报错。
      self.updateWeatherData(json: weatherJSON)
    }else {
      print(" 错误 \(String(describing: response.result.error))")
      self.cityLabel.text = " 连接问题 "
    }
  }
}


//MARK: - JSON Parsing
/***************************************************************/

//Write the updateWeatherData method here:
func updateWeatherData(json: JSON) {
}
```

updateWeatherData() 带有一个 JSON 类型的参数，我们会从 getWeatherData() 方法传递 weatherJSON 常量到该方法。在调用 updateWeatherData() 方法的时候，一定要通过 self. 方式。因为平常 Swift 会智能地在文件内部通过方法名来搜索并调用指定的方法，而 Alamofire 方法的执行代码中包含了闭包，它是一种在函数内部实现的简单函数。我们会在之后有详细的讲解。

总而言之，只要你在调用方法的时候看到了 in 关键字，就可以确定其在使用**闭包**，也就是正在函数中使用函数。如果此时在闭包（函数里面的函数）里面调用方法或者函数的话，编译器就会产生混淆，不知道调用的是在哪里声明的函数。所以在闭包中调用方法的规则是：**只要看到 in 关键字，就需要在调用方法的前面使用 self**。

继续在 updateWeatherData() 方法中添加下面的代码：

```
func updateWeatherData(json: JSON) {
  let tempResult = json["main"]["temp"]
}
```

如果仔细查看在控制台中打印的 JSON 数据，会发现城市的温度值是 json 字典中的 main 键里面的 temp 键的值。为了可以导航到该值，我们需要通过 json["main"] 获取到 main 的值，这个值还是一个字典类型，所以再通过 json["main"]["temp"] 获取到 temp 的值。

10.10 创建气象数据模型

通过前面的学习，我们已经了解了气象数据的结构，以及如何获取到需要的信息的方

法。接下来，我们要将这些信息呈现到屏幕上。为了让信息更加方便维护，我们要创建一个数据模型。它会包含那些我们需要使用的属性，比如气象信息、温度等。

在项目导航中打开 Model 文件夹中的 WeatherDataModel.swift 文件。在该类中需要创建 4 个属性，如表 10-1 所示。

其中，第一个变量 temperature 是城市的温度，Int 类型，初始值为 0。第二个变量是 condition，对应 JSON 数据中的 weather-id，也是 Int 类型。city 是城市名称，字符串类型。weatherIconName 是相应天气的图标文件名，也是字符串类型。

表 10-1　需要创建的气象属性说明

变量名称	变量类型	变量的值
temperature	Int	0
condition	Int	0
city	String	Empty String
weatherIconName	String	Empty String

在 WeatherDataModel 类中添加 4 个属性：

```
class WeatherDataModel {

    //Declare your model variables here
    var temperature: Int = 0
    var condition: Int = 0
    var city: String = ""
    var weatherIconName: String = ""
    ......
```

回到 WeatherViewController.swift 文件中，在类中声明一个 WeatherDataModel 类型的对象 weatherDataModel。

```
//TODO: Declare instance variables here
let locationManager = CLLocationManager()
let weatherDataModel = WeatherDataModel()
```

继续修改 updateWeatherData() 方法中的代码：

```
func updateWeatherData(json: JSON) {
  let tempResult = json["main"]["temp"].double

  weatherDataModel.temperature = Int(tempResult! - 273.15)
}
```

首先，因为 json["main"]["temp"] 是 JSON 类型，所以需要使用 .double 将其转换为双精度，但是此时的 tempResult 是可选，所以使用时要将其强制拆包。又因为 openweathermap 提供的温度值是国际上的绝对温度值，所以要减去 273.15 得到摄氏温度值。又因为 2 个 double 值相减得到的是 double 类型值，所以需要借助 Int() 方法将其转换为整型值，最后再将其赋值给 WeatherDataModel 的 temperature 属性。

继续为 weatherDataModel 对象的其他属性赋值：

```
func updateWeatherData(json: JSON) {
```

```
let tempResult = json["main"]["temp"].double

weatherDataModel.temperature = Int(tempResult! - 273.15)
weatherDataModel.city = json["name"].stringValue
weatherDataModel.condition = json["weather"]["id"].intValue
}
```

通过 json["name"].stringValue 可以获取到城市信息。通过 json["weather"][0]["id"].intValue 可以获取到该城市的气象情况，只不过该情况是用整型值表示的。通过 openweathermap.org/weather-conditions 链接可以查阅代码的含义，以及相应的图标，如图 10-33 所示。

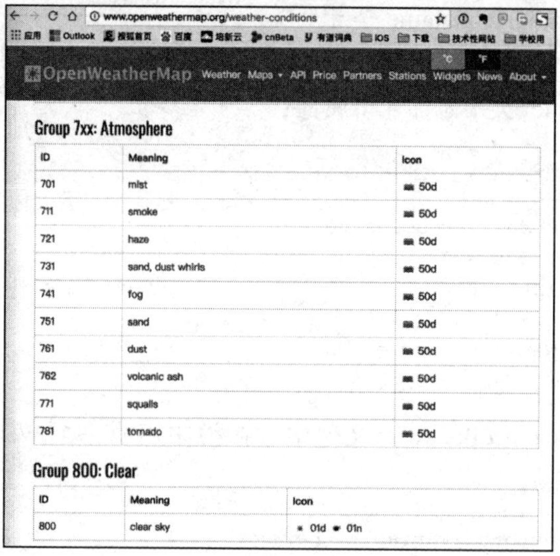

图 10-33   openweathermap 提供的各种气象信息代码

在 WeatherDataModel 类中可以看到预先定义好的 updateWeatherIcon() 方法，去除其全部的注释语句。在 Switch 语句部分，已经按照气象代码为我们建立好了所有代码。该方法通过 condition 参数接收传递进来的气象代码，然后会返回相应的字符串类型的气象名称，这个名称与项目中 Images.xcassets 文件里面的 Icon 名称一一对应。

例如，传递进的参数为 701，则会执行 case 701...771 : 中的代码，也就是 return "fog"，方法会返回字符串 fog，因为参数值从 701 至 771 都会执行这段代码。通过之后的代码，我们会将 Images.xcassets 文件里面的 fog 图标呈现到屏幕上，如图 10-34 所示。

在实现 updateWeatherIcon() 方法以后，就可以在 updateWeatherData() 方法中添加下面的代码：

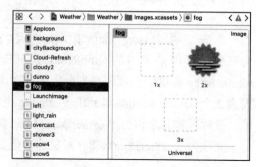

图 10-34   与气象信息对应的图片素材图标

```
func updateWeatherData(json: JSON) {
    ......
    weatherDataModel.condition = json["weather"]["id"].intValue
    weatherDataModel.weatherIconName = weatherDataModel.updateWeatherIcon(condition:
                                weatherDataModel.condition)
}
```

通过上面的代码，我们就可以为 WeatherDataModel 对象中的 4 个属性赋值。

在目前的项目中还有一个问题需要解决，如果在项目中错误设置了 APP_ID 的值，应用程序在运行的时候就会崩溃，如图 10-35 所示。如果打印 JSON 数据的话，可以发现错误是因为无效的 API key 所致。

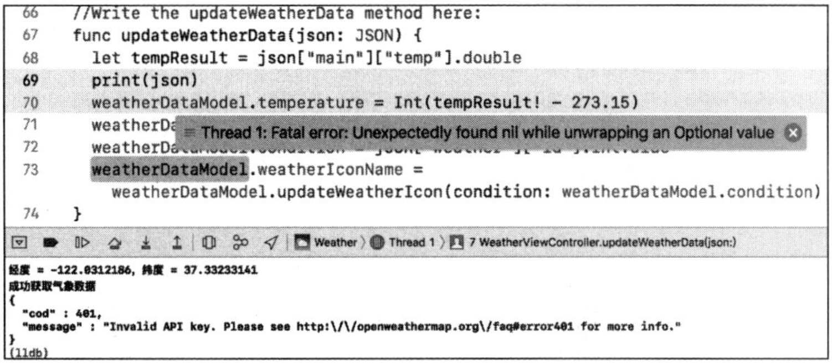

```
66      //Write the updateWeatherData method here:
67      func updateWeatherData(json: JSON) {
68          let tempResult = json["main"]["temp"].double
69          print(json)
70          weatherDataModel.temperature = Int(tempResult! - 273.15)
71          weatherDa   Thread 1: Fatal error: Unexpectedly found nil while unwrapping an Optional value ⊗
72          weatherDa
73          weatherDataModel.weatherIconName =
                weatherDataModel.updateWeatherIcon(condition: weatherDataModel.condition)
74      }
```

```
经度 = -122.0312186, 纬度 = 37.33233141
成功获取气象数据
{
  "cod" : 401,
  "message" : "Invalid API key. Please see http:\/\/openweathermap.org\/faq#error401 for more info."
}
(lldb)
```

图 10-35　输入了错误的 API Key 导致的应用运行崩溃情况

通过打印到控制台的信息我们可以发现，openweathermap 返回的是无效 API key（因为我们修改了 APP_ID）的 JSON 信息，所以并没有我们需要的气象信息，这也就意味着 tempResult 的值为 nil，在我们对 tempResult 强制拆包的时候，应用程序发生崩溃。

为了解决这个问题，我们使用可选绑定的方式来为 WeatherDataModel 对象赋值。修改之前的代码如下：

```
func updateWeatherData(json: JSON) {
    if let tempResult = json["main"]["temp"].double {
        weatherDataModel.temperature = Int(tempResult - 273.15)
        weatherDataModel.city = json["name"].stringValue
        weatherDataModel.condition = json["weather"]["id"].intValue
        weatherDataModel.weatherIconName = weatherDataModel.updateWeatherIcon(condition:
                                    weatherDataModel.condition)
    }else {
        cityLabel.text = "气象信息不可用"
    }
}
```

此时，如果 tempResult 的值为 nil 的话，则不会执行 if 语句内部的代码，也就不会发生崩溃的情况，而且在 else 语句中会将信息显示到屏幕上，如图 10-36 所示。

接下来，我们会实现更新用户界面的相关代码。

在 WeatherViewController 类 中 注 释 语 句 Write the updateUIWithWeatherData method here: 的下面添加一个方法：

```swift
func updateUIWithWeatherData() {
  cityLabel.text = weatherDataModel.city
  temperatureLabel.text = String(weatherDataModel.temperature)
  weatherIcon.image = UIImage(named: weatherDataModel.weatherIconName)
}
```

在该方法中不需要任何参数，我们直接使用 weatherDataModel 常量即可。最后在 updateWeatherData() 方法中添加对该方法的调用。

```swift
func updateWeatherData(json: JSON) {
  if let tempResult = json["main"]["temp"].double {
    weatherDataModel.temperature = Int(tempResult - 273.15)
    weatherDataModel.city = json["name"].stringValue
    weatherDataModel.condition = json["weather"]["id"].intValue
    weatherDataModel.weatherIconName = weatherDataModel.updateWeatherIcon(condition: weatherDataModel.condition)
    // 更新控制器中的 UI 控件
    updateUIWithWeatherData()
  }
  ……
```

构建并运行项目，可以看到在模拟器中正常显示的气象信息。另外，还可以通过之前介绍的 https://www.latlong.net/ 网站查找到你所在的城市经纬度，然后在模拟器菜单中选择 Debug/Location/Custom Location...，手动设置经纬度值，如图 10-37 所示。

图 10-36　处理获取气象信息　　　　图 10-37　在模拟器中通过指定经纬度
　　　　　　不可用的情况　　　　　　　　　　　　值模拟特定城市

10.11　Segues 的相关介绍

本节我们会了解什么是 Segues，以及如何使用 Segues。请先打开项目中的故事板，可以看到里面有两个视图控制器。

Segues 是 Interface Builder 里面功能最强大的东西，它允许我们从一个控制器连接到另一个，或者是从控制器中的一个 UI 控件（比如按钮）连接到另一个控制器。

在当前的项目中，为了可以从 WeatherViewController 切换到 CityViewController，我们创建了一个 Segue，点亮 Segue 让其变成蓝色，然后就可以发现引发这个 Segue 的原始控件就是 Weather 控制器视图右上角的切换城市按钮，如图 10-38 所示。也就是说当我们单击这个切换按钮以后，Segue 会自动导航到 City 控制器视图。幸运的是，这一切已经在初始化项目中设置好了。

接下来，我们主要来了解一下如何在故事板中创建 Segue，以及如何在两个控制器之间传递数据。

实战：创建一个 Segue。

步骤 1：创建一个全新的 Single View App 项目，Project Name 设置为 **Segues**。此时在故事板中只有一个控制器视图。

步骤 2：从对象库中拖曳一个新的视图控制器到故事板里面，此时故事板中变成了 2 个控制器视图。Interface Builder 会报错，因为第二个视图不可达，也就是说它没有任何进入点或者标识，无法将该控制器呈现到屏幕上。

步骤 3：从对象库拖曳一个 Button 到第一个控制器视图中，然后按住鼠标右键并将它拖曳到第二个视图控制器。此时会建立一条 Segue，Segue 的原点是按钮，终点是第二个视图控制器。在弹出的快捷菜单中，会发现有很多不同类型的选项。如图 10-39 所示。

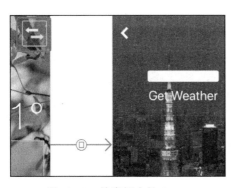

图 10-38　故事板中的 Segue

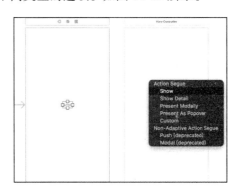

图 10-39　在故事板中创建 Segue

其中，show 是最简单的连接方式，它会以滑动的方式在屏幕上呈现第二个控制器视图。当 Segue 创建好以后，在控制器之间会有一个箭头。

如果此时构建并运行项目，在单击按钮以后会进入第二个视图控制器。

需要清楚的是，在项目导航中的 ViewController.swift 文件与故事板中的第一个视图控制器有关联。在故事板选中第一个控制器，在 Identifier Inspector 中的 Custom Class 部分中可以看到 Class 被设置为 ViewController，代表当前的控制器指向 ViewController.swift 文件。

如果选中第二个视图控制器，你会发现它并没有关联的任何类，并且在助手编辑器模式中，也没有与之相匹配的实体类文件存在。接下来，我们就要创建与之关联的类文件，并将其关联到故事板中的第二个控制器。

步骤 4：在项目导航中选中 Segues 文件夹（黄色图标），使用快捷键 Command + N 创建一个新的 iOS/Cocoa Touch Class 类型的文件，单击 Next 按钮。将 Class 设置为 SecondViewController，确保 Subclass of 设置为 UIViewController，Language 为 Swift。

步骤 5：在文件创建好以后，接下来我们需要将该代码文件与故事板中的第二个控制器关联起来。在故事板中选中第二个控制器，在 Identifier Inspector 中将 Class 设置为 SecondViewController。现在，在助手编辑器模式中就会发现第二个控制器已经与 SecondViewController 关联起来。

在故事板中单击建立好的 Segue 连接，通过高亮提示可以清楚地知道当用户单击按钮以后就会切换到 Second 控制器。除此之外还有第二种方法，先选中 Segue 并按 Delete 键将其删除。然后在故事板中从第一个控制器顶部的黄色图标按住鼠标右键并将其拖曳到第二个控制器，如图 10-40 所示，最后在快捷菜单中选择 show，点亮 Segue 连接，可以发现它的原点现在是第一个控制器。

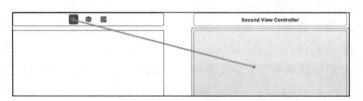

图 10-40　通过控制器顶部的图标创建 Segue

这时如何实现单击按钮以后进入到第二个控制器呢？

首先，选中故事板中的 Segue，然后在 Identifier Inspector 中将其 Identifier 设置为 goToSecondScreen。这里我们为这个 Segue 设置了一个标识，便于在代码中访问该 Segue。

然后，为第一个控制器的按钮控件建立 IBAction 方法，名称定义为 buttonPressed。

```swift
@IBAction func buttonPressed(_ sender: UIButton) {
  performSegue(withIdentifier: "goToSecondScreen", sender: self)
}
```

performSegue() 方法用于执行一个 Segue 连接，其中第一个参数代表要执行的 Segue 标识，也就是之前在故事板中设置的 Identifier。第二个参数是这个 Segue 的发起者，因为是第一个控制器发起的，所以这里使用 self。

使用这种方式的好处在于，如果 App 需要用户在单击某个按钮以后，根据不同的情况呈现不同控制器到屏幕上，则需要创建多个 Segue，再根据情况执行特定的 Segue。

构建并运行项目，单击按钮以后在屏幕上依然会呈现第二控制器。

接下来，我们需要在切换控制器的时候从第一控制器传递一些数据到第二控制器。

步骤1：在第一个控制器的视图中添加一个 TextField，在第二控制器的视图中添加一个 Label 控件如图 10-41 所示。这样做的目的是让用户在 Text Field 中输入一些文字，单击按钮以后，在第二控制器的 Label 中显示这些内容。

图 10-41 设置两个控制器视图的用户界面

步骤2：在第一控制器中为 Text Field 控件创建 IBOutlet 关联，名称叫作 textField。在第二控制器为 Label 控件创建 IBOutlet 关联，名称叫作 label。

步骤3：在 SecondViewController 类中声明一个属性 var textPassedOver: String?，用于接收从 ViewController 传递过来的字符串。

步骤4：在 ViewController 类中添加一个新的方法。

```
override func prepare(for segue: UIStoryboardSegue, sender: Any?){
  if segue.identifier == "goToSecondScreen" {
    let destinationVC = segue.destination as! SecondViewController
    destinationVC.textPassedOver = textField.text!
  }
}
```

每个控制器类都包含 prepareForSegue() 方法，当控制器发生切换的时候，原始控制器类就会在发生切换之前先执行该方法。这里我们要使用 override 关键字重写该方法，因为在父类中也定义了此方法。

在方法中根据参数 segue 的 identifier 属性判断当前的视图切换是否为 goToSecond-Screen，然后利用 segue 的 destination 属性获取到目标控制器对象，因为只有我们自己知道该控制器对象是 SecondViewController 类型，但是编译器并不知道，因此需要通过强制转换代码 as! SecondViewController 将其转换为 SecondViewController 类型。只有这样，才能在下一行为 destination 对象的 textPassedOver 属性赋值。

步骤5：在 SecondViewController 类的 viewDidLoad() 方法中添加一行代码。

```
override func viewDidLoad() {
  super.viewDidLoad()
```

```
    label.text = textPassedOver
}
```

构建并运行项目，在 Text Field 输入的信息会显示到 Label 中。

10.12 在项目中使用委托和协议

目前为止，我们的项目可以完美地告诉用户当前位置的气象信息，如果运行在 iPhone 真机上的话，就可以告诉你真正位置的气象数据。如果你特别想在模拟器中显示当前位置的气象数据，可以在模拟器菜单中选择 Debug/Location/Custom Location...，然后设置 Latitude 和 Longitude 参数即可。

如果我们需要获取其他指定城市的气象数据，则需要借助项目中的 CityViewController 控制器了。因此在故事板中我们将切换按钮与 City 控制器建立 Segue 关联。在 City 控制器视图中有一个 Text Field，允许我们输入一个城市的名称，比如 guangzhou，然后单击 Get Weather 按钮获取该城市的气象数据。

在项目导航中打开 CityViewController.swift 文件，可以看到在 IBAction 方法 get-WeatherPressed() 里面有下面这些注释代码，我们需要在后面实现这些代码。另外，该类还有一个与 Text Field 关联的 IBOutlet 变量 changeCityTextField。

//1 通过 Text Field 得到城市名称

//2 如果有一个 delegate 设置，则调用 userEnteredANewCityName() 方法

//3 销毁 CityViewController 并返回到 WeatherViewController

通过上面的注释语句我们可以了解 getWeatherPressed() 方法的功能：当用户输入城市名称并单击 Get Weather 按钮以后，需要将数据回传给 WeatherViewController。

为了可以在两个完全不同的控制器之间传递数据，我们需要学习委托（Delegate）和协议（Protocol）的相关知识。委托和协议是 swift 语言中比较高级的主题，如果读者理解有困难的话可以反复多看几遍这部分内容。

当我们根据 CLLocationManager 创建该类型的一个对象后，将 WeatherViewController 作为它的委托对象（通过 locationManager.delegate = self）。也就是说，当从 CLLocationManager 对象发送相关信息以后，WeatherViewController 便可以响应并接收这些信息。

因为 CoreLocation 框架没有开源，所以无法看到其内部的执行代码。但是通过开发文档我们可以知道，一旦 locationManager 找到了确定位置，就会通过其 delegate 属性确定要把位置数据报告给谁（当前项目是 WeatherViewController 对象）。

在我们设置了 WeatherViewController 作为 CLLocationManager 的 Delegate 以后，我们会通过 didUpdateLocations 和 didFailWithError 方法来确定，当接收到 CLLocationManager

对象发来的数据以后要做什么。换句话说就是当定位成功时会通过 didUpdateLocations 方法接收数据，当定位失败时会通过 didFailWithError 方法获取错误信息。

所以，在我们使用苹果自己的非开源框架代码的时候，可以通过文档了解其委托的实现方法，进而实现自己需要的功能。

但是，当前项目中需要实现的功能是完成两个控制器之间的切换和数据的传递，而且这两个控制器代码都是可见的，我们需要创建属于自己的协议和委托。

C\| 实战：创建自定义的协议和委托。

步骤 1：在 CityViewController.swift 文件的顶部，CityViewController 类的外部创建一个协议声明。

```
//Write the protocol declaration here:
protocol ChangeCityDelegate {
  func userEnteredANewCityName(city: String)
}
```

使用 protocol 关键字创建协议，后面是协议的名称 ChangeCityDelegate。在该协议的内部仅包含一个方法 userEnteredANewCityName(city: String)，它的参数用于传递城市的名称。我们想要在用户单击 Get Weather 按钮以后激活一个发送到 WeatherViewController 的消息，这个消息包含了用户在 Text Field 中输入的城市名称。

实际上你可以把协议看成是一个**约定**，现在我们只是在**起草**这个约定。要想让一个类成为另一个类的 delegate，就需要让它实现 userEnteredANewCityName(city: String) 方法。也就是从 ChangeCityViewController 类向 WeatherViewController 发送 userEnteredANewCityName 消息并携带城市名称参数的时候，在 WeatherViewController 类中必须要有相应的处理方法。

在起草了约定以后，还需要在 ChangeCityViewController 类中声明一个新属性 delegate。

步骤 2：在 ChangeCityViewController 类中添加一个新的属性。

```
var delegate: ChangeCityDelegate?
```

delegate 变量的类型为可选 ChangeCityDelegate，意味着我们只能将符合 ChangeCityDelegate 协议的视图控制器对象赋值给它，或者在没有赋值的情况下它的值为 nil。

步骤 3：项目导航中打开 WeatherViewController.swift 文件，让 WeatherViewController 类遵守新添加的约定。

```
class WeatherViewController: UIViewController, CLLocationManagerDelegate,
ChangeCityDelegate {
```

此时编译器报错：WeatherViewController 不符合 ChangeCityDelegate 协议。虽然我们

要在类声明中让 WeatherViewController 类遵守 ChangeCityDelegate 协议，但是目前还没有在类中实现该协议中的 userEnteredANewCityName(city: String) 方法。另外，在点开错误叹号以后 Xcode 会自动帮助我们添加这个协议方法，如图 10-42 所示。

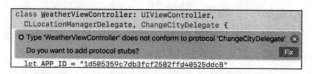

图 10-42　WeatherViewController 中还没有实现委托方法

由此可见，协议中的方法是双方约定好的，执行对象在必要的时候会向委托对象发送消息（也就是协议方法名称），因此委托对象就必须要定义这样的协议方法来处理相应的情况。

步骤 4：打开 WeatherViewController.swift 文件，在 Write the userEnteredANewCityName Delegate method here: 注释语句的下面添加新的方法。

```swift
func userEnteredANewCityName(city: String) {
  print(city)
}
```

ChangeCityViewController 在需要发送消息的时候，会通过 delegate 属性调用该方法，例如 delegate.userEnteredANewCityName("beijing")。因此，在从 WeatherViewController 切换到 ChangeCityViewController 的时候，需要将 WeatherViewController 对象赋值给 Change-CityViewController 的 delegate 属性。

步骤 5：在 WeatherViewController 的 Write the PrepareForSegue Method here 注释的下面添加新的方法。

```swift
override func prepare(for segue: UIStoryboardSegue, sender: Any?) {
  if segue.identifier == "changeCityName" {
    let destinationVC = segue.destination as! ChangeCityViewController
    destinationVC.delegate = self
  }
}
```

与上一节的方法类似，当两个控制器切换的时候，我们通过 prepare() 方法的 segue 参数获取到目标视图控制器，其中 changeCityName 是这个 Segue 的 Identifier 的属性值，我们可以通过故事板中的 Identifier Inspector 中查到。

其次，该 Segue 的目标控制器是 ChangeCityViewController，所以通过 Segue 的 destination 属性获取该控制器对象，因为 destination 是 UIViewController 类型，所以需要使用 as! 向下强制将其转换为 ChangeCityViewController 类型。

最后，将 WeatherViewController 对象自身赋值给 ChangeCityViewController 对象的 delegate 属性，这样我们就可以在 ChangeCityViewController 中向 WeatherViewController 发

送消息了。

步骤6：在 ChangeCityViewController 类中，添加下面的代码。

```
@IBAction func getWeatherPressed(_ sender: AnyObject) {

    //1 通过 Text Field 得到城市名称
    let cityName = changeCityTextField.text!

    //2 如果有一个 delegate 设置，则调用 userEnteredANewCityName() 方法
    delegate?.userEnteredANewCityName(city: cityName)

    //3 销毁 CityViewController 并返回到 WeatherViewController
    self.dismiss(animated: true, completion: nil)
}
```

在该方法中，先从 Text Field 获取到用户输入的城市名称，然后通过 delegate 属性调用 WeatherViewController 类的 userEnteredANewCityName 方法，并将城市名称作为参数传递过去。然后通过 dismiss() 方法销毁当前视图控制器，它有两个参数，animated 代表以动画的方式销毁，completion 代表控制器在销毁以后还运行什么代码，这里使用 nil 代表不运行任何代码。

为什么在 delegate 后面会有一个问号（?）呢？这涉及可选链（Optional Chaining）的概念，因为 delegate 是可选类型，所以它可能有值或是 nil。delegate?.userEnteredANew CityName(city: cityName) 代表如果有值则会继续执行方法，如果为 nil 则自动忽略。这也是可选绑定了另一个用途。

构建并运行项目，在 Text Field 中输入一个城市名称，单击按钮以后在控制台中会打印出这个名称。

10.13　如何在视图控制器间传递数据

在我们自己创建的应用程序中，会发现经常要在视图控制器间传递数据，这就是委托和协议存在的原因。本节的主要任务是让读者再次熟悉控制器之间数据传递的具体过程，因此本节的项目非常简单，重点在于实现的代码上。

在 GitHub 上面搜索"liumingl/PassDataBetweenVC"关键字，然后下载并解压缩 PassDataBetweenVC 项目到本地磁盘中，在 Xcode 中打开该项目的 Main.storyboard 文件，如图 10-43 所示。

本项目共包含两个控制器——First 控制器和 Second 控制器，它们两个之间由一个 Segue 连接，其 Identifier 为 sendDataForwards。First 和 Second 控制器各有 label 和 text-Field 两个 IBOutlet 关联，First 控制器中与按钮关联的 IBAction 方法是 sendButtonPressed()，Second 控制器与按钮关联的 IBAction 方法是 sendDataBack()。

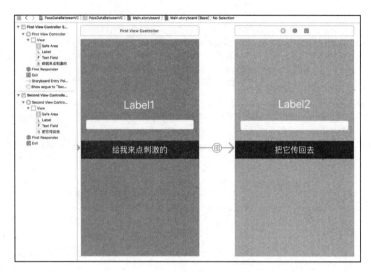

图 10-43　PassDataBetweenVC 项目中的两个控制器界面

　　应用的运行流程是：First 控制器是启动控制器，用户在文本框中输入一些文字以后单击按钮，屏幕会切换到 Second 控制器视图，Label2 会显示用户在文本框中输入的信息。用户此时在 Second 控制器的文本框中输入一些文字，单击按钮以后返回到 First 控制器，并且在 Label1 中会显示用户之前输入的信息。

实战：在两个控制器之间传递数据。

　　步骤 1：在项目导航中打开 FirstViewController.swift 文件，重写 prepare() 方法。

```
override func prepare(for segue: UIStoryboardSegue, sender: Any?) {
  if segue.identifier == "sendDataForwards" {
    let secondVC = segue.destination as! SecondViewController
    secondVC.data = textField.text!
  }
}
```

　　当从 First 控制器切换到 Second 控制器的时候，会调用该方法。如果执行的是标识为是 sendDataForwards 的 Segue，则通过 Segue 的 destination 属性获取到目标控制器对象。然后将文本框中的字符串赋值给 Second 控制器的 data 属性。

　　需要说明的是，这里我们是通过 Segue 的 destination 属性获取到 Second 控制器对象。如果用 let secondVC = SecondViewController() 虽然也可以创建新的 Second 控制器对象。但是，通过这种方式创建的对象并不是故事板中 Segue 所指向的已经实例化好的目标对象。

　　步骤 2：在 sendButtonPressed() 方法中添加下面的代码。

```
@IBAction func sendButtonPressed(_ sender: UIButton) {
  performSegue(withIdentifier: "sendDataForwards", sender: self)
}
```

当用户单击"**给我来点刺激的**"按钮以后，会执行标识为 sendDataForwards 的 Segue，控制器切换启动，激活执行 prepare() 方法。

步骤 3：编辑 SecondViewController.swift 文件，在 viewDidLoad() 方法中添加对 label 的赋值代码。

```swift
override func viewDidLoad() {
  super.viewDidLoad()

  label.text = data
}
```

构建并运行项目，在 First 控制器输入文字，单击按钮以后会呈现到 Second 控制器的 Label 上，如图 10-44 所示。

接下来你可能会想到使用同样的方式，从 Second 控制器发送数据到 First 控制器。如果你想试试的话，咱们就一起来付诸实践，因为实践是最好的老师！并且我还要向你证明为什么这样做不行。

图 10-44　从 First 控制器传递字符串数据到 Second 控制器

步骤 4：在故事板中从 Second 控制器到 First 控制器创建一个新的 Segue，设置它的 Identifier 为 sendDataBack。

步骤 5：在 FirstViewController 类中添加一个新的属性：var dataPassedBack = ""。

步骤 6：在 SecondViewController 类中添加 prepare() 方法。

```swift
override func prepare(for segue: UIStoryboardSegue, sender: Any?) {
  if segue.identifier == "sendDataBack" {
    let firstVC = segue.destination as! FirstViewController
    firstVC.dataPassedBack = textField.text!
  }
}
```

步骤 7：在 sendDataBack() 方法中，激活 sendDataBack Segue。

```swift
@IBAction func sendDataBack(_ sender: UIButton) {
  performSegue(withIdentifier: "sendDataBack", sender: nil)
}
```

步骤 8：在 FirstViewController 的 viewDidLoad() 方法中添加如下代码。

```swift
override func viewDidLoad() {
  super.viewDidLoad()
```

```
    label.text = dataPassedBack
}
```

构建并运行项目，确实可以将 Second 控制器中的文字信息传回给 First 控制器，但是这里面存在一个非常严重的问题：控制器在每次进行切换的时候，都会产生一个新的控制器对象，循环往复，无穷尽也！随着切换次数的不断更加，App 所占据内存的空间也不断增加，直到将系统的内存全部"吃光"。

为了验证这一点，修改 First 控制器中的 sendButtonPressed() 方法，添加如下代码。

```
@IBAction func sendButtonPressed(_ sender: UIButton) {
    view.backgroundColor = UIColor.blue
    performSegue(withIdentifier: "sendDataForwards", sender: self)
}
```

当用户单击按钮以后，会将 First 控制器视图的背景色从粉红色改为蓝色。

构建并运行项目，当单击 First 控制器按钮的时候请仔细观察背景色的变化，在其闪变为蓝色后，会进入到 Second 控制器。在 Second 控制器中单击按钮以后，按照我们的想法应该会回到之前蓝色背景的 First 控制器。但结果并非这样，此时又会进入到一个粉红色背景的 First 控制器。重复这样的操作依旧如此，屡试不爽！

实际上，我们通过这种方式在进行控制器切换的时候，都在创建新的控制器拷贝，就好像是 A（First 对象）传给 B（Second 对象），B 传给 C（First 对象 2），C 传给 D（Second 对象 2）……然后在这些控制器之间传递着数据。你以为是在两个控制器之间来回切换，其实是在不断地创建新的控制器。

【C:\】 **实战**：控制器回调的正确方法。

步骤 1：删除 FirstViewController 类中的 dataPassedBack 属性，以及 viewDidLoad() 方法中的 label.text = dataPassedBack 代码。删除 SecondViewController 类中的 prepare() 方法，以及 sendDataBack() 方法中的代码。在故事板中**删除** Identifier 为 sendDataBack 的 Segue。

如何在 First 控制器中获取到 Second 控制器发过来的文字信息呢？答案是需要使用委托和协议。

步骤 2：在 SecondViewController.swift 文件中创建一个协议。

```
protocol CanReceive {
    func dataReceived(data: String)
}
```

当前定义的协议名称为 **CanReceive**，它仅包含一个 required 方法——dataReceived()，data 参数用于回传文字信息。所谓 **required 方法**就是委托对象必须实现的方法。

其实，协议相当于类级别代码，我们完全可以将其定义到一个单独的文件里面，但是为了方便使用，就直接将其写到 SecondViewController.swift 里面。

> 🔵 **注意** 绝对不能将协议写到 SecondViewController 类的内部，它们是独立的两个部分。

就像是球队的教练，协议本身不会实现任何的功能，就像教练不需要在赛场上扣篮和运球一样，它仅仅是约定的规则而已。

步骤 3：接下来，我们要让 FirstViewController 符合这个协议。

```
class FirstViewController: UIViewController, CanReceive {
```

在 Xcode 中标记为父类的高亮颜色和协议的高亮颜色是不一样的，我们可以利用这一点来区别父类和协议。

此时编译器报错：FirstViewController 不符合 CanReceive 协议。这是因为还没有实现协议方法。

步骤 4：在 FirstViewController 类中实现协议方法。

```
func dataReceived(data: String) {
  label.text = data
}
```

现在，我们已经创建好了协议，并让 FirstViewController 类符合该协议。接下来需要让 FirstViewController 类成为委托对象，并且在用户单击按钮的时候激活协议方法。

步骤 5：在 SecondViewController 类中添加一个 delegate 属性。

```
var delegate: CanReceive?
```

delegate 属性的类型是协议名称，并且它是**可选类型**，因为 delegate 可能是 nil。如果程序不需要 Second 控制器返回数据给 First 控制器，则不需要设置 delegate。

步骤 6：我们需要在用户单击按钮以后发送文字返回 First 控制器，所以要在 sendDataBack() 方法中添加 delegate 方法的调用。

```
@IBAction func sendDataBack(_ sender: UIButton) {
  delegate?.dataReceived(data: textField.text!)
  dismiss(animated: true, completion: nil)
}
```

步骤 7：在 FirstViewController 类的 prepare() 方法中，需要让自身成为 SecondViewController 类的 delegate。

```
override func prepare(for segue: UIStoryboardSegue, sender: Any?) {
  if segue.identifier == "sendDataForwards" {
    let secondVC = segue.destination as! SecondViewController
    secondVC.data = textField.text!
    secondVC.delegate = self
  }
}
```

> **注意** 该方法中的 secondVC 对象是在初始化 Segue 的时候就创建好了。

现在，我们已经成功完成了协议和委托。让我们重新捋一捋思路。

首先，创建一个协议，该协议包含一个 required 方法。然后，让接收数据的控制器符合这个协议，并且还要实现 required 委托方法。接下来，创建一个 delegate 属性，类型与协议名称一致，并且是可选。如果 delegate 有值存在的话，在特定的时候可以通过它执行 delegate 指向的类里面的委托方法。如果需要销毁当前控制器还需要执行 dismiss() 方法。最后，将接收对象设置为 delegate 即可。

构建并运行项目，单击 Second 控制器按钮以后，会返回到之前的 First 控制器，因为它的背景色为蓝色。

10.14　基于城市名称的天气数据请求

现在的 Weather 项目离完成已经只差最后一步了，在 WeatherViewController 类中的 userEnteredANewCityName() 已经接收了更改的城市名称，目前我们只是将这个城市名称打印到控制台，本节我们需要将城市名称发送到 openweathermap 服务器，并得到它的气象数据。所有的工作流程与之前获取气象数据差不多。

修改 userEnteredANewCityName() 方法。

```
func userEnteredANewCityName(city: String) {
  let params: [String: String] = ["q": city, "appid": APP_ID]
  getWeatherData(url: WEATHER_URL, parameters: params)
}
```

在该方法中，我们重新定义了参数字典，字典包含两个 Key，第一个 q 代表城市的名称，第二个 Key 代表 openweathermap 服务的注册 ID。为什么第一个 Key 是 q 呢？在 openweathermap 网站的 API 文档中，你可以找到答案，如图 10-45 所示。

另外，为了让 temperatureLabel 中的摄氏温度显示得更好看，可以这样修改：

```
func updateUIWithWeatherData() {
  cityLabel.text = weatherDataModel.city
  temperatureLabel.text = String(weatherDataModel.temperature) + "° "
  weatherIcon.image = UIImage(named: weatherDataModel.weatherIconName)
}
```

其中这个温度符号，可以通过 macOS 系统的图标输入法调出，使用快捷键 Control + Command + 空格键调出表情与符号对话框，然后在搜索中输入 **degree** 就可以找到需要的符号，如图 10-46 所示。

构建并运行项目，选择一个你比较关注的城市（比如 guangzhou、shenzhen、harbin 等），然后单击 Get Weather 按钮，就可以看到实时的气象信息，如图 10-47 所示。

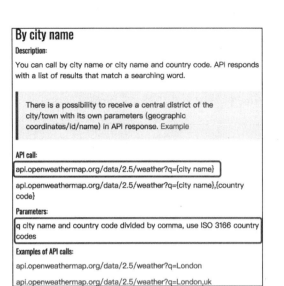

图 10-45　openweathermap 网站提供的 API 参数说明

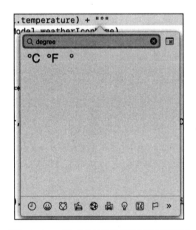

图 10-46　输入标准的摄氏温度符号

图 10-47　切换到指定的城市

10.15　挑战：利用 Cocoapods、REST 和 APIs 构建比特币价格跟踪应用

在本书最开始的部分，我们创建了一个非常简单的应用程序——I am Rich，它只包含一个图像和一个标签。在本节我们会制作一个真正的 I am Rich 应用程序。利用之前我们所学过的 CocoaPods，并利用 API 进行网络连接，然后从网站抓取数据。

这个项目是一个非常大的挑战，但是却非常有意思。它是一个比特币价格跟踪的应用。

在启动它以后，你会在屏幕上看到三个 UI 元素，如图 10-48 所示。

图中的顶部是一个静态图片，是一个比特币的 Logo。它的下面是一个 Price 标签，用于显示一个比特币在某个特定货币上的价值，最下面是使用 UI Picker 控件让我们滚动选择当前的货币，之后会在 Price 标签中更新比特币的价格。

实战：制作比特币价格跟踪应用。

步骤 1：在 GitHub 上面下载 Bitcoin-Ticker 项目的初始骨架，将其解压缩到桌面。

在项目导航中打开 Main.storyboard 故事板文件，查看其中的 UI 元素。这里面包含一个 Image View 控件用于显示比特币的 Logo，用户不会去单击或修改它，因此它并没有 IBOutlet 关联。黄色的 Price 标签在控制器中有一个 IBOutlet 关联叫作 bitcoinPriceLabel，底部的滚动转盘（UIPicker 控件）在控制器中也有一个 IBOutlet 关联，叫作 currency-Picker，如图 10-49 所示。

图 10-48　比特币价格跟踪应用　　　　　图 10-49　故事板中的用户界面

步骤 2：设置和使用 UIPicker 类。

故事板中的 UIPicker 其实是一个滚动轮盘，我们用它来显示可以查询比特币价格的所有可用货币。在移动设备开发中，这是一种最简单的选项选择方式，让程序员无须使用大量的按钮，从而节省了宝贵的屏幕空间。而且它的设置非常简单，只需简单的几步骤即可完成。

首先，打开 ViewController.swift 文件，在 ViewController 类声明的顶部，添加 UIPickerViewDataSource 和 UIPickerViewDelegate 协议，如图 10-50 所示。

接下来，在 viewDidLoad() 方法中，将 UIPickerView 的 delegate 和 dataSource 属性均设置为 self。

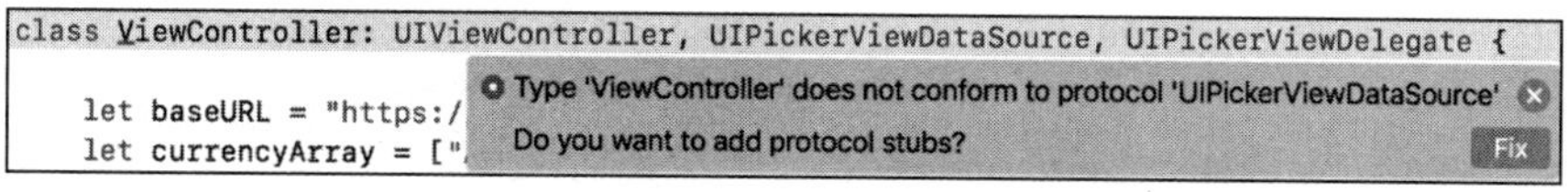

```
class ViewController: UIViewController, UIPickerViewDataSource, UIPickerViewDelegate {
    let baseURL = "https:/
    let currencyArray = ["
```
🔴 Type 'ViewController' does not conform to protocol 'UIPickerViewDataSource' ⊗
Do you want to add protocol stubs?   Fix

图 10-50　添加协议

当前，Xcode 将会有一些报错呈现给你。这是因为还需要将一些必需的委托方法添加到代码之中，以符合 UIPickerViewDelegate 协议。

首先，添加 numberOfComponents() 方法以确定我们在滚动转盘中需要多少列。

```
func numberOfComponents(in pickerView: UIPickerView) -> Int {
    return 1
}
```

其次，使用 pickerView(numberOfRowsInComponent :) 方法告诉 Xcode 这个滚动转盘有多少行，可以使用数组的 count 方法来获取这个数据。

```
func pickerView(_ pickerView: UIPickerView, numberOfRowsInComponent component:
Int) -> Int {
    return currencyArray.count
}
```

最后，使用 pickerView:titleForRow: 方法将 currencyArray 数组中的字符串填充到滚动转盘的标题上。

```
func pickerView(_ pickerView: UIPickerView, titleForRow row: Int, forComponent
component: Int) -> String? {
    return currencyArray[row]
}
```

构建并运行项目，验证滚动转盘是否实现了我们的意图。接下来我们需要响应用户与转盘之间的交互。

将 pickerView:didSelectRow: 委托方法放在刚刚创建的其他方法的下面，以告诉滚动转盘用户选择了特定的行。

```
func pickerView(_ pickerView: UIPickerView, didSelectRow row: Int, inComponent
component: Int) {
    print(row)
}
```

当用户在转盘选择完成以后，就会调用该方法，这里暂时先将用户选择的行号打印到控制台。

构建并运行项目，查看控制台日志是否为你选择后的期望值。其实，在控制台中显示行号并不直观。我们可以更改该打印语句以打印用户所选择的货币。

```
func pickerView(_ pickerView: UIPickerView, didSelectRow row: Int, inComponent
component: Int) {
```

```
    print(currencyArray[row])
  }
```

步骤 3：构建 API URL 格式。

我们将通过访问 bitcoinaverage.com 网站来获取比特币的货币价格值。利用该网站提供的比特币 API，以特定货币获取比特币的当前价值的网址格式为：https://apiv2.bitco-inaverage.com/indices/global/ticker/BTC<货币>，例如：https://apiv2.bitcoinaverage.com/indices/global/ticker/BTCCNY 获取人民币的比特币价格。

我们已经将所有的货币名称存储在 currencyArray 数组之中。通过这个数组和用户选择的行号来组成 API 调用的 URL 链接。这里已经创建了一个 baseURL 变量来存储 API 调用链接，即在货币代码之前的 URL 中的所有内容。

修改 pickerView:didSelectRow: 方法如下。

```
func pickerView(_ pickerView: UIPickerView, didSelectRow row: Int, inComponent
component: Int) {
    finalURL = baseURL + currencyArray[row]
    print(finalURL)
}
```

构建并运行项目，当选择好币种以后，确保在控制台中可以看到正确的 URL 链接。

步骤 4：在项目中设置 Cocoapods。

与 Weather 项目类似，我们需要在此项目中使用 Alamofire 和 SwiftyJSON 库。尝试着自己将它们整合到这个 BitcoinTicker 项目中。

❏ 打开 macOS 的终端（Terminal）应用程序，将目录更改为包含 Bitcoin Ticker 项目的文件夹。

❏ 使用 pod init 命令，初始化一个新的 Podfile。

❏ 在 Xcode 中打开 Podfile 文件。

❏ 添加两个库（SwiftyJSON 和 Alamofire）。

❏ 确保删除 platform :ios, '9.0' 前面的注释标记。

❏ 在终端中运行 pod install。

❏ 打开 .xcworkspace 文件。

步骤 5：Networking 调用。

如果你向下滚动 ViewController.swift 文件，会看到我们复制并粘贴了 Weather 项目中所有与网络连接的相关代码。

在 ViewController.swift 中导入 Alamofire 和 SwiftyJSON 库。

 提示　在键入 import 语句之前请先使用快捷键 Command + B 构建一下项目，再导入 SwiftyJSON 和 Alamofire 库，防止编译器报错。

取消与网络连接相关的所有代码注释。

更新 getWeatherData() 方法以使其适用于我们当前的项目。

```swift
func getBitcoinData(url: String) {

  Alamofire.request(url, method: .get)
    .responseJSON { response in
      if response.result.isSuccess {

        print(" 成功！已经获取到比特币数据 ")
        let bitcoinJSON : JSON = JSON(response.result.value!)

        self.updateBitcoinData(json: bitcoinJSON)

      } else {
        print("Error: \(String(describing: response.result.error))")
        self.bitcoinPriceLabel.text = "Connection Issues"
      }
    }
}
```

步骤 6：解析 JSON 数据。

就在网络连接代码的下面，我们已经包含了解析 Weather 项目复制的 JSON 代码。修改此代码，以使它适用于我们当前的项目。

```swift
func updateBitcoinData(json: JSON) {
  if let bitcoinResult = json["last"].rawString() {
    bitcoinPriceLabel.text = bitcoinResult
  }
}
```

💿 提示　你可以在浏览器中键入下面的链接查看 JSON 格式的数据。https://apiv2. bitcoinaverage.com/indices/global/ticker/BTCCNY

步骤 7：进一步修改用户界面。

在 Weather 项目中，我们有许多标签和图像视图需要更新，这就是为什么我们要将 UI 更新独立到一个方法中。在这个比特币应用程序中，我们需要更新的唯一控件就是 bitcoinPriceLabel 标签。我们在上一步已经实现了 UI 更新代码。

步骤 8：完成最后的步骤。

我们已经编写了进行网络调用并解析 JSON 结果的代码。但是如果你仔细观察，会发现还没有在代码中实现触发网络请求的代码。

启动 API 调用最合理的地方是用户滚动 UIPickerView 改变币种的时候，在 pickerView:didSelectRow: 方法中，调用你的网络方法并传入查找比特币价格所需的 URL。

```swift
func pickerView(_ pickerView: UIPickerView, didSelectRow row: Int, inComponent
component: Int) {
```

```
    finalURL = baseURL + currencyArray[row]
}
```

构建并运行项目，查看是否运行正常。

最后的挑战：其实我们可以让应用更加完美，在价格数据的前面加上货币符号不是会更好吗？

我们已经按货币符号出现在 currencyArray 数组中的顺序输入了所有货币符号，请使用它为每个价格结果提供相应的货币符号。

["$", "R$", "$", "¥", "€", "£", "$", "Rp", "₪", "₹", "¥", "$", "kr", "$", "zł", "lei", "₽", "kr", "$", "$", "R"]

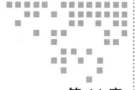

利用云端数据库、iOS 动画和
高级 Swift 特性构建聊天应用

在本章，我们将会构建一个比较成熟的应用——Happy Chat，它会实现类似于聊天室的功能。在创建 Happy Chat 应用的过程中，我们将会学习关于如何存储数据，如何使用 Bmob 提供的云服务进行远端数据存储，并且还会深入了解 iOS 中最常用的**表格视图控制器**（Table View Controller）组件。在邮件、iMessage、联系人等应用中你会看到表格视图控制器，可以说它是 iOS 应用程序开发中使用频率最高的组件。

在本章的学习中，我们还会利用 CocoaPods 整合第三方开源库到项目之中，并且通过在模拟器中生成两个不同的 iOS 的设备，进行文字信息形式的聊天。除此以外，我们还会借助 Bmob 云平台服务实现应用的用户注册、登录，并将数据存储到云端。

11.1　关于 Bmob

在搭建 Happy Chat 聊天项目的时候，有一个非常重要的部分就是要借助 Bmob 云平台。因此本节我们需要了解有关 Bmob 的知识。

什么是 Bmob？它是全方位、一体化的后端服务平台。我们无须再分心去建造后端服务，便可以轻松地拥有开发中所需的各种后端功能。比如最重要的一个特性就是云端与本地的实时数据同步。Bmob 可以为我们提供实时数据与文件的存储功能，轻松实现云端与本地的数据连通。而且，数据存储能力除了对常规的文本信息进行存储，还可以存储图片、视频、音频，甚至是地理位置等信息。除此以外，Bmob 服务还内置了用户系统，包括用户的注册、登录，还有即时通信、权限控制等，开发者只需使用几行简单的代码就可以实现，如图 11-1 所示。

最主要的是，我们无须支付任何费用就能够使用 Bmob 云平台服务的很多基本功能，从而进行各种测试项目的开发。

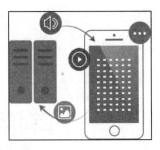

其实，在现实生活中，有很多是三五个人组成的 iOS 开发团队，每个人都承担着很多繁杂的任务。如果单独聘请一位服务器端开发和维护人员，将会大大增加开发和运营维护的成本。使用 Bmob，我们就不用担心如何去维护服务器端的代码了。因为 Bmob 会自动帮助我们处理这些事情。

图 11-1　Bmob 的基本功能

Bmob 有一大堆的优秀特性，其中包括数据的存储、身份的认证、数据分析以及通知等。在本章的学习中，我们将会接触它的两个核心特性。第一个就是数据存储特性，我们将会学习如何存储数据到 Bmob 的云端，并且在从多台 iOS 设备上获取这些信息。又因为 Bmob 是跨平台的云端服务，这也就意味着你在 iOS 设备上将信息发送到 Bmob 云端，如果相应的安卓系统的应用也在使用该数据的话，那么就可以轻松实现跨平台聊天功能。Bmob 的另一个特性就是允许我们进行身份验证。我们会在 Happy Chat 中搭建用户注册和登录视图，然后要求用户必须要通过邮件和密码进行账户的注册，然后通过 Bmob 的认证功能，让用户登录到应用程序，这样他们就可以开始愉快地聊天了。

本节我们只是简单介绍一下 Bmob 平台最重要的特性与功能，随着后面的学习，我们会逐步进行更深入的了解。

11.1.1　在 LeanCloud 上注册账户

在 GitHub 上下载 Happy Chat 初始化项目。

在初始项目下载完成以后，我们要做的第一件事就是登录 Bmob.cn，注册一个用户账号。在创建了 Bmob 账号以后，我们可以进入到控制台，控制台里面单击**创建应用**按钮。在创建应用面板中，将应用名称设置为 **Happy Chat**，然后设置应用类型为**应用–社交通信**，确认勾选**开发版（免费）**选项，因为其余的选择都会让我们支付一定的费用，最后单击**创建应用按钮**，如图 11-2 所示。

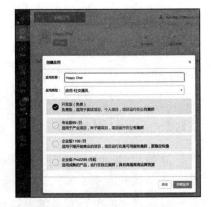

图 11-2　在 Bmob 网站注册用户后
创建应用项目

11.1.2　设置 Bmob

在成功注册了 Bmob 账号以及下载了初始项目后，现在我们需要在项目中整合一些第三方类库。

📇 **实战**：整合第三方类库。

步骤 1：打开 macOS 中的终端应用，导航到项目的目录，并执行 Pod init 命令。打开 Pod 为我们创建的 Podfile 文件，添加下面几个所需的第三方类库。

```
# Pods for Happy Chat
pod 'BmobSDK'
pod 'SVProgressHUD'
pod 'ChameleonFramework'
```

其中，BmobSDK 是 Bmob 平台的 iOS 软件开发工具（Software Development Kit, SDK）。另外两个则是项目中将会用到的两个特性的支持类。

步骤 2：执行 Pod install 命令安装三个开源类库。

```
MacBook-Pro:Happy Chat-Finished liuming$ pod install
Analyzing dependencies
Downloading dependencies
Installing BmobSDK (2.2.8)
Installing ChameleonFramework (2.1.0)
Installing SVProgressHUD (2.2.3)
Generating Pods project
Integrating client project

[!] Please close any current Xcode sessions and use `Happy Chat.xcworkspace` for
this project from now on.
Sending stats
Pod installation complete! There are 3 dependencies from the Podfile and 3 total
pods installed.
```

终端应用会在后台下载所有的库源代码，一旦看到 Pod installation complete! 信息，并且在其下面没有显示任何的错误信息，则代表安装成功。

步骤 3：单击 Happy Chat.xcworkspace 打开 Happy Chat 项目，使用快捷键 Command + B 构建项目。

此时你会发现 Xcode 编译器会显示若干数量的警告信息。这些信息均与 ChameleonFramework 相关。这是因为被整合到项目中的 ChameleonFramework 代码相对于当前的 Swift 4 语言版本有点老旧，通过一些兼容机制，这些老旧的代码还是可以运行的。虽然对于运行没有任何影响，但是我们还是希望消除这些警告信息。

步骤 4：在项目导航中打开 Podfile 文件，在文件的最后添加下面的语句，保存并退出以后，在终端应用中导航到 Happy Chat 目录，然后执行 Pod update 命令更新 Podfile 的配置。

```
# 取消其他第三方库的警告信息
post_install do |installer|
  installer.pods_project.targets.each do |target|
    target.build_configurations.each do |config|
```

```
        config.build_settings['CLANG_WARN_DOCUMENTATION_COMMENTS'] = 'NO'
      end
    end
  end
```

步骤 5：重新打开 Happy Chat 项目，再次构建项目，你会发现 Xcode 编译器没有显示任何警告。

11.2　保存数据到 Bmob

本节我们需要将 Bmob 整合到 Happy Chat 项目之中。登录 Bmob.cn 网站并进入控制台页面。在控制台中单击左侧的应用，然后在应用列表里面找到我们刚创建的 Happy Chat 应用。单击进入该应用，此时在应用程序的左侧列表里单击**设置**链接，复制其中的 Application ID 字符串内容，如图 11-3 所示。

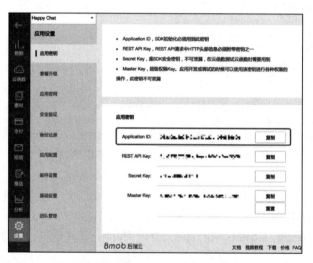

图 11-3　在 Bmob 中查找 Application ID

11.2.1　创建桥接头文件

当前的 Bmob SDK 是由 Objective-C 编写的，所以想要在 Swift 项目中使用 Objective-C 的类和方法的话，需要创建一个 .h 头文件，并且把你想在 Swift 中使用的 Objective-C 的头文件都包含进来。

创建桥接头文件的方法有两种：可以自己手动创建一个桥接头文件并在项目配置项里面进行设置，也可以使用更快捷的方式，在你的项目里创建一个无用的 Objective-C 类文件（如：ViewController.m），Xcode 将自动询问你是否要创建一个桥接头文件，如图 11-4 所示。在创建完头文件后，你就可以直接删除 ViewController.m 文件了，然后在 Happy Chat-

Bridging-Header.h 文件中引入一行代码：

```
#import <BmobSDK/Bmob.h>
```

图 11-4　创建桥接头文件

11.2.2　测试云端数据库的读写

实战：编写代码测试应用是否可以读写云端数据库。

步骤 1：在项目导航中打开 AppDelegate.swift 文件，在 application:didFinishLaunching WithOptions: 方法中添加如下代码：

```
func application(_ application: UIApplication, didFinishLaunchingWithOptions
launchOptions: [UIApplicationLaunchOptionsKey: Any]?) -> Bool {

Bmob.register(withAppKey: "088e9ca802449a3117c23e1066585629")

return true
}
```

register() 方法用于向 Bmob 注册当前使用的应用，其中的字符串参数就是之前在 Bmob 网站上复制的 Application ID。应用程序一旦启动就会调用 application:didFinishLaunchingW ithOptions: 方法，所以它会在任何东西呈现在屏幕上面之前被调用，因此这里是配置 Bmob 的最合适的地方。

步骤 2：为了验证连接云端数据库的读写操作是否正常，在 AppDelegate 类中添加一个新的方法。

```
func save(){
  let gamescore:BmobObject = BmobObject(className: "GameScore")
  gamescore.setObject("刘怀羽", forKey: "playerName")
  gamescore.setObject(90, forKey: "score")
```

```
gamescore.saveInBackground { (isSuccessful, error) in

  if error != nil{
    print("error is \(error!.localizedDescription)")
  }else{
    print(" 存储成功 ")
  }
 }
}
```

在该方法中，我们首先初始化一个 BmobObject 类型的对象，该对象会查找云端 Happy Chat 应用中的 GameScore 数据表，如果数据表不存在的话就直接创建它。然后将在数据表中添加一行数据，将 playerName 字段设置为**乐乐**，将 score 字段设置为 **90**。接下来，通过 saveInBackground() 方法将新添加的数据存储到云端的表中。该方法带有一个闭包，如果存储过程结束，则会执行闭包中的代码，打印错误描述或者打印存储成功。

注意 如果云端的 GameScore 表中不包含 playerName 和 score 字段，则 Bmob 会自动为我们创建它。

步骤 3：在 application:didFinishLaunchingWithOptions: 方法的 return true 上面一行，添加对 save() 方法的调用。

构建并运行项目，当看到控制台显示存储成功信息以后，在浏览器中登录 Bmob 控制台，可以看到在 GameScore 表中所添加的信息，如图 11-5 所示。

图 11-5　通过代码在云端数据库添加一行数据

步骤 4：如果测试成功，请注释掉之前对 save() 方法的调用。

11.2.3　在应用上注册一些用户

在成功将一些信息传输到云端数据表以后，接下来我们要完成在 Bmob 平台的认证功能，也就是在 Happy Chat 应用中注册一些新用户。

Bmob 的用户注册功能，需要用户提供用户名和密码，另外电子邮件是可选项。在实现注册功能之前，先让我们熟悉一下当前的这个项目的大体设置。

在项目中打开 Main.storyboard 文件，在故事板里面我们可以发现其中包含了很多控制器视图，如图 11-6 所示。

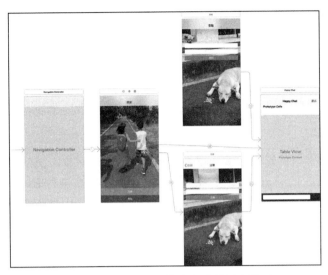

图 11-6　Happy Chat 故事板中的用户界面

　　首先是欢迎视图，在用户启动应用程序后，最先看到的就是这个控制器的视图。通过该视图，用户可以选择登录或注册操作。当用户单击注册按钮以后，屏幕会切换到注册控制器的视图。在注册视图中，用户只要输入用户名和密码就可以完成注册功能。在登录视图上，用户只需要输入自己之前注册成功的用户名和密码，就可以完成登录的操作。

　　一旦用户注册或者登录成功的话，就会进入到聊天视图控制器。在聊天视图控制器中我们使用了表格视图。表格视图里面将会包含很多的单元格，我们会把用户聊天内容显示到这些单元格之中。在聊天视图中，还有一个退出按钮，当我们想退出聊天室的时候可以单击它。在聊天控制器的下方还有一个用于输入文字信息的文本框和一个发送按钮。

　　在故事板中从欢迎视图到注册视图，以及欢迎视图到登录视图都是通过 Segue 连接的。

　　🄲 **实战**：实现用户的注册功能。

　　步骤 1：在故事板选中注册控制器视图，将 Xcode 切换到助手编辑器模式。

　　此时在右侧的代码编辑窗口中会显示 RegisterViewController.swift 文件的内容。其中该类中有两个 IBOutlet 属性，nameTextfield 对应的是视图中上面的文本框，passwordTextfield 对应的则是下面的。最下面的注册按钮则对应类中的 registerPressed() 方法。当用户单击该按钮以后，会通过 Bmob 创建一个新的用户。

　　步骤 2：在 registerPressed() 方法中添加下面的代码。

```
@IBAction func registerPressed(_ sender: AnyObject) {

    //TODO: Set up a new user on our Bomb database
    let user = BmobUser()
    user.username = nameTextfield.text!
```

```
user.password = passwordTextfield.text!
user.signUpInBackground { (isSuccessful, error) in
  if isSuccessful {
    print(" 注册成功 ")
  }else{
    print(" 注册失败，错误原因: \(error!.localizedDescription)")
  }
}
}
```

在该方法中，我们首先创建了一个 BmobUser 类型的对象，然后将用户设置的用户名和密码信息赋值给它的 username 和 password 属性，接下来执行 BmobUser 的用户注册方法，在注册过程结束以后会执行 signUpInBackground() 方法中的闭包代码，它带有两个参数：isSuccessful 代表注册是否成功，如果注册失败则可以通过 error 参数获取到错误信息。这里的 signUpInBackground() 方法是后台执行方法，否则就会引起用户界面"假死"的情况。

构建并运行项目，在注册页面中输入用户名和密码，然后单击注册按钮，如果成功则会在控制台打印出相应的信息，如图 11-7 所示。

步骤 3：在故事板中，选中注册视图中的密码文本框，在 Attributes Inspector 里面，勾选 Text Input Traits 部分中的 Secure Text Entry 选项，此时该文本框在故事中会显示一个小黑点。再选中登录视图中的密码文本框，也做同样的设置。

接下来，我们希望在用户注册成功以后直接进入到聊天视图，而不是再经过登录视图的登录操作，因为这样会带来很差的用户体验。

图 11-7　注册 Happy Chat 新用户

实战：用户注册成功后直接进入到聊天控制器。

步骤 1：在故事板中选中从注册视图到聊天视图的 Segue，查看其 Identifier 为 goToChat。

这里，我们希望在注册成功以后直接执行 performSegue() 方法。

步骤 2：在 Register 控制器的 registerPressed() 方法中，添加如下代码：

```
if isSuccessful {
  print(" 注册成功 ")
  // 执行从注册控制器到聊天控制器的 Segue
  self.performSegue(withIdentifier: "goToChat", sender: self)
}else{
```

构建并运行项目，当成功注册新用户以后，App 会跳转到聊天视图，如图 11-8 所示。

图 11-8　注册功能后跳转到聊天视图

11.3　Swift 闭包

本节我们将会了解有关闭包的知识。闭包实际上是一个匿名的函数，或者说该函数不具有函数名称。它实际上是一个密闭的代码包裹，我们可以直接使用它的功能，并且将它作为参数或返回值进行传递。

到目前为止，我们在实战练习中创建了很多函数，在创建函数的时候，总是使用 func 关键字声明一个函数，然后定义一个函数名称，在函数名称后面的括号中包含需要的参数，参数包含参数名和参数类型。之后我们可以使用**减号＋箭头**（->）来说明这个函数有返回值，并且在后边必须跟返回值的类型。在之后的大括号中我们需要写入该函数的执行代码，如果该函数有返回值的话，还需要 return 这个返回值。

```
func functionName(parameter: parameterType) -> returnType {
  // 做一些事情
  return output
}
```

其实，函数就像我们实际生活中的烤面包机，未烘烤的面包片就像是参数，我们通过烤面包机（函数）输出一个烤好的面包片（返回值）。反过来，在程序设计中我们可以把一些实现某个功能的代码打包在一起，然后给它起一个名字。在需要的时候直接通过这个名字调用该函数或者方法。

目前我们一共见过三种不同类型的函数：第一种是不带参数和返回值，只是简单地实现某个功能；第二种是带有参数或返回值的函数；第三种函数比较有意思，它以函数作为参数，输出的时候，也可能将函数作为返回值。

让我们在 Playground 中编写一些代码来体会这样的函数。

实战：创建 calculator 函数。

步骤 1：创建一个 calculator 函数，实现简单的两个参数相加的功能。

```
func calculator(n1: Int, n2: Int) -> Int {
  return n1 + n2
}

calculator(n1: 3, n2: 6)
```

此时，如果我们想计算两个数的乘积，就需要修改 calculator 函数体内部的代码，将加号修改为乘号。这并不是我们想要的效果。所以，接下来我们为数学计算定义单独的函数。

步骤 2：添加 add() 方法。

```
func add(num1: Int, num2: Int) -> Int {
  return num1 + num2
}
```

add() 是实现两个数相加功能的，带有 2 个参数和 1 个返回值。所以这个方法的类型就为：(Int, Int) -> Int，也就是函数所有的参数类型和返回值类型。

步骤 3：我们希望将 add() 方法作为第三个参数传递给 calculator() 方法，因此需要将 calculator() 方法做如下修改：

```
func calculator(n1: Int, n2: Int, operation: (Int, Int)->Int) -> Int {
  return operation(n1, n2)
}
```

此时的 calculator() 方法带有 3 个参数，第一个和第二个参数是两个整型数，第三个 operation 参数，它是一个函数类型，与之前的 Int 类型、String 类型不同，它带有 2 个整型参数和 1 个整型返回值。

在函数中，我们需要调用 operation() 函数，它具有 2 个整型参数，所以这里将 n1 和 n2 作为它的参数，它会返回一个整型值，也就是两个数相加的结果。

修改最下面的 calculator() 函数的调用，如 calculator(n1: 4, n2: 7, operation: add)。

在 calculator() 函数中的第三个参数，我们将 add() 函数作为参数带入到 calculator() 函数中，在函数体内部执行 add() 函数，并将 n1 和 n2 作为 operation（相当于 add() 的函数）的参数进行计算，并把 operation() 的返回值作为 calculator() 的返回值进行输出。

📷 注意　calculator(n1: 4, n2: 7, operation: add) 代码一定要放到两个函数定义的后面，否则会出现找不到函数的错误。

让我们在 Playground 中再添加一个 multiply() 函数，然后将 calculator() 的第三个参数修改为 multiply，这样就可以看到两个数相乘的结果。

```
func multiply(num1: Int, num2: Int) -> Int {
  return num1 * num2
}
```

```
calculator(n1: 4, n2: 7, operation: multiply)
```

相信大家到这里已经了解了将函数作为参数的操作方法。接下来，我们来看看如何将函数作为另一个函数的返回值。

目前的程序代码还是比较冗长的，为了减少代码数量，我们可以使用**闭包**（Closure）。闭包就是匿名的函数，或者你可以把函数看成是有名字的闭包。实际上，我们只是将能够实现某一功能的代码打包在一起，然后自由地去传递它而已。下面的函数是我们非常熟悉的结构：

```
func sum(firstNumber: Int, secondNumber: Int) -> Int {
  return firstNumber + secondNumber
}
```

该函数包含 func 关键字、函数名称、2 个参数和一个返回值类型。为了将该函数转换为闭包，我们先移除 func 关键字和函数名称，然后再将左大括号移到参数括号的前面，在它的位置放置一个 in 关键字，现在就创建好了一个闭包。请大家一定牢记这个闭包的转换方法，在之后的实战中会经常用到。

```
{ (firstNumber: Int, secondNumber: Int) -> Int in
  return firstNumber + secondNumber
}
```

我们可以将这个闭包随意传送到其他函数中，或者作为变量直接使用。

实战：使用闭包来替代之前的 multiply() 函数。

步骤 1：修改之前的代码如下：

```
func calculator(n1: Int, n2: Int, operation: (Int, Int)->Int) -> Int {
  return operation(n1, n2)
}

calculator(n1: 4, n2: 7, operation: { (num1: Int, num2: Int) -> Int in
  return num1 * num2
})
```

虽然使用了闭包的形式，但是运行结果并没有发生改变。

在 Swift 语言中，编译器可以基于值断言数据类型的能力。如果声明一个变量 var a = 2，则编译器会自动将 a 设置为整型。所以，我们可以继续简化 calculator() 函数的调用。使用 calculator(n1: 4, n2: 7, operation: { (num1, num2) -> Int in，编译器会自动将 num1 和 num2 设置为整型，因为在 calculator() 函数中，通过 return operation(n1, n2) 代码，我们将 n1 的值赋值给 num1，n2 的值赋值给 num2，它们都是整型，所以 munX 也是整型。

步骤 2：通过类型断言，编译器可以判断出闭包的返回类型为 Int，所以可以直接删除它。此时的代码为 calculator(n1: 4, n2: 7, operation: { (num1, num2) in。

步骤3：删除闭包中的 return 关键字，因为在闭包中只有一行代码，编译器会判断你想要的返回值就是该行代码的值，此时的代码为 calculator(n1: 4, n2: 7, operation: { (num1, num2) in num1 * num2 })。

步骤4：你可能会觉得目前的代码已经是最简化的了，其实不然。在闭包中，编译器会将参数标识为 0、1、2、…，其中 0 代表第一个参数值，以此类推。所以可以将代码修改为 calculator(n1: 4, n2: 7, operation: { $0 * $1 })。

步骤5：修改代码如下，查看运算的结果依然正确。

```
func calculator(n1: Int, n2: Int, operation: (Int, Int)->Int) -> Int {
    return operation(n1, n2)
}

let result = calculator(n1: 4, n2: 7, operation: { (num1, num2) -> Int in num1 * num2 })

print(result)
```

不管你是否相信，在 Swift 语言中还有这样一条规则，如果函数的最后一个参数是闭包，则可以先删除 operation 参数名称，再将闭包代码移到函数右边小括号的外面。代码如下：

```
let result = calculator(n1: 4, n2: 7){ $0 * $1 }
```

虽然通过闭包可以将程序代码简化到变态的程度，但是我建议大家还是保留基本的信息，因为这样会大大提高程序的可读性同时降低你的维护成本。当然，如果你经历了几年的开发历程，已经非常熟悉 Swift 语言了，你可能会真正偏好于使用超级简化的代码。

闭包的另一个非常高级的特性就是可以不通过循环语句去挨个获取集合对象中的每一个元素。

C:\ 实战：通过闭包操作数组中的元素。

步骤1：在 Playground 中创建一个整型数组 array，let array = [2,5,3,7,23,54]。我们需要让数组中的每一个整型数都加 1，再生成一个新的数组。

以前我们可能会通过循环语句来实现这个功能，现在我们可以使用 Map 函数来实现。

步骤2：这里我们需要定义一个数组转换规则。

```
let array = [2,5,3,7,23,54]

func addOne (n1: Int) -> Int {
    return n1 + 1
}

array.map(addOne)
```

通过 Array 类的 map 函数，会遍历数组中的每一个元素，然后对每个元素都执行 addOne() 函数，并且将结果放在一个新的数组里面。

步骤 3：如果使用闭包的形式，则需要删除 addOne 的函数名称，将大括号前移，并在返回值类型后面加上 in 关键字。然后，可以删除闭包中参数的类型、返回值类型以及 return 关键字。

```
let array = [2,5,3,7,23,54]

array.map { (n1) in n1 + 1 }
```

如果你愿意的话，还可以简化成 array.map{$0 + 1}。

在本节的最后让我们再次梳理一下闭包的语法结构，闭包的结构如下所示：

```
{ (parameters) -> return type in
  statements
}
```

在这个没有名字的被大括号封闭的代码块中，首先是参数列表，然后是返回值类型，接下来是 in 关键字，在 in 的下面则是闭包中的执行代码。

11.4 事件驱动、应用程序生存期

11.4.1 事件驱动——应用运行的本质

在简单了解什么是闭包以后，接下来让我们回到之前的 Register 控制器类，然后在 registerPressed() 方法里边找到创建用户的这段代码。

```
user.signUpInBackground { (isSuccessful, error) in
  if isSuccessful {
    print(" 注册成功 ")
    self.performSegue(withIdentifier: "goToChat", sender: self)
  }else{
    print(" 注册失败，错误原因: \(error!.localizedDescription)")
  }
}
```

在 BmobUser 类的 signUpInBackground() 方法中，包含了一个函数类型参数。一旦用户被创建完成，就会调用该闭包中的代码。我们称这种方式叫作**回调方法**（callback method）。要想了解什么是回调方法，我们需要先来了解一下 iOS 应用程序的工作原理。

在之前，我们学习 Model、View、Controller 设计模式的时候，剖析过应用程序的结构。Model 处理的是数据，View 处理的是用户在屏幕上看到的东西，而 Controller 则负责处理 Model 与 View 之间的沟通。本节我们要了解的，主要是在它们背后的东西。也就是当用户单击了按钮以后，会发生什么事情？

当用户单击按钮以后，实际上按钮会发送一个**消息**给视图控制器。视图控制器在收到消息以后会清楚自己现在要去更新一些东西。比如，现在你的 iOS 应用程序里面包含很多的功能，可能有一个按钮需要用户去单击，可能有一个视频让用户去播放，也有可能是从云端数据库接收一些 JSON 格式的数据。

视图控制器会通过发送或接收消息的方式，处理所有的这些事件。也就是当用户单击按钮以后，视图控制器就会收到一个消息——现在按钮被用户单击了。当有电话打来的时候，iOS 系统就会给当前的控制器发送一个消息，告诉它现在有一个电话打进来了。当云端数据库有数据更新的时候，控制器也会收到一个消息，此时你便可以去更新 UI 中的数据了。

实际上视图控制器会接收很多这样的消息。因此，我们在 iOS 上的编程实际上都是将事先预测到的事件，有针对性地去编写相应的代码。

在 UIViewController 类中定义了 viewDidLoad() 方法，当控制器视图被显示到屏幕以后，操作系统就会发送 viewDidLoad 消息到当前的控制器，而控制器就会调用 viewDidLoad() 方法来进行相关操作。

11.4.2　应用程序的生存期

就像你的移动电话、MP3 播放器或笔记本电脑都具有不同大小的内存空间，以及不同级别的电池寿命一样，像 iPhone 这样的智能手机，续航时间很大程度上取决于你打开应用程序的数量。另外，应用程序的内存占用情况也会被操作系统监控。

如果你现在从一个笔记类软件切换到一个 3D 射击类游戏，当前的游戏就会使用大量的内存空间。因此，你的应用会有一个生存周期。

首先，应用程序在启动以后它会在屏幕上面可见，当你单击了 Home 键或者是接听电话时，应用程序就会进入后台。实际上，当你的应用程序在屏幕上消失，它就会进入后台。直到操作系统将它"杀死"之前，应用程序还是会占用一些内存空间，如图 11-9 所示。

图 11-9　应用程序完整的生存期示意图

11.4.3　什么是完成处理？

本节我们来说说**完成处理**（completion handler）的相关操作。让我们在 Playground 中模拟一下用户注册的流程。

步骤 1：创建 BmobUser 和 MyApp 两个类，仿照用户注册的流程，我们为这两个类添加相关的方法与属性。

```
class BmobUser {
  var username: String?  // 用户名称
  var password: String?  // 密码
```

```
func signUpInBackground() {
    // 进行用户注册的相关操作

  }
}

class MyApp {
  // 模拟用户单击注册按钮
  func registerButtonPressed() {
    let user = BmobUser()

    user.username = "lele"
    user.password = "123456"

    user.signUpInBackground()
  }
}
```

如果在项目中我们这样来执行用户注册的话，应用的用户界面会出现短时的假死，所以 Bmob SDK 会在后台运行 signUpInBackground() 方法，在注册成功以后，我们需要进入聊天控制器视图，这就需要一种方法，一旦后台注册完成就可以通知到主线程的当前控制器类。也就是说在 BmobUser 类的 signUpInBackground() 方法中，当完成注册过程以后可以给 registerButtonPressed() 发送一个消息，告知新用户是否注册成功，或者发送注册失败的原因。这就需要我们进行完成处理。

步骤 2：在 MyApp 类中创建一个 completed() 方法。

```
func completed(isSuccessful: Bool, error: Error?) {
}
```

该方法带有 2 个参数，第一个参数代表新用户注册是否成功，第二个参数是当注册发生错误的时候，包含错误信息。

步骤 3：修改 signUpInBackground() 方法的定义如下：

```
func signUpInBackground(completed: (Bool, Error? )->Void) {
    // 进行用户注册的相关操作
  }
```

此时的 signUpInBackground() 方法带有 1 个参数，该参数是函数类型，符合 MyApp 的 completed() 方法的类型。没错，我们就是要将 completed() 方法作为参数传递到 signUpInBackground() 方法。

步骤 4：修改 signUpInBackground() 方法，模拟新用户注册成功。

```
func signUpInBackground(completion: (Bool, Error?)->Void) {
    // 进行用户注册的相关操作

    let isSuccessful = true
```

```
    completion(isSuccessful, nil)
  }
```

通过代码可知，我们让新用户注册成功，并在方法的最后会调用completion所指向的函数，并传递 true 和 nil 两个参数值。

步骤 5：修改 MyApp 类的代码。

```
class MyApp {

  func registerButtonPressed() {
    let user = BmobUser()

    user.username = "lele"
    user.password = "123456"

    user.signUpInBackground(completion: completed)
  }

  func completed(isSuccessful: Bool, error: Error?) {
    print("新用户注册: \(isSuccessful)")
  }
}
```

在调用 signUpInBackground() 方法的时候，将 completed() 方法作为参数。这样在 signUpInBackground() 方法中，用户注册完成以后就会调用这个方法，也就相当于 MyApp 类的 completed() 方法会被调用。

步骤 6：在两个类的外面，添加如下代码。

```
let myApp = MyApp()
myApp.registerButtonPressed()
```

这里我们激活 registerButtonPressed() 方法，创建 BmobUser 类型的对象，在设置好其 username 和 password 属性后，执行 signUpInBackground() 方法，并将 MyApp 类的 completed() 方法作为参数。

在 signUpInBackground() 方法中，一旦我们创建用户的过程完成，就会调用 completion 参数所指向的方法并带有两个参数。

在 completed() 方法中，我们只是简单打印出新用户是否注册成功。

这里我们为大家演示了完成处理的整个流程，在 Happy Chat 项目中，我们只会看到例子中的 MyApp 部分，而且在 Happy Chat 中我们使用的是闭包形式。

步骤 7：用之前介绍的方法，将 MyApp 类中的 completed() 方法转换为闭包形式。

```
user.signUpInBackground(){(isSuccessful, error) in
  print("新用户注册: \(isSuccessful)")
}
```

11.5 导航控制器是如何工作的？

在完成用户注册功能以后，接下来我们需要让用户可以登录到应用之中。

在目前的代码中，当我们注册成功以后会自动切换到 ChatViewController 控制器。为了可以返回到登录界面，需要先实现退出功能。

实战：在 Chat 控制器中实现用户的退出功能。

步骤 1：在故事板中选中 ChatViewController 视图，将 Xcode 切换到助手编辑器模式，在 IBAction 方法 logOutPressed() 中，添加如下代码。

```
@IBAction func logOutPressed(_ sender: AnyObject) {

  //TODO：退出并回到 WelcomeViewController
  BmobUser.logout()
}
```

这里通过 BmobUser 类的 logout() 方法注销登录账号并删除本地账号。

让我们回到故事板，仔细观察其中的几个控制器视图，应用程序是从导航控制器（Navigation Controller）开始的，首先呈现的是欢迎控制器，如果用户单击注册按钮的话，导航控制器会推出注册控制器视图，注册成功以后导航控制器会进一步推出聊天控制器视图。如图 11-10 所示。

接下来，当用户单击聊天控制器中右上角的退出按钮，要回到之前的欢迎控制器视图。一切都是从导航控制器开始，其他的控制器在导航控制器中都是嵌套呈现的，也就相当于导航控制器在管理着其他一切控制器的视图。

凡是加入到导航控制器的控制器视图，在顶部都会呈现一个**导航栏**，这样我们就可以确定某个控制器是否加入到了导航控制器

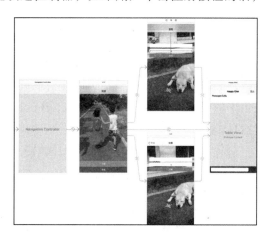

图 11-10 Happy Chat 应用的故事板

之中。还记得之前我们在创建 Segue 的时候在快捷菜单中选择 show 模式吗？如果是在导航控制器中，加入一个新的控制器就需要选择 push。

步骤 2：在 logOutPressed() 方法中添加下面的代码，在用户成功退出以后回到欢迎控制器。

```
@IBAction func logOutPressed(_ sender: AnyObject) {

  //TODO：退出并回到 WelcomeViewController
```

```
BmobUser.logout()
navigationController?.popToRootViewController(animated: true)
}
```

构建并运行项目，在注册成功并进入聊天控制器，再单击退出按钮以后，导航控制器会退回到位于根部的 WelcomeViewController。

11.6 编写登录屏幕代码

在成功创建了用户注册功能以后，接下来我们要实现用户的登录功能。

实战：实现用户登录的功能。

步骤 1：在项目导航中打开 LoginViewController.swift 文件。在 logInPressed() 方法中添加下面的代码：

```
@IBAction func logInPressed(_ sender: AnyObject) {
    BmobUser.loginWithUsername(inBackground: nameTextfield.text!, password:
passwordTextfield.text!) { (user, error) in

    }
}
```

通过 BmobUser 类的 loginWithUsername() 方法实现用户的登录功能，它带有 3 个参数，分别是 username、password 和闭包。也就是在后台线程中完成登录过程后，会执行闭包中的代码。该闭包带 2 个参数，BmobUser 类型的用户对象信息和如果发生错误的错误信息。

步骤 2：在闭包中添加下面的代码。

```
BmobUser.loginWithUsername(inBackground: nameTextfield.text!, password:
passwordTextfield.text!) { (user, error) in
    if error != nil {
        print(error!.localizedDescription)
    }else {
        print("登录成功")
        self.performSegue(withIdentifier: "goToChat", sender: self)
    }
}
```

如果 error 不为 nil 则代表登录出现了问题，这里会打印错误信息，否则打印登录成功到 Xcode 控制台，并通过 Segue 推出到聊天控制器。

构建并运行项目，在登录成功以后会推出到 ChatViewController 视图。如图 11-11 所示。

图 11-11　用户登录成功进入到聊天控制器

11.7　表格视图

通过前面几节的实战练习，我们已经为 Happy Chat 项目实现了用户注册、登录以及退出的功能。本节我们将会开始逐步实现最后一个视图控制器，也就是聊天控制器的功能。这是我们 Happy Chat 应用中最重要的一个控制器。在这个控制器中，我们要使用一个非常重要的组件——**表格视图**（Table View）。

实际上，表格视图就是一个增强版的视图，它能够显示一定数量的单元格，并且可以进行纵向滚动。我们称它为表格视图，其实有点儿用词不当，因为一个真正的表格，它可以包含行和列。但是在 iOS 中的表格视图，它只能有一列。

在很多应用程序中，我们都会看到表格视图，比如说电子邮件、iMessage，甚至是 iPhone 的设置等。在表格视图中，我们将几个单元格组成一组，表格视图就会被分成几个部分。每一个部分（Section）都会完成相同的功能。在我们的 Happy Chat 应用中，将会使用表格视图显示所有人发送的文本消息。为了实现这一功能，我们需要将一个表格视图内嵌到 ChatViewController 的视图之中。

请仔细观察故事板中的聊天控制器视图，它已经被分割成了几部分。在视图的顶部是状态栏，这里会显示手机的信号强弱、电量、时间等。接下来是导航栏，代表当前的 ChatViewController 已经被添加到了导航控制器的堆栈之中。在其下方就是本节的重点——表格视图。它占据了我们控制器视图绝大部分的空间。但并不是所有，因为在视图的底部还有一个用于输入信息的文本框和一个发送按钮。

实际上，在聊天控制器视图中的表格视图已经添加了相应的自动布局约束。如果你想创建带有表格的控制器，最简单的方式是直接从对象库中拖曳一个**表格视图控制器**（Table View Controller）到故事板中，该视图的全部空间会被表格视图占据。如果在控制器视图中只有一部分是用于呈现表格视图的话，你可以从对象库中拖曳一个**表格视图**（Table View）到控制器视图里边。因此，表格视图控制器和表格视图是两个不同的对象，前者是包含表格视图的控制器，后者则是单纯的表格视图。

在 ChatViewController 类中，我们采用的是后者，该类中包含一个 IBOutlet 属性 messageTableView，它与视图中的表格视图关联。

[C4] **实战**：让 ChatViewController 类符合两个协议。

步骤 1：在 ChatViewController 类的声明部分，添加两个表格操作相关的协议。

```
class ChatViewController: UIViewController, UITableViewDelegate,
UITableViewDataSource {
```

它代表当前的 ChatViewController 类是表格视图的委托对象，当在表格视图中发生特定事件的时候，比如用户单击某个单元格，在某个单元格上面滑动等，ChatViewController 就会得到通知，并可以去处理这些事件。

第二个协议 UITableViewDataSource 代表当前的 ChatViewController 要负责提供在表格视图中显示的数据。

步骤 2：在 viewDidLoad() 方法中添加下面的代码。

```
override func viewDidLoad() {
  super.viewDidLoad()

  //TODO: Set yourself as the delegate and datasource here:
  messageTableView.delegate = self
  messageTableView.dataSource = self
  ......
```

此时 Xcode 编译器会报错：ChatViewController 不符合 UITableViewDataSource 协议。（Type 'ChatViewController' does not conform to protocol 'UITableViewDataSource'）这是因为 UITableViewDataSource 协议有 2 个 required 方法我们还没有实现。

步骤 3：在 TODO: Declare cellForRowAtIndexPath here: 注释行的下面添加一个方法。

```
//TODO: Declare cellForRowAtIndexPath here:
func tableView(_ tableView: UITableView, cellForRowAt indexPath: IndexPath) ->
UITableViewCell {

}
```

当表格视图中要显示一些东西的时候会调用该方法。在故事板中的表格视图里面，我们可以看到一个 Prototype Cell，如图 11-12 所示。

表格视图虽然可以显示成百上千的单元格数据，但是它却非常高效。实际上，它的工作就是载入那些只在当前会呈现到屏幕上的单元格。如图 11-13 所示，在下面的消息列表视图中，一共有 7 个单元格。

当我们决定要向上滚动视图并查看下一个单元格的内容时，当前表格视图中的所有单元格都会上移。此时，顶部的单元格会从屏幕顶端移出，出于执行效率的考虑，系统会为那个被移出的单元格填充需要的数据，然后接到底部第 7 个单元格的下面。这样，它就变成了第 8 个单元格。所以，不管用户向上或向下滚动出多少个单元格内容，实际上该表格视图只使用了不超过 10 个单元格对象。每个被滑出的单元格对象都通过复用的方式被重新填充了新的数据。

图 11-12 聊天控制器视图中的 Prototype Cell

图 11-13 聊天应用中的消息界面

tableView:cellForRowAt: 方法就是要提供将会显示在表格视图上的单元格对象。但是我们不会使用 Xcode 提供的默认单元格对象，因为默认的格式只是白色背景、黑色文本和灰色分割线，这是很低级的设计。我们希望用户看到的信息更加优雅，为了这点我们将会创建自定义的单元格。

步骤 4：在项目导航的 View/Custom Cell 里面，你可以看到项目提供的设计文件 MessageCell.xib。文件中有一个单元格，它里面包含一个 Image View 用于显示个人头像。在右侧的视图中包含上下两个 Label，上面的用于显示用户名，下面的用于显示信息。

在 Attributes Inspector 中 可 以 看 到 当 前 MessageCell 的 Identifier 属 性 被 设 置 为 customMessageCell，如图 11-14 所示。这个设置非常关键，否则我们无法在 Chat-ViewController 类中引用这个单元格对象。

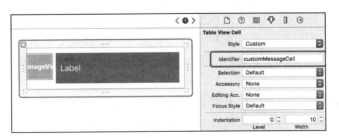

图 11-14 单元格的 Identifier 属性

在 Identifier Inspector 中可以看到当前的 MessageCell 与 CustomMessageCell 类相关联，如图 11-15 所示。

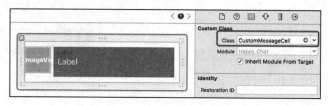

图 11-15　单元格的 Class 属性

在项目导航中还有一个 Message.swift 文件，该类管理着显示在单元格中的信息。它里面需要包含三个属性，分别对应 MessageCell 的头像、用户名和文字信息。

步骤 5：在 ChatViewController 类的 tableView:cellForRowAt: 方法中添加下面的代码。

```
func tableView(_ tableView: UITableView, cellForRowAt indexPath: IndexPath) ->
UITableViewCell {
    let cell = tableView.dequeueReusableCell(withIdentifier: "customMessageCell",
for: indexPath) as! CustomMessageCell
}
```

这里我们使用 tableView 的 dequeueReusableCell() 方法创建可以复用的单元格对象，将 identifier 参数设置为在故事板中查看到的 MessageCell 的 identifier 属性，也就是 **CustomMessageCell**。indexPath 就是从 tableView:cellForRowAt: 传递过来的参数，它代表我们要创建的单元格所呈现到表格视图中的位置。它包含两个属性：row（行）和 section（部分）。目前我们创建的单元格都是在一个 section 之中，并且默认的 section 为 0，所以只关注 row 即可。

因为在应用中我们使用了一个自定义的单元格，所以需要在最后添加一个强制转换。这样编译器就会知道单元格对象是 CustomMessageCell 类型，我们可以直接访问其内部的三个 IBOutlet 属性，例如 avatarImageView、messageBody 和 senderUsername。

当我们载入表格视图的时候，TableView 就会通过 delegate 调用该方法所要单元格对象。ChatViewController 就会拆分集合中的数据，并将它们分别显示到单元格里面。至于应该创建的是表格视图中的第几个单元格，我们会通过 cellForRowAt 参数得到顺序。基本上我们的单元格顺序与 indexPath 的 row 属性值一致。

创建单元格的代码类也非常简单，只需要创建一个新的 Cocoa Touch Class 文件，将 Subclass of 设置为 **UITableViewCell**，并且勾选 Also create XIB file，然后定义 Class 的名称即可，如图 11-16 所示。

在项目导航中，我们可以看到新添加了两个文件——NewTableViewCell.swift 和 NewTableViewCell.xib。其中 NewTableViewCell.xib 是单元格的设计文件。我们可以将这两个文件通过 IBOutlet 连接到代码文件中并创建单元格的拷贝，如图 11-17 所示。

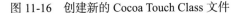

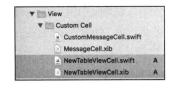

图 11-16　创建新的 Cocoa Touch Class 文件　　　图 11-17 新创建的 NewTableViewCell 类

因为在 Happy Chat 项目中已经创建好了 CustomMessageCell 类，所以我们先将刚刚创建的 NewTableViewCell 类的两个文件删除。

步骤 6：为了可以在 ChatViewController 中使用 CustomMessageCell 类，需要先在 viewDidLoad() 方法中进行注册。

```
//TODO: Register your MessageCell.xib file here:
messageTableView.register(UINib(nibName: "MessageCell", bundle: nil),
forCellReuseIdentifier: "customMessageCell")
```

该方法会注册一个 Nib 对象，Nib 文件就是早期开发中的 Xib 文件，它们都同属于设计文件。这里的 Nib 文件包含供表格视图使用的单元格设计文件，但是该文件并没有设置它的标识。register() 方法的第一个参数是 UINib 类型的对象，其中 nibName 是项目中单元格的 xib 文件，而 forCellReuseIdentifier 参数是 xib 文件中单元格对象的 identifier 属性值。

步骤 7：在 tableView:cellForRowAt: 方法中添加一个临时数组。

```
//TODO: Declare cellForRowAtIndexPath here:
func tableView(_ tableView: UITableView, cellForRowAt indexPath: IndexPath) ->
UITableViewCell {
    let cell = tableView.dequeueReusableCell(withIdentifier: "customMessageCell",
for: indexPath) as! CustomMessageCell

    let messageArray = ["第一条信息"," 第二条信息 "," 第三条信息"]
    cell.messageBody.text = messageArray[indexPath.row]
    return cell
}
```

messageArray 数组只是在测试阶段显示临时信息的数组，之后我们会通过 indexPath. row 得到与当前单元格匹配的文字信息，并将其赋值给 cell.messageBody 的 text 属性。还记得 cell 是 CustomMessageCell 类型，该类型中包含几个 IBOutlet 属性，其中一个就是 messageBody，它与 MessageCell.xib 中单元格里面的 Label 关联。

如果应用程序运行到聊天控制器，当呈现表格视图的时候，在第一次调用

tableView:cellForRowAt: 方法时，indexPath.row 的值为 0，因此"第一条信息"会被赋值到第一个单元格的 messageBody 属性，进而显示在 Label 上。

我们调用的 tableView:cellForRowAt: 方法需要返回一个 UITableViewCell 类型的对象，所以在该方法中，我们首先设置了预先设计好的 CustomMessageCell 类，然后设置了单元格的 messageBody 属性，最后将这个单元格对象返回到表格视图里面。

接下来，我们还需要指定表格视图显示多少个单元格。

步骤 8：在 TODO: Declare numberOfRowsInSection here: 注释的下面添加一个方法。

```
//TODO: Declare numberOfRowsInSection here:
func tableView(_ tableView: UITableView, numberOfRowsInSection section: Int) ->
Int {
    return 3
}
```

该方法的返回值为 Int 类型，也就是要告诉表格视图每个 section 中有多少个单元格。其中 section 会通过 numberOfRowsInSection 参数告诉我们，我们会根据这个参数来设置每个 section 的单元格数。

目前，我们会在表格视图中显示 messageArray 数组中的内容，所以将返回值设置为 3。

如果我们想在表格视图中创建多个 section，那还需要实现 UITableViewDataSource 协议中的可选方法 numberOfSections()，来指定表格视图中有多少个 section。例如：

```
func numberOfSections(in tableView: UITableView) -> Int {
    return 1
}
```

构建并运行项目，在登录成功以后，你可以在表格视图中看到 3 个单元格。但是目前的显示出现了一点儿 Bug，如图 11-18 所示。这是因为表格视图中的单元格默认高度均为 44 个点，但是在聊天应用中，我们可能会输入很长的信息，因此不能将单元格的高度限制为 44 个点。

为了解决这个问题，我们已经在 CustomMessageCell 中设置了约束，为了激活这些约束，也就相当于告诉表格视图所创建的单元格要基于其呈现内容的多少。如果 messageBody 中的内容很多，则要调整单元格的尺寸。我们需要创建一个新的方法。

图 11-18　在聊天控制器中呈现的三个单元格

📇 **实战**：根据内容动态调整单元格的高度。

步骤 1：在 ChatViewController 类的 TODO: Declare configureTableView here: 注释的下面，添加一个新的方法。

```
func configureTableView() {
  messageTableView.rowHeight = UITableViewAutomaticDimension
  messageTableView.estimatedRowHeight = 120.0
}
```

UITableViewAutomaticDimension 用于指定表格视图使用一个给定的尺寸作为单元格高度的默认值。estimatedRowHeight 属性指定一个预估的高度，这里设置为 120.0 个点。这个高度值差不多是大部分信息足够的高度值。通过 UITableViewAutomaticDimension 的设置，如果你预估的高度不正确，表格视图会利用约束自动调整单元格尺寸。

步骤 2：在 viewDidLoad() 方法的最后，添加对 configure-
TableView( ) 的调用。

为了验证是否解决了 Bug，我们可以将 messageArray 中的字符串元素写得更长些，构建并运行项目，如图 11-19 所示。

在本节的前面，我们临时创建了一个 messageArray 数组来显示聊天信息。但实际上，我们需要通过 Model 来呈现真实的聊天信息。

在项目导航选中 Model 文件夹中的 Message.swift 文件，当前该类中并没有任何的属性和方法。我们需要在这里指定聊天信息的所有属性。

图 11-19　按照内容动态设置单元格高度

在 Message 类中添加两个属性。

```
class Message {

  //TODO: Messages need a messageBody and a sender variable
  var sender: String = ""
  var messageBody: String = ""
}
```

现在我们已经完成了数据模型类的创建，接下来将使用它来存储和呈现聊天信息。

11.8　了解 UI 动画

作为一名 iOS 程序员，我们多少要有一些编写代码动画的技能。这次我们将会学习关于渐变动画的相关知识。渐变动画涉及一个图像或视图的开始和结束的位置，通过设置一个过渡时间来生成这个动画。计算机会自动绘制开始和结束之间的所有的动画效果。

在 Happy Chat 项目中，我们同样需要让视图实现动画效果。在聊天控制器中，当用户单击视图底部的文本框输入文字信息的时候，会弹出虚拟键盘。这就需要控制器在弹出虚拟键盘的时候腾出一部分空间。这也就是为什么在 ChatViewController 类中会定义一个 NSLayoutConstraint 类型的 heightConstraintIBOutlet 属性。

heightConstraint 关联的既不是视图也不是按钮，而是一个约束，是针对屏幕底部视图的高度约束。如图 11-20 所示。当用户在文本框中输入信息的时候，需要通过代码将高度约束值变得大些，这会让文本框向上提升一个高度，以至于不会遮挡从下方滑出的虚拟键盘。

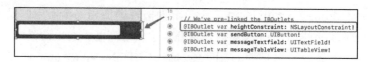

图 11-20　在故事板中的高度约束

整个过程的第一步需要检测用户是否将焦点定位到文本框里面。

🖥 **实战**：动态改变约束值。

步骤 1：为 ChatViewController 类添加 UITextFieldDelegate 协议。

```
class ChatViewController: UIViewController, UITableViewDelegate,
UITableViewDataSource, UITextFieldDelegate {
```

通过该协议，我们可以在控制器类中接收到用户与文本框互动的消息。

步骤 2：在 viewDidLoad() 方法 //Set yourself as the delegate of the text field here: 注释语句的下面，设置 messageTextfield 的 delegate 属性。

```
//TODO: Set yourself as the delegate of the text field here:
messageTextfield.delegate = self
```

如果你仔细回忆的话，可能会记得在之前添加其他协议的时候，编译器总是会报错让我们创建必须实现的委托方法。此时编译器并没有报错，这是因为 UITextFieldDelegate 协议中都是可选方法。即我们可以不必在委托对象的类中定义这些方法，如果定义了这些方法，会在相关事件发生的时候调用它；而如果没有定义，则会在事件发生时跳过，此时控制器不会有任何操作。

步骤 3：在 TODO: Declare textFieldDidBeginEditing here: 注释代码的下面创建委托方法。

```
//TODO: Declare textFieldDidBeginEditing here:
func textFieldDidBeginEditing(_ textField: UITextField) {
  heightConstraint.constant = 308
  view.layoutIfNeeded()
}
```

当用户开始在文本框中编辑文字的时候会激活该方法，至于是哪个文本框，则是通过之前在 viewDidLoad() 方法中的 messageTextfield.delegate = self 代码决定。

一般来说，虚拟键盘的高度是 290 个点，所以不想键盘被遮挡的话，需要将高度约束从 50 调整为 340 以上，这里我们将高度约束的 constan 属性修改为 348。在修改完约束值以后，我们还需要调用 UIView 的 layoutIfNeed() 方法让所有屏幕上的视图重新绘制，包括更新后的约束。

　　构建并运行项目，在单击进入文本框以后，底部视图的高度立即发生了变化。如果此时在模拟器中使用快捷键 Command + K 则会从屏幕底部滑出虚拟键盘，如图 11-21 所示。

　　在真实的设备上，每次我们单击文本框都会弹出虚拟键盘，但是现在视图高度的变化效果非常糟糕，我们希望以动画的方式来呈现视图高度的变化。

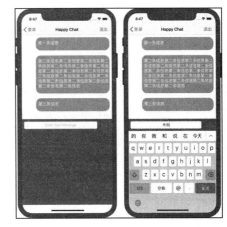

图 11-21　在模拟器中弹出虚拟键盘后的效果

　实战：以动画的方式来呈现虚拟键盘。

　　步骤 1：修改 textFieldDidBeginEditing() 方法中的代码。

```
func textFieldDidBeginEditing(_ textField: UITextField) {
  UIView.animate(withDuration: 0.5, animations: {
    self.heightConstraint.constant = 348
    self.view.layoutIfNeeded()
  })
}
```

　　其中，withDuration 参数代表动画的时长。animations 是闭包，代表我们要实现的动画，这里我们需要更新约束值，因为是在闭包之中，所以还要加上 self.。

　　构建并运行项目，可以看到视图高度变化的动画效果，比之前的效果平滑了很多。

　　步骤 2：在 TODO: Declare textFieldDidEndEditing here: 注释代码的下面创建委托方法。

```
//TODO: Declare textFieldDidEndEditing here:
func textFieldDidEndEditing(_ textField: UITextField) {
  UIView.animate(withDuration: 0.5) {
    self.heightConstraint.constant = 50
    self.view.layoutIfNeeded()
  }
}
```

　　这里通过动画的方式，将视图的高度调整回 50。

　　如果此时构建并运行项目的话，虽然可以顺利滑出虚拟键盘，但是目前还没有某个事件可以结束文本框的编辑状态。接下来，我们需要实现的效果是当用户单击文本框以外的任何区域，比如表格视图，就可以结束文本框的编辑状态，从而让虚拟键盘消失，底部视图回到之前的高度约束值。

　　为了实现这个效果，我们需要创建一个自定义手势识别，当用户用手单击表格视图以后激活文本框编辑结束事件。

步骤 3：在 viewDidLoad() 方法的 TODO: Set the tapGesture here: 注释语句的下面，添加这样的代码。

```
//TODO: Set the tapGesture here:
let tapGesture = UITapGestureRecognizer(target: self, action:
#selector(tableViewTapped))
messageTableView.addGestureRecognizer(tapGesture)
```

首先，通过 UITapGestureRecognizer 类初始化一个单击手势识别对象，当有符合该手势的交互操作时，就会调用 self.tableViewTapped() 方法。第二行是将该手势识别添加到表格视图上，也就意味着只有在表格视图中才会识别该手势并执行相应的方法。

此时编译器会报错，因为我们还没有创建 tableViewTapped() 方法。

步骤 4：在 TODO: Declare tableViewTapped here: 注释语句的下面，创建一个新的方法。

```
//TODO: Declare tableViewTapped here:
func tableViewTapped() {
  messageTextfield.endEditing(true)
}
```

当用户单击表格视图以后，就会结束 messageTextfield 的编辑状态。

此时编译器又会报另外一个错误：Argument of '#selector' refers to instance method 'tableViewTapped()' that is not exposed to Objective-C。如果发生这种情况，只需单击 Fix 按钮，Xcode 会为我们修复这个问题。编译器会将 tableViewTapped() 方法明确标记为 @objc，如同 @objc func tableViewTapped()。

在这里我们接触到了一个新的关键字——selector，selector 并不复杂，但它是很久之前 iOS 开发所使用的 Objective-C 语言遗留下来的。现在，Objective-C 语言还有很多非常好的东西，不过也有一些不适合现代开发语言的东西。在 Swift 语言中使用的 selector 就来自于 Objective-C，它会执行类中的方法，但是在应用程序运行之前，编译器并不知道这个方法。只是在运行过程中，我们才会使用 selector 去决定执行哪个方法。

构建并运行项目，在滑出虚拟键盘的情况下，单击表格视图，虚拟键盘消失，高度约束变为 50，如图 11-22 所示。

图 11-22　虚拟键盘出现和消失后的界面效果

11.9 发送消息

在本节中，我们将实现发送消息到 Bmob 云端数据库的功能。为了实现这个功能，我们必须在 IBAction 方法 sendPressed() 中添加一些代码。当用户在单击**发送**按钮以后，应用就会将文本框中的内容发送到云端数据库。

首先我们要做的就是在用户单击**发送**按钮以后，强制让文本框处于结束编辑状态，这样虚拟键盘便会消失。

步骤 1：在 ChatViewController 类的 sendPressed() 方法中添加一行代码。

```
@IBAction func sendPressed(_ sender: AnyObject) {
  messageTextfield.endEditing(true)

  //TODO: Send the message to Bmob and save it in our database
  messageTextfield.isEnabled = false
  sendButton.isEnabled = false

}
```

在用户单击**发送**按钮以后，我们暂时让文本框和按钮处于禁止状态，因为我们不想在数据传输到云端的过程中，允许用户再次提交新的聊天信息。

步骤 2：继续在 sendPressed() 方法中添加代码。

```
@IBAction func sendPressed(_ sender: AnyObject) {
  messageTextfield.endEditing(true)

  //TODO: Send the message to Bmob and save it in our database
  messageTextfield.isEnabled = false
  sendButton.isEnabled = false

  let user = BmobUser.current()

  let chatMessage = BmobObject(className: "Message")
  chatMessage?.setObject(user?.username, forKey: "Sender")
  chatMessage?.setObject(messageTextfield.text, forKey: "MessageBody")

}
```

这 里 通 过 BmobUser 的 current() 方 法 获 取 到 当 前 登 录 的 用 户 信 息，然 后 使 用 BmobObject 类实例化云端的 Message 数据表，如果云端不存在该表的话则会直接创建。

接下来，我们在表中添加了一行记录，Sender 字段为发送消息的人名，MessageBody 字段则是消息内容。

步骤 3：继续在 sendPressed() 方法的最后添加下面的代码。

```
@IBAction func sendPressed(_ sender: AnyObject) {
  messageTextfield.endEditing(true)
  ......
```

```
chatMessage?.saveInBackground{ (isSuccessed, error) in
  if error != nil {
    // 发生错误
    print("error is \(error!.localizedDescription)")
  }else{
    print(" 聊天信息存储云端成功 ")
    self.messageTextfield.isEnabled = true
    self.sendButton.isEnabled = true
    self.messageTextfield.text = ""
  }
 }
}
```

通过 BmobObject 类的 saveInBackground() 方法，我们将聊天记录添加到云端的 Message 数据表中。如果存储成功，我们还需要恢复之前禁用的两个控件的功能，并清空文本框中已经被提交的信息。

构建并运行项目，在文本框中输入一些文字，然后单击**发送**按钮。如果一切正常，可以在控制台中看到聊天信息存储云端成功的日志信息。

为了验证代码是否正确，我们可以登录 Bmob.cn，在控制台中查看 Message 数据表中是否包含所提交的信息，如图 11-23 所示。

图 11-23   在 Bmob 网站的控制台中查看提交的消息

11.10   通过 Bmob 监听数据表的变化

在成功将聊天信息添加到云端数据表以后，接下来让我们先把之前用于测试的垃圾信息清除掉。

实战：整理之前用于测试的垃圾信息。

步骤 1：在 ChatViewController 类中创建一个新的属性。

```
// Declare instance variables here
var messageArray: [Message] = [Message]()
```

这里创建了一个 Message 类型的数组，使用 [类名称]() 的方式初始化了一个新的没有包含任何元素的数组对象。

步骤 2：在 TODO: Create the listen method here: 注释语句的下面，创建一个方法用于

监听云端数据表的变化。

```
//TODO: Setup the listen method here:
func listen() {
  let event = BmobEvent.default()
  if let event = event {
    event.delegate = self
    event.start()
  }
}
```

该方法会创建一个默认的 BmobEvent 对象，我们通过它来监听云端数据表的变化。如果 event 创建成功，则继续设置 event 的 delegate 属性，并让其开始监听。

> 技巧 这里使用了 if let event = event 代码来将 event 可选绑定。其中后面的 event 是通过其上一行代码声明的常量，而前者的 event 则是在当前 if 语句中生成的新常量。后者的 event 常量的生存期仅限于 if 语句的执行体内部。整个 if 语句的意思是：如果上一行的常量 event 为 nil，则跳过整个 if 语句。如果不为 nil，则会将值赋给 if 语句内部的 event 常量，在 if 语句体内部调用的都是这个 event 常量。

此时，编译器会报错：Cannot assign value of type 'ChatViewController' to type 'BmobEventDelegate!'，这是因为虽然将当前的 ChatViewController 设置为 BmobEvent 的委托对象，但是在类声明的时候，并没有让 ChatViewController 符合 BmobEventDelegate 协议。

步骤3：修改 ChatViewController 类的声明。class ChatViewController: UIViewController, UITableViewDelegate, UITableViewDataSource, UITextFieldDelegate, BmobEventDelegate {。

接下来，我们需要实现 BmobEventDelegate 协议中的 5 个委托方法。

步骤4：在 MARK:- BmobEvent Delegate Methods 注释语句的下面，添加这 5 个委托方法。

```
// 告知控制器监听功能已经连接上云端 Bmob 服务器
func bmobEventDidConnect(_ event: BmobEvent!) {
  print(event.description)
}

// 告知控制器监听可以订阅或者取消订阅
func bmobEventCanStartListen(_ event: BmobEvent!) {
  event.listenTableChange(BmobActionTypeUpdateTable, tableName: "Message")
}

// 在订阅监听时，接收信息
func bmobEvent(_ event: BmobEvent!, didReceiveMessage message: String!) {
  print("didReceiveMessage \(message)")
}
```

```
// BmobEvent 发生错误时
func bmobEvent(_ event: BmobEvent!, error: Error!) {
  print(error.localizedDescription)
}

// 告知控制器监听功能连接不了云端 Bmob 服务器
func bmobEventDidDisConnect(_ event: BmobEvent!, error: Error!) {
}
```

当 event.start() 被执行以后，event 就会调用 delegate（也就是 ChatViewController 类）对象的 bmobEventDidConnect() 方法确认监听功能是否连接上云端的 Bmob 服务器。如果失败则会调用 bmobEvent:error: 方法传递错误信息。

在成功连接以后，BmobEvent 会调用 bmobEventCanStartListen() 方法询问监听哪个数据表的哪个动作，涉及的动作有：表更新（BmobActionTypeUpdateTable）、行更新（BmobActionTypeUpdateRow）、表删除（BmobActionTypeDeleteTable）和行删除（BmobActionTypeDeleteRow）。

构建并运行项目，此时控制台会打印错误信息：The operation couldn't be completed.(SocketIOError error -6.)，这还是由于苹果的网络安全策略导致的。仿照之前 Weather 项目的操作，在 Info.plist 文件中添加两个配置信息。

```
<key>NSAppTransportSecurity</key>
  <dict>
    <key>NSAllowsArbitraryLoads</key>
    <true/>
  </dict>
```

再次构建并运行项目，可以发现运行一切正常。虽然目前还没有从 bmobEvent:didReceiveMessage: 方法中得到任何消息，但是一旦我们在文本框中输入一些聊天信息，然后单击**发送**按钮，控制台就会显示出 BmobEvent 反馈的信息。

```
didReceiveMessage Optional("{\"appKey\":\"088e9ca802449a3117c23e1066585629\
",\"tableName\":\"Message\",\"objectId\":\"\",\"action\":\"updateTable\",\"data\
":{\"MessageBody\":\" 乐 乐 你 好 □ \",\"Sender\":\"lele\",\"createdAt\":\"2018-02-19
12:36:05\",\"objectId\":\"cee3fb59ae\",\"updatedAt\":\"2018-02-19 12:36:05\"}}")
```

📖 **实战**：从 Bmob 云端获取消息信息。

步骤 1：我们要利用之前的 SwiftyJSON 解析这些 JSON 格式的数据。修改 Podfile 文件，添加 Pod 'SwiftyJSON' 的第三方类库，然后在终端中执行 pod update 命令。

步骤 2：在安装好 SwiftyJSON 以后，需要在 Xcode 中按 Command+B 组合键重新编译项目，然后在 ChatViewController 中导入 SwiftyJSON。

步骤 3：修改 bmobEvent:didReceiveMessage: 方法。

```swift
func bmobEvent(_ event: BmobEvent!, didReceiveMessage message: String!) {
    let messageJSON: JSON = JSON(message!)
    print(messageJSON)
}
```

这里将从云端传递过来的JSON格式数据转换为可以直接使用的对象。在jsoneditoronline.org网站中可以解析出相应的数据结构。这里我们需要的是data中的MessageBody和Sender两个信息，如图11-24所示。

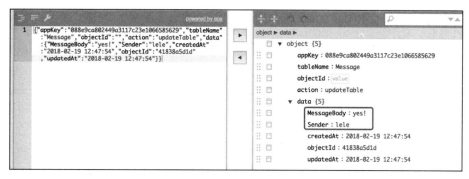

图 11-24　分析从 Bmob 云端数据库中传回的数据

步骤4：继续修改 bmobEvent:didReceiveMessage: 方法。

```swift
func bmobEvent(_ event: BmobEvent!, didReceiveMessage message: String!) {
    let messageJSON: JSON = JSON(parseJSON: message)
    print(messageJSON)

    let text = messageJSON["data"]["MessageBody"]
    let sender = messageJSON["data"]["Sender"]

    let message: Message = Message()
    message.messageBody = text.stringValue
    message.sender = sender.stringValue

    self.messageArray.append(message)
    self.configureTableView()
    self.messageTableView.reloadData()
}
```

这里通过SwiftyJSON类将获取到的MessageBody和Sender信息赋值给Message类型的对象。然后，我们把新生成的Message对象添加到messageArray数组之中。在新加入聊天信息以后我们需要重置表格视图的高度，所以要执行configureTableView()方法，最后再通过表格视图的reloadData()方法重新刷新表格视图。

步骤5：在tableView:cellForRowAt:方法中，删除之前测试用的数组，然后修改相关代码。

```
func tableView(_ tableView: UITableView, cellForRowAt indexPath: IndexPath) ->
UITableViewCell {
    let cell = tableView.dequeueReusableCell(withIdentifier: "customMessageCell",
for: indexPath) as! CustomMessageCell

    cell.messageBody.text = messageArray[indexPath.row].messageBody
    cell.senderUsername.text = messageArray[indexPath.row].sender
    cell.avatarImageView.image = UIImage(named: "egg")

    return cell
}
```

步骤 6：修改 tableView:numberOfRowsInSection: 方法中的代码，返回 messageArray 数组的元素个数。

```
func tableView(_ tableView: UITableView, numberOfRowsInSection section: Int) ->
Int {
    return messageArray.count
}
```

构建并运行项目，可以看到聊天信息被添加到表格视图之中，如图 11-25 所示。

图 11-25　聊天信息被添加到云端数据库中

或者你还可以打开两个模拟器，然后用不同的账号登录，互相发送消息，效果如图 11-26 所示。

图 11-26　从 Bmob 云端监听数据到本地

11.11　进一步完善用户体验和用户界面

虽然我们的 Happy Chat 的项目制作已经接近了尾声，但是在代码中还有很多 print 语句，print 语句是将一些关键信息打印到控制台，便于程序员随时查看当前的运行状态。但是对于用户来说，我们需要通过一种机制让用户知道这个时候我们正在与云端服务器进行数据交换或进行验证。

11.11.1　利用 Progress Spinner 改善用户体验

在用户登录的时候，我们可以在进行网络数据传输与验证的时候，显示一个进度指示器，这样当用户单击按钮的时候，会通过指示器告诉他们当前正在进行着一项网络操作，从而改善用户体验。

还记得之前我们通过 CocoaPods 方式安装的 SVProgressHUD 吗？接下来，我们就使用它来制作这个效果。

步骤 1：在 LoginViewController 类中导入该类库，import SVProgressHUD。

步骤 2：一旦用户单击**登录**按钮，就激活了该方法。

```
@IBAction func logInPressed(_ sender: AnyObject) {
  SVProgressHUD.show()
  ……
```

SVProgressHUD 类的 show() 方法会显示一个旋转的圆圈，告诉用户该应用当前正在处理一些事情，请耐心等待。

步骤 3：在用户认证成功以后，执行 Segue 跳转之前，我们让其消失。

```
if error != nil {
  print(error!.localizedDescription)
}else {
  print(" 登录成功 ")
  SVProgressHUD.dismiss()
  self.performSegue(withIdentifier: "goToChat", sender: self)
}
```

步骤 4：在 RegisterViewController 中的用户注册部分添加同样的效果。

```
@IBAction func registerPressed(_ sender: AnyObject) {

  SVProgressHUD.show()
  ……
  user.signUpInBackground() { (isSuccessful, error) in
    if isSuccessful {
    print(" 注册成功 ")
      SVProgressHUD.dismiss()
      self.performSegue(withIdentifier: "goToChat", sender: self)
    }else{
      print(" 注册失败，错误原因: \(error!.localizedDescription)")
    }
  }
}
```

构建并运行项目，在用户登录和注册的时候可以看到
SVProgressHUD 的效果，如图 11-27 所示。

11.11.2 区别不同的用户

本项目的最后一件事情就是改善应用程序的外观，虽然读
这本书的大都是程序员，不会天天去做设计的工作，但是某些
基本的地方还是要我们亲自去处理的。

当前不管是哪位用户的聊天消息，在表格视图中都是同样
的风格，接下来我们需要通过 ChameleonFramework 区分它们
的风格。

图 11-27　SVProgressHUD
的效果

C:\ **实战**：改善应用程序的外观。

步骤 1：在 ChatViewController 类中导入框架 ChameleonFramework。
步骤 2：在 ChatViewController 的 viewDidLoad() 方法的最后，添加一行代码。

```
override func viewDidLoad() {

  super.viewDidLoad()
  ……
  // 设置表格视图中没有单元格之间的分割线
```

```
messageTableView.separatorStyle = .none
}
```

接下来我们需要借助 Chameleon 为不同的用户设置不同的风格。Chameleon（变色龙）是一款轻量级但功能强大的 iOS 平板颜色框架。它可以让我们的应用轻而易举地保持美丽的界面。

变色龙是市面上第一个也是唯一一个专注于"平面色彩（flat color）"的颜色框架。使用变色龙，可以不用记忆那些 UIColor RGB 值，节省数个小时去计算出你 App 所使用的正确颜色组合。

步骤3：在 tableView:cellForRowAt: 方法中，添加下面的代码。

```
func tableView(_ tableView: UITableView, cellForRowAt indexPath: IndexPath) ->
UITableViewCell {
    ......
    if cell.senderUsername.text == BmobUser.current().username {
        cell.avatarImageView.backgroundColor = UIColor.flatMint()
        cell.messageBackground.backgroundColor = UIColor.flatSkyBlue()
    }else {
        cell.avatarImageView.backgroundColor = UIColor.flatWatermelon()
        cell.messageBackground.backgroundColor = UIColor.flatGray()
    }
    return cell
}
```

这里我们需要先判断当前的消息是来自自己还是其他人，如果是自己则让单元格的头像背景色为薄荷色，消息的背景色为天空蓝。如果是其他人的话则是西瓜红和灰色。

构建并运行项目，同时打开两个模拟器，然后用两个用户的身份发送消息，可以看到最终的效果，如图 11-28 所示。

图 11-28　不同用户通过颜色来区分

Chapter 12 第 12 章

Git、GitHub 和版本控制

本章我们将重点学习如何使用 Git 和 GitHub 来帮助我们更加方便地维护项目。在之前的学习中，我们仅仅是跟随本书所提供的链接，从 GitHub 网站下载初始的骨架项目。本章则会正式向大家介绍 Git 是如何工作的，以及如何使用它完成各种任务。也将介绍如何使用 Xcode 及命令行进行版本控制、克隆仓库和做分支等。

12.1　版本控制和 Git

假设我们创建了一个全新的 Swift 文件，并在其中写了几行代码，那么现在就可以通过 Git 将其推送到版本控制系统之中，我们称这次的保存为保存点一，它代表这是第一次保存。

之后我又写了几行代码，并将其再次推送到版本控制系统，我们管它叫保存点二。再之后的两次版本修改，依次叫保存点三、保存点四。但是，在最后一次修改代码的时候，我故意搞乱了很多代码，导致代码文件根本无法正常运行，并且也无法修复，因此我只能把最后这个版本的代码文件删除并销毁。

但是作为开发者，我们肯定会清楚地知道，在销毁了一个文件以后，项目的运行可能会发生问题，这是因为代码文件之间都是相互联系、相互引用的，所以我们急需回滚到之前的一个正常版本。这就是 Git 的作用。

当然我们也可以使用其他工具来完成上述事情，但是 Git 是现今最流行的工具。我们可以通过 Git 比对当前的这个混乱版本代码与之前的正常版本代码的不同，或者使用最简单的方式回滚到之前的保存点四，甚至于回滚到保存点三等更早期的版本。

12.2 使用 Git 和命令行进行版本控制

我们会通过一个实例向大家展示如何通过 Git 命令行来进行版本控制。

步骤1：打开 MacOS 系统的终端应用程序——Terminal，然后在终端导航到当前用户的**桌面**（Desktop）目录。再创建一个新的目录 Story，并进入 Story 目录。

```
cd ~/Desktop
mkdir Story
cd Story
```

步骤2：在 Story 目录中创建一个新的 chapter1.txt 文件，并在该文件中输入一些文字信息，保存并退出。

```
touch chapter1.txt
open chapter1.txt    // 或者使用 vim chapter1.txt 命令编辑该文件
```

步骤3：为 Story 目录创建一个本地仓库，并跟踪该目录中所有文件的改变，我们需要在 Story 目录中键入 git init 命令。

```
git init
```

此时命令行会提示"初始化了一个空的 Git 仓库在 Story/.git/"，如图 12-1 所示。

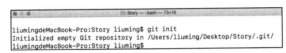

图 12-1　执行 git init 命令

此时通过 Finder 在 Story 目录中你看不到任何的变化，但是在终端中执行 ls -a 命令，你就会发现 Story 目录中多出一个 .git 的隐藏目录，该目录会用于跟踪你提交的所有改变，从而实现版本控制。

当前的 Story 目录也叫**工作目录**，我们使用这个目录来学习版本控制。目前，我们只是开始跟踪文件的改变，比如 chapter1.txt 文件。然后，我需要添加这个文件到**暂存区**（Staging Area）。暂存区基本上是一个中间区域，你在这里可以选取目录中需要提交的文件。

步骤4：使用 git status 命令查看当前暂存区的状况，红色代表它目前还是未被跟踪的文件，比如 chapter1.txt。它当前只是存在于工作目录之中，但是并没有进入暂存区。

```
liumingdeMacBook-Pro:Story liuming$ git status
On branch master

No commits yet

Untracked files:
  (use "git add <file>..." to include in what will be committed)
```

```
chapter1.txt
```

```
nothing added to commit but untracked files present (use "git add" to track)
```

步骤 5：使用 git add chapter1.txt 命令，将文件添加在暂存区中。再次执行 git status 命令即可发现文件变成了绿色，如图 12-2 所示。现在暂存区中的文件就具备了被提交的条件。

```
● ● ●                    Story — -bash — 73×16
liumingdeMacBook-Pro:Story liuming$ git add chapter1.txt
liumingdeMacBook-Pro:Story liuming$ git status
On branch master

No commits yet

Changes to be committed:
  (use "git rm --cached <file>..." to unstage)

        new file:   chapter1.txt
```

图 12-2　添加文件到暂存区

步骤 6：使用 git commit -m "完成 Chapter 1" 命令提交，如图 12-3 所示。命令参数 -m 之后的双引号中代表的是提交信息，这个参数非常重要，它可以帮助我们跟踪提交过程中都做了哪些改变。

```
● ● ●                    Story — -bash — 73×14
liumingdeMacBook-Pro:Story liuming$ git commit -m "完成 Chapter 1"
[master (root-commit) a88a2db] 完成 Chapter 1
 1 file changed, 1 insertion(+)
 create mode 100644 chapter1.txt
liumingdeMacBook-Pro:Story liuming$ ▮
```

图 12-3　将暂存区的修改提交到 Git 仓库

当我们创建保存点的时候，你需要尽可能标记从前一次提交到当前版本都做了哪些改变。提交信息可以完全根据你自己的需求来定，比如可以是将"初始化提交"作为初始信息；或者你想更加有针对性，可以是"完成 Chapter 1"。

步骤 7：通过 git log 命令可以查看之前提交的信息，如图 12-4 所示。

```
● ● ●                    Story — -bash — 73×14
liumingdeMacBook-Pro:Story liuming$ git log
commit a88a2dbae9a1a393a8571069c1fee3d83e50f79e (HEAD -> master)
Author: Liuming <liuming_cn@qq.com>
Date:   Wed Feb 14 10:27:56 2018 +0800

        完成 Chapter 1
liumingdeMacBook-Pro:Story liuming$ ▮
```

图 12-4　查看目前仓库的状态

终端所列出的信息包括提交的时间（Date）、提交的作者（Author）及哈希数（类似于a88a2dbae9a1a393a8571069c1fee3d83e50f79e）。其中，这个哈希数是本次提交的唯一标识。信息的最后是关于本次提交的文本信息。

步骤 8：使用 touch 命令，再创建 chapter2.txt 和 chapter3.txt 两个文件，并使用 open 命令为文件添加文字内容。

步骤 9：通过 git status 命令可以知道 chapter2.txt 和 chapter3.txt 两个文件目前没有被添加到暂存区。你可以通过类似于之前的命令将两个文件一个一个添加到暂存区，或者直接使用 git add . 命令将目录中所有的文件都添加到暂存区，如图 12-5 所示。

```
● ● ●                     Story — -bash — 73×20
liumingdeMacBook-Pro:Story liuming$ git status
On branch master
Untracked files:
  (use "git add <file>..." to include in what will be committed)

        chapter2.txt
        chapter3.txt

nothing added to commit but untracked files present (use "git add" to tra
ck)
liumingdeMacBook-Pro:Story liuming$ git add .
liumingdeMacBook-Pro:Story liuming$ git status
On branch master
Changes to be committed:
  (use "git reset HEAD <file>..." to unstage)

        new file:   chapter2.txt
        new file:   chapter3.txt
```

图 12-5　使用 git add . 命令添加多个文件到暂存区

步骤 10：使用 git commit -m " 完成 Chapter 2 和 Chapter 3" 命令完成提交操作，再利用 git log 命令查看提交信息，如图 12-6 所示。

```
● ● ●                     Story — -bash — 73×20
liumingdeMacBook-Pro:Story liuming$ git commit -m "完成 Chapter2和Chapter
3"
[master 0c7ec43] 完成 Chapter2和Chapter 3
 2 files changed, 2 insertions(+)
 create mode 100644 chapter2.txt
 create mode 100644 chapter3.txt
liumingdeMacBook-Pro:Story liuming$ git log
commit 0c7ec43735f03dbfb9450e9894c5fd28e8cb8b9b (HEAD -> master)
Author: Liuming <liuming_cn@qq.com>
Date:   Wed Feb 14 10:54:54 2018 +0800

    完成 Chapter2和Chapter 3

commit a88a2dbae9a1a393a8571069c1fee3d83e50f79e
Author: Liuming <liuming_cn@qq.com>
Date:   Wed Feb 14 10:27:56 2018 +0800

    完成 Chapter 1
liumingdeMacBook-Pro:Story liuming$
```

图 12-6　查看第二次提交的信息

现在可以在列表中看到两个提交信息，它们的哈希数值并不相同。

让我们重新梳理一下整个 Git 流程。在工作区 Story 目录中我们创建了一个文件，这里我们使用 git init 初始化这个工作区并创建本地仓库。之后，我们使用 git add 将文件添加到暂存区中。为什么要有暂存区的存在呢？有时候你可能不想要所有的文件被跟踪和提交，通过暂存区可以筛出你想跟踪的文件。一旦暂存区中的文件有了改动，我们可以使用 git commit 将其提交到本地仓库（Local Repository）。

现在我们的文件已经进入本地仓库中，这也就意味着即使弄坏了文件，我们仍然可以使用 git checkout 命令将文件回滚到之前提交的一个版本。

实战练习：回滚操作。

步骤 1：打开 chapter3.txt 文件，修改其中的内容，然后保存。至于混乱的文件内容，我们大可不必担心，我们会回滚到之前的版本。

步骤 2：使用 git status 命令查看目前有过改动的文件为 chapter3.txt。然后使用 git diff chapter3.txt 命令查看两个版本之间的不同，如图 12-7 所示。

图 12-7　对比文件修改前后的不同

其中红色部分是之前的文本，而绿色部分是修改以后的文本。

步骤 3：使用 git checkout chapter3.txt 命令，将 chapter3.txt 文件回滚到之前的一个版本，如图 12-8 所示。

图 12-8　将 chapter3.txt 文件回滚到之前的版本

12.3　GitHub 和远程仓库

在上一节中，我们学习了如何在本地实现 Git 和版本控制。本节我们将了解如何在

GitHub 网站中创建远程仓库。在之前的学习中我们已经用到了在 GitHub 上下载的骨架项目。如果你目前在 GitHub 中还没有账号，则可先创建一个账号。

实战：在 GitHub 中创建远程仓库。

步骤 1：在成功登录以后，单击个人主页面的右上角的 + 号链接，创建一个新的仓库。将 Repository name 设置为 Story，将 Description 设置为**我的主场**，选中 Public，并确认未勾选 Initialize this repository with a README，然后单击页面中的 Creating repository 按钮，如图 12-9 所示。

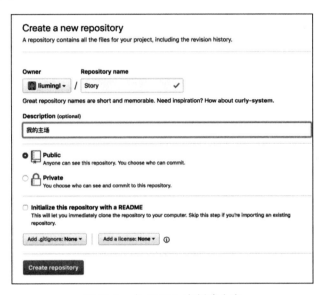

图 12-9　在 GitHub 中创建仓库

作为免费用户，GitHub 只允许我们将仓库设置为公开，这也就意味着任何人都可以看到该仓库的内容，但是我们可以设置谁可以提交内容到远程仓库。

步骤 2：接下来我们会看到两种设置仓库的方式：一种是通过 GitHub For Mac 应用程序客户端设置仓库，另一种则是使用命令行指令设置仓库。我们将会推送本地现存的仓库到远程仓库中。

步骤 3：复制顶部 HTTPS 中的链接 https://github.com/liumingl/Story.git，再使用图 12-10 中标注的两行代码，推送本地仓库到远程仓库。在终端进入 Story 目录，通过 git log 命令查看之前的提交是否正常。

步骤 4：使用 git remote add origin https://github.com/liumingl/Story.git 命令，其中 origin 代表创建的远程名称，理论上可以给它起任何名字。只不过绝大多数的程序员都起这个名字，已经习惯了。

现在，远程连接 origin 已经创建，我们可以推送本地仓库到远程仓库了。

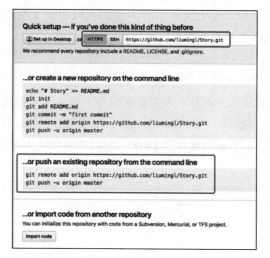

图 12-10　GitHub 中生成的推送远程仓库到本地的命令行代码

　　步骤 5：使用 git push -u origin master 命令进行推送，其中 u 选项代表连接你的远程和本地仓库，之后是推送 origin，也就是之前定义的远程名称。推送的目标是 Master，它是分支的名称，如图 12-11 所示。

 master 分支是 GitHub 默认的所有提交的主分支。

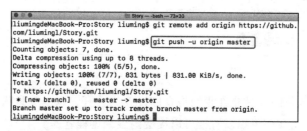

图 12-11　推送本地仓库内容到 GitHub

上传成功后，刷新浏览器可以看到上传的文件列表，如图 12-12 所示。

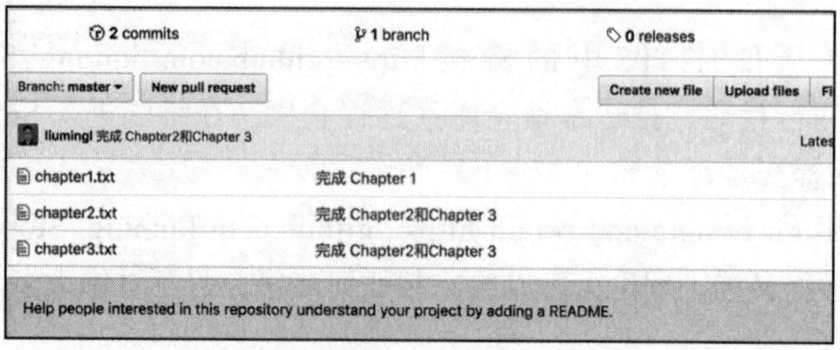

图 12-12　在 GitHub 看出推送后的内容

12.4 Gitignore

在本节，我们将学习有关 Git Ignore 及如何设置规则防止提交某些本地文件到远程仓库的相关知识。

步骤 1：打开终端应用程序，导航到 Desktop，创建一个新的 Project 目录。然后在 Project 目录中创建 4 个文本文件。

```
MacBook-Pro:Story liuming$ cd ~/Desktop/
MacBook-Pro:Desktop liuming$ mkdir Project
MacBook-Pro:Desktop liuming$ cd Project/
MacBook-Pro:Project liuming$ touch file1.txt
MacBook-Pro:Project liuming$ touch file2.txt
MacBook-Pro:Project liuming$ touch file3.txt
MacBook-Pro:Project liuming$ touch secrets.txt
```

在 secrets.txt 文件中，我们可能存储了安全密码或是 API Key，在与 GitHub 远程同步的时候，我们绝对不希望将该文件推送到具有公开权限的远端 GitHub 服务器。

我们想添加到忽略文件的另一种类型就是本地设置或用户的偏好设置，在项目中肯定有很多类似这样的文件，我们绝对不想让其他用户下载这些文件并复制到他们的项目中。一个最常见的例子就是要忽略 .DS_Store 的文件。.DS_Store 文件是一个设置文件，用于保存图标、进行文件排序等。也就是说该文件仅服务于创建者自己对文件夹的偏好设置。

.DS_Store 文件还是一个隐藏文件，我们不可能在 finder 里面看到它。但是在命令行中我们可以使用 ls -a 看到所有的隐藏文件。

步骤 2：在 Project 目录中，使用 touch .gitignore 命令创建一个隐藏文件。虽然在创建以后看不见它，但是使用 ls -a 可以找到它。

如果使用 open .gitignore 命令会使用默认编辑器打开 .gitignore 文件，我们可以在其中添加希望忽略的文件，但是目前我们先直接将该文件关闭。

步骤 3：使用 git init 命令初始化仓库，然后使用 git add . 将 Project 目录中所有文件添加到暂存区。利用 git status 可以查看所有文件的状态，如图 12-13 所示。

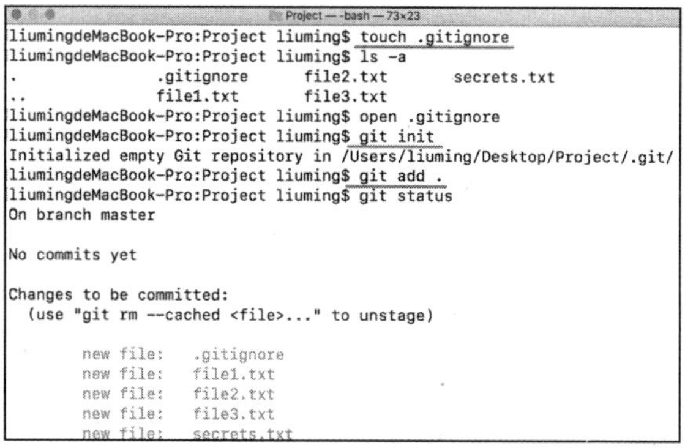

图 12-13　创建 git 忽略文件

通过 git status 命令可以发现所有的文件都被添加到了暂存区，如果现在提交的话会事与愿违，因为我们不希望提交 .DS_Store 和 secrets.txt 文件到仓库。现在需要先移除添加到暂存区的所有文件。

步骤 4：使用 git rm --cached -r . 命令，将已经添加到暂存区的所有文件移出暂存区。其中 rm 代表移除（remove），--cached 代表缓存，-r 代表循环到所有的文件，而最后的 . 代表所有暂存区的文件。

```
MacBook-Pro:Project liuming$ git rm --cached -r .
rm '.gitignore'
rm 'file1.txt'
rm 'file2.txt'
rm 'file3.txt'
rm 'secrets.txt'
```

此时使用 git status 可以发现所以的文件都处于未跟踪状态。

```
MacBook-Pro:Project liuming$ git status
On branch master
No commits yet
Untracked files:
(use "git add <file>..." to include in what will be committed)

  .gitignore
  file1.txt
  file2.txt
  file3.txt
  secrets.txt

nothing added to commit but untracked files present (use "git add" to track)
```

步骤 5：在编辑器中打开 .gitignore 文件，添加两个需要忽略的文件——.DS_Store 和 secrets.txt。在忽略文件中，我们还可以利用通配符来筛选特定的文件，比如 *.txt、*.swift 等。

步骤 6：再次执行 git add . 命令，通过 git status 命令可以发现添加到暂存区的文件并没有 .DS_Store 和 secrets.txt。

```
MacBook-Pro:Project liuming$ git add .
MacBook-Pro:Project liuming$ git status
On branch master
No commits yet
Changes to be committed:
  (use "git rm --cached <file>..." to unstage)
new file:   .gitignore
new file:   file1.txt
new file:   file2.txt
new file:   file3.txt
```

步骤 7：执行 git commit -m " 初始化完全提交 "。

```
MacBook-Pro:Project liuming$ git commit -m " 初始化完全提交 "
[master (root-commit) 33f2500] 初始化完全提交
 4 files changed, 2 insertions(+)
 create mode 100644 .gitignore
 create mode 100644 file1.txt
 create mode 100644 file2.txt
 create mode 100644 file3.txt
```

下面将打开 Xcode 并创建一个全新的 Xcode 项目，这里将会展示如何在项目中添加一个新文件。

步骤 1：创建一个全新的 Single View App 项目，将 Project Name 设置为 Test，在保存项目之前一定要确保勾选了 Create Git repository on my Mac。接下来，我们对故事板做出一些改变，在视图中添加一个 Image View，保存并退出 Xcode。

> 注意　在创建项目的时候已经通过 Xcode 创建了仓库，所以项目中的所有文件已经被添加到暂存区中，任何的修改都会被标记。

步骤 2：在终端中导航到 Test 项目，创建 .gitignore 文件，并编辑该文件忽略所有 Swift 项目可以忽略的文件类型。

为了可以查阅出 Swift 项目可以忽略的文件类型，在 GitHub 网站中搜索 gitignore 关键字，并找到 github/gitignore 链接。在该仓库中找到 Swift.gitignore 文件，并复制文件中所有内容到本地 Test 项目的 .gitignore 文件中。如图 12-14 所示。另外，强烈建议在文件的顶端添加对 .DS_Store 文件的忽略。

图 12-14　所有可以被忽略的文件格式

步骤 3：在 Test 目录中执行 git init、git add. 和 git status 命令，可以发现在暂存区中新添加了 .gitignore 文件以及修改了 Main.storyboard 文件。

```
(use "git reset HEAD <file>..." to unstage)

new file:    .gitignore
modified:    Test/Base.lproj/Main.storyboard
```

步骤 4：执行 git commit -m " 初始化提交 " 命令，将改动提交到仓库。

```
MacBook-Pro:Test liuming$ git commit -m " 初始化提交 "
[master dd17cf0] 初始化提交
2 files changed, 83 insertions(+), 3 deletions(-)
create mode 100644 .gitignore
```

12.5　克隆

本节我们将了解如何将远端仓库通过克隆（Cloning）拉回到本地的机制。

在 GitHub 中搜索 swift-2048，可以找到 austinzheng/swift-2048 项目。接下来，我们就将它克隆到本地。

步骤 1：进入 swift-2048 主页面，并单击右上角的 Clone or download 按钮。单击弹出面板中链接右侧的图标，将链接复制到剪贴板中。

> 提示　在之前的实战练习中，因为还没有系统学习过如何使用 Git，所以那个时候我们只是简单地单击 Download ZIP 链接，直接下载骨架项目，这种方式其实并不是一个好的选择。

步骤 2：打开 Mac 系统的终端应用程序，导航到桌面或者是你希望项目存储的位置，使用 git clone { 在 GitHub 中拷贝的 URL 链接 } 命令，将项目克隆到本地。其中 { 在 GitHub 中拷贝的 URL 链接 } 需要替换为相关链接。

```
MacBook-Pro:Desktop liuming$ git clone https://github.com/austinzheng/swift-2048.git
    Cloning into 'swift-2048'...
    remote: Counting objects: 287, done.
    remote: Total 287 (delta 0), reused 0 (delta 0), pack-reused 287
    Receiving objects: 100% (287/287), 91.23 KiB | 149.00 KiB/s, done.
    Resolving deltas: 100% (155/155), done.
```

现在，在桌面位置上出现了 swift-2048 目录，并且该项目已经从 github 克隆到了本地。

步骤 3：在 Xcode 中打开 swift-2048 项目，并修改项目设置中的 Bundle Identifier，以及 Team 设置，如图 12-15 所示。

Identity
Display Name
swift-2048
Bundle Identifier
cn.liuming.swift-2048
Version
1.0
Build
1
Signing
Automatically manage signing
Xcode will create and update profiles, app IDs, and certificates.
Team
ming liu
Provisioning Profile
Xcode Managed Profile
Signing Certificate
iPhone Developer: ming liu (3MFH3JE8GE)

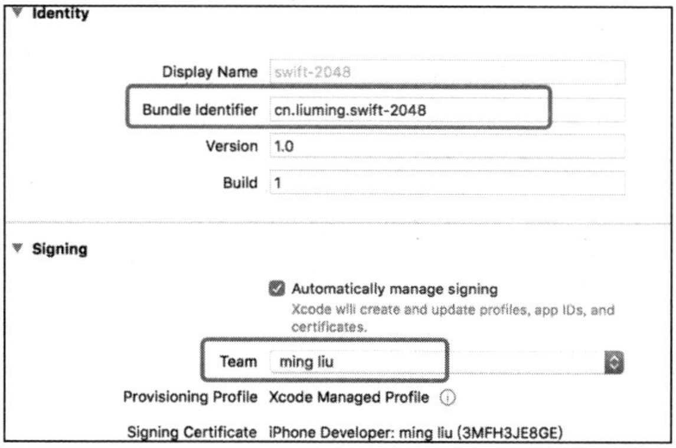

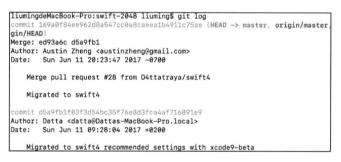

图 12-15　修改克隆项目的配置信息

步骤 4：在终端中进入 swift-2048 目录，然后通过 git log 命令查看项目之前所提交的信息，如图 12-16 所示。

liumingdeMacBook-Pro:swift-2048 liuming$ git log
commit 169a0f84ee962d8a547cc0a8caeea1b4911c75ae (HEAD -> master, origin/master,
gin/HEAD)
Merge: ed93a6c d5a9fb1
Author: Austin Zheng <austinzheng@gmail.com>
Date: Sun Jun 11 20:23:47 2017 -0700
Merge pull request #28 from D4ttatraya/swift4
Migrated to swift4
commit d5a9fb1f83f3d54bc35f76e8d3fca4af716891e9
Author: Datta <datta@Dattas-MacBook-Pro.local>
Date: Sun Jun 11 09:28:04 2017 +0200
Migrated to swift4 recommended settings with xcode9-beta

图 12-16　查看克隆项目的 git 状态

12.6　分支和迁移

这里先通过一个简单的例子说明分支的作用。假设我们在本地仓库中有 1 和 2 两个版本的 Commit。此时此刻，团队中的一个程序员想尝试着在项目中做出一些非常牛的新特性。这是一个非常新奇的点子，但是不保证能够制作成功。所以，我们可以在非主分支中做这些事情，也就是非 master 分支。

只要我们愿意，可以创建很多很多的分支。就拿现在的这个情况来说，我们在第二次提交之后，会创建一个新的分支——Experimental，并且开始在这个分支上添加一些新的特性，写入一些新的代码，并且在最后提交这些修改。

与此同时，我们还会在主分支上继续工作，提交一些常规的更新代码来维护我们的主项目。这时，还可以继续维护，并在 Experimental 分支上进行代码的编写，尝试做出一些新的东西，并且提交这些想法到这个分支上。

目前的仓库中已经有两个分支，它们是并行存在的，我们可以同时进行维护和开发。

如果在未来的某个时刻，我们觉得分支中的代码非常酷，而且非常实用，就可以将它迁移回主分支上。在两个分支合并以后，我们还可以继续在主分支提交修改，或者制作更多的分支。

有些时候，开发者需要尝试实现一些新的想法，或者是需要修复一些旧的 bug，然而这些事情有可能会破坏项目，所以不能在 master 分支上直接修改。此时，可以利用其他分支，一旦修改没有产生其他的问题，就可以把它推送回到 master 分支上，如图 12-17 所示。

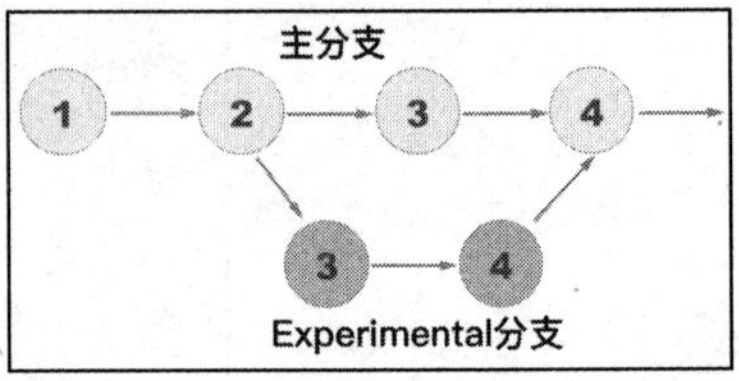

图 12-17　GitHub 中分支示意图

实战：实现分支。

步骤 1：打开终端应用程序，导航到之前在 Desktop 上创建的 Story 目录中。该目录存储这之前的三个文件：chapter1.txt、chapter2.txt 和 chapter3.txt。使用 git log 命令可以查看到之前的提交信息。

步骤 2：使用 git branch alien-plot 命令创建一个名叫 alien-plot（外星人阴谋）的分支。通过 git branch 可以查看当前仓库的分支情况。

```
MacBook-Pro:Story liuming$ git branch alien-plot
MacBook-Pro:Story liuming$ git branch
  alien-plot
* master
```

你可以看到有一个分支叫 alien-plot，另一个叫 master。Master 前面的星号代表当前的分支，上述代码表示我们当前是在 master 分支上面。

步骤 3：使用 git checkout alien-plot 命令切换分支到 alien-plot 上面。

```
MacBook-Pro:Story liuming$ git checkout alien-plot
Switched to branch 'alien-plot'
```

在该分支上对 chapter1.txt 和 chapter2.txt 文件进行简单修改。

步骤 4：使用 git add . 命令将修改添加到暂存区之中。然后再使用 git commit -m " 在 alien-plot 分支上，修改 chapter1 和 2"。

```
MacBook-Pro:Story liuming$ git add .
Book-Pro:Story liuming$ git commit -m "在 alien-plot 分支上，修改 chapter1 和 2"
[alien-plot 88f59f5] 在 alien-plot 分支上，修改 chapter1 和 2
 2 files changed, 6 insertions(+), 2 deletions(-)
```

步骤 5：使用 git log 命令查看提交信息，最新的提交是作用在 alien-plot 分支上。

```
MacBook-Pro:Story liuming$ git log
commit 88f59f5000cde5c4e0ff8b29ea877e21f8435229 (HEAD -> alien-plot)
Author: Liuming <liuming_cn@qq.com>
Date:   Thu Feb 15 07:36:23 2018 +0800
```

在 alien-plot 分支上，修改 chapter1 和 2

```
commit 0c7ec43735f03dbfb9450e9894c5fd28e8cb8b9b (origin/master, master)
Author: Liuming <liuming_cn@qq.com>
Date:    Wed Feb 14 10:54:54 2018 +0800
```

完成 Chapter2 和 Chapter 3

步骤 6：使用 git branch 查看当前的分支，并使用 git checkout master 切回到主分支。

```
MacBook-Pro:Story liuming$ git branch
* alien-plot
master
MacBook-Pro:Story liuming$ git checkout master
Switched to branch 'master'
Your branch is up-to-date with 'origin/master'.
```

此时再次查看 Story 目录中的 chapter1 和 chapter2 文件，你会发现它们的内容还是停留在之前主分支的状态，是不是很神奇呢？

步骤 7：在主分支中创建一个新的文件——chapter4.txt，并在其中输入一些文字内容，将该文件添加到仓库中。

```
MacBook-Pro:Story liuming$ touch chapter4.txt
// 打开 chapter4 文件，添加一些文字内容
MacBook-Pro:Story liuming$ open chapter4.txt
MacBook-Pro:Story liuming$ git add .
MacBook-Pro:Story liuming$ git commit -m " 添加 chapter4"
[master 1469eae] 添加 chapter4
 1 file changed, 1 insertion(+)
 create mode 100644 chapter4.txt
```

步骤 8：使用 git log 命令查看当前的仓库日志，你可以发现此时的列表中并没有之前的 alien-plot 分支信息，而是全部与 master 分支相关。

```
MacBook-Pro:Story liuming$ git log
commit 1469eae2e8c715108bcc5f6b34d9dd253360e108 (HEAD -> master)
Author: Liuming <liuming_cn@qq.com>
Date:    Thu Feb 15 07:46:15 2018 +0800

添加 chapter4

commit 0c7ec43735f03dbfb9450e9894c5fd28e8cb8b9b (origin/master)
Author: Liuming <liuming_cn@qq.com>
Date:    Wed Feb 14 10:54:54 2018 +0800

完成 Chapter2 和 Chapter 3

commit a88a2dbae9a1a393a8571069c1fee3d83e50f79e
Author: Liuming <liuming_cn@qq.com>
```

```
Date:     Wed Feb 14 10:27:56 2018 +0800
```

完成 Chapter 1

如果你愿意，完全可以使用 git checkout alien-plot 命令切回到 alien-plot 分支，该分支目前还是只要 3 个文件。

接下来，我们需要实现将 alien-plot 分支中的改变合并到 master 分支。

实战：将 alien-plot 分支合并到 master 分支。

步骤 1：确保仓库当前是在 master 分支。为了合并 alien-plot 分支内部的改变，可使用 git merge alien-plot 命令。

此时终端会打开一个文本编辑器，并且允许我们添加一些合并信息。退出文本编辑器以后，马上就会看到"Merge branch 'alien-plot'"的信息。

```
commit 183599dcdf94955dcaeca81581d671cdea6d2f3a (HEAD -> master)
Merge: 1469eae 88f59f5
Author: Liuming <liuming_cn@qq.com>
Date:   Thu Feb 15 08:00:11 2018 +0800

Merge branch 'alien-plot'
```

步骤 2：使用 git push origin master -u 命令，将改动提交到 GitHub 远端服务器上面。在提交成功以后，通过浏览器可以直接在 GitHub 网站中查看所有的提交和分支，如图 12-18 所示。

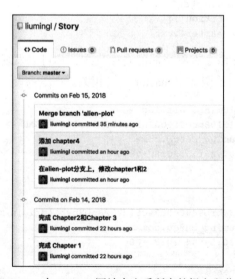

图 12-18　在 GitHub 网站中查看所有的提交和分支

```
MacBook-Pro:Story liuming$ git push origin master -u
```

```
Counting objects: 9, done.
Delta compression using up to 8 threads.
Compressing objects: 100% (8/8), done.
Writing objects: 100% (9/9), 903 bytes | 903.00 KiB/s, done.
Total 9 (delta 4), reused 0 (delta 0)
remote: Resolving deltas: 100% (4/4), completed with 2 local objects.
To https://github.com/liumingl/Story.git
 0c7ec43..183599d  master -> master
Branch master set up to track remote branch master from origin.
```

在 Insights 页面中的 Network 标签中，可以看到分支的图例，如图 12-19 所示。

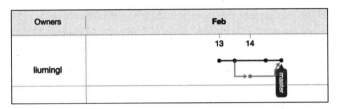

图 12-19　分支的图例

对于上面的这些操作，我们完全可以在 GitHub 网站上完成，而且操作非常方便。

📋 **实战**：在 GitHub 中操作。

步骤 1：在 GitHub 中创建一个新的仓库 Story2，勾选 Initialize this repository with a README，单击 Creating repository 按钮。

步骤 2：在 Story2 页面中单击 Create new file 按钮，创建 chapter1.txt 文件，并为该文件添加一些文字内容，如图 12-20 所示。在页面底部填写提交信息并单击 Commit new file 按钮。

此时的仓库仅有一个分支——master，分支中包含了刚刚创建的 chapter1.txt 文件。

步骤 3：单击 Story2 页面的 Branch: master 链接，并创建一个名为 experimental 的分支，如图 12-21 所示。现在，experimental 分支中直接包含 master 分支的所有拷贝。

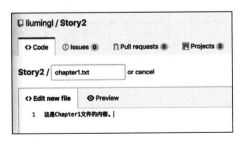

图 12-20　在 Story2 中创建文件

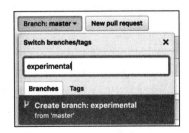

图 12-21　创建 experimental 分支

步骤 4：在 experimental 分支中修该 chapter1.txt 文件的内容，然后将其提交，如图 12-22 所示。

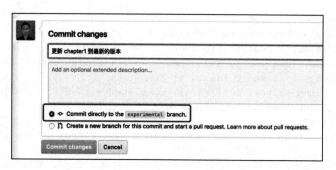

图 12-22　提交新的修改

在默认状态下，chapter1.txt 文件的修改会提交到 experimental 分支。

步骤 5：在 Story2 主页面中将分支切换到 master，查看 chapter1.txt 文件，发现其还是之前的状态。

此时，你会发现在 Story2 的主页面上，有一个淡黄色的提示条，如图 12-23 所示。

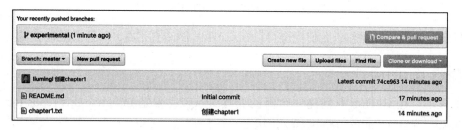

图 12-23　回到 master 分支

通过其右侧的 Compare & pull request 按钮，可以把 experimental 分支的修改合并到 master 中。

步骤 6：确认当前是在 master 分支中，创建一个全新的 chapter2.txt 文件。通过 Insight/Network 可以发现，该项目一共有 2 个分支，黑色的是 master 分支，下面蓝色的是 experimental 分支，如图 12-24 所示。

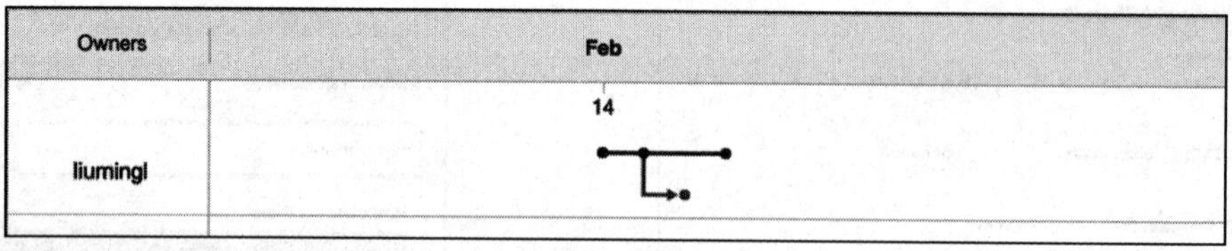

Owners	Feb
liumingl	14

图 12-24　分支图例

步骤 7：单击主页面中的 New pull request 按钮，然后将 base 设置为 master，将 compare 设置为 experimental。单击 Create pull request 按钮，如图 12-25 所示。

在当前页面的底部可以看到分支中内容不同的部分，如图 12-26 所示。

图 12-25　合并分支

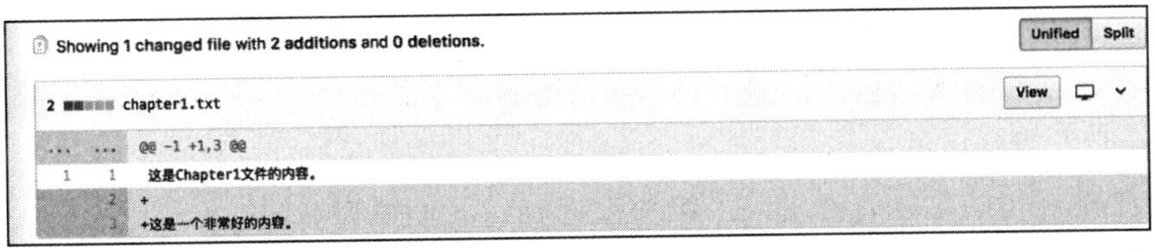

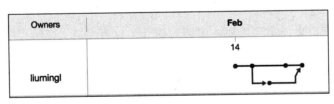

图 12-26　查看分支的不同内容

步骤 8：在确认页面中单击 Merge pull request 按钮，再单击 Comfirm merge 按钮即可。在 Insights/Network 中，你可以看到图谱已经显示两个分支又合并到一起了，如图 12-27 所示。

Owners	Feb
	14
liumingl	

图 12-27　分支图例

12.7　在 Xcode 9 中使用 Git 和 GitHub

目前，我们已经通过命令行方式实现了很多的版本控制功能，有很多的程序员都喜欢这样的操作方式。在全新的 Xcode 9 中，也实现了强大的版本控制功能，并且好于之前的任何一个 Xcode 版本。

在本节中，我们会尝试使用 Xcode 9 来替代所有的命令行指令。但是，最后选择哪一种方式，这完全取决于你的喜好。如果你希望在不触碰任何按键的情况下去实现之前所学的所有版本控制功能，那么 Xcode 9 将是一个非常好的选择。

C₄ 实战： 使用 Xcode 内置的 GitHub。

步骤 1： 创建 Xcode 项目，选择 iOS/Single View App 模板，将 Product Name 设置为 DiDi（这绝不是模仿滴滴的项目），并确认勾选了 Create Git repository on my Mac。

> **提示** 为了让项目具有版本控制能力，我们需要使用 Xcode 在 Mac 上面创建 Git 仓库，这相当于在终端里面执行 git init 指令。

在创建项目以后，所有的文件都会被添加到暂存区之中，任何的添加、删除、修改操作都会在项目导航中看到相应的提示。

步骤 2： 在故事板的视图里面添加 2 个 Label，让它们看起来像图 12-28 所示的样子。

另外，在项目的 Assets.xcassets 文件中添加两张素材图片：Milk 和 cow。

项目在模板初始化以后便完成了第一次提交，我们可以通过源代码控制导航（Source Control Navigation）窗口查看当前的分支，如图 12-29 所示。

由此可见，当项目在创建后完成了第一次提交。接下来，让我们进行第二次提交。

步骤 3： 在菜单 Source Control 中选择 Commit...，在弹出的代码控制窗口的左侧列表中，我们可以看到所有发生改变的文件，从中可以发现项目中添加了两种图片，以及 Main.

图 12-28　DiDi 项目的用户界面

storyboard 文件中的代码发生了怎么样的改变。在填写了信息说明以后，便可以提交项目中所涉及的 7 个相关文件到本地仓库，我们可以从 Xcode 左侧的列表中查到它们的详细修改信息，如图 12-30 所示。

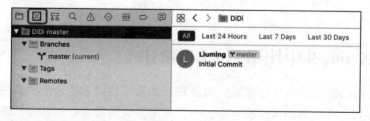

图 12-29　提交初始化项目到 GitHub

此时，在 Branches/master 中会看到两个提交信息。

步骤 4： 在提交成功以后，在 Main.storyboard 视图中随意添加几种不同的 UI 控件，其至出现混乱的布局也没有关系。在 ViewController.swift 文件中随意添加一些文字内容，即使导致编译器报错都没有关系，最后再删除 AppDelegate.swift 文件。

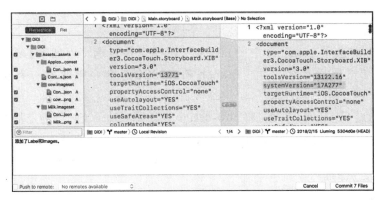

图 12-30　进行第二次提交

步骤 5：在 Source Control/Discard All Changes...，此时项目会回滚到之前的最后一次提交的状态。

如果我们现在需要创建一个分支的话，也是非常的简单。

C:\ 实战：在 Xcode 中创建分支。

步骤 1：在 Branches/master 中，选择第二次提交的条目——右击该条目，并在快捷菜单中选择 Branch From XXXX。在面板中将 Branch 设置为 milk-design，如图 12-31 所示。

图 12-31　为 DiDi 项目创建分支

此时，在 Branches 中出现了两个分支：master 和 milk-design。

步骤 2：虽然目前有 2 个分支，但是当前的分支为 master。右击 milk-design，在快捷菜单中选择 Checkout...，将当前的分支设置为 milk-design，如图 12-32 所示。

图 12-32　确认当前分支

步骤 3：在故事板的视图中添加一个 Image View，将图像设置为 Milk。在菜单中选择 Source Control/Commit，填写提交信息为"修改 ViewController 的用户界面"，然后单击 Commit 1 File 按钮。

此时在 Branches/milk-design 中出现了 3 个提交条目。

步骤 4：再次选中 Branches 中的 master，在提交信息为"添加了 Label 和 Images。"的提交条目上单击鼠标右键，通过 Branch From XXXX 命令创建另一个分支——cow-design。

步骤 5：通过 Checkout 命令，将 cow-design 切换到当前分支。因为是基于 master 的分支，所以此时的故事板视图中还是只有两个 Label 控件。添加 Image View 到视图之中，如图 12-33 所示。接下来，提交当前的修改到 cow-design 分支，并设置提交信息为"**修改用户界面 – 添加 cow 图像**"。

在成功创建了另外两个分支以后，接下来我们需要将 milk-design 合并到 master 分支中。

🗂 **实战**：将两个分支项目合并到 master 分支中。

步骤 1：在 Source Control 导航的 Branches 中，将 milk-design 设置为当前分支，右击 master 分支，在弹出的快捷菜单中选择 Merge "milk-design" into "master"...。

此时 master 分支中的故事板视图里面已经包含了之前在 milk-design 中的设计布局，如图 12-34 所示。

图 12-33　提交修改到 cow-design 分支

图 12-34　将 milk-design 与 master 分支合并

步骤 2：在 master 分支上打开 ViewController.swift 文件，在该类中重写 viewWillAppear( ) 方法。提交该修改，并设置提交信息为：添加 view will appear。

```
override func viewWillAppear(_ animated: Bool) {
}
```

接下来，我们需要将本地的这些改动同步到 GitHub 网站上。

实战：将修改提交到 GitHub。

步骤 1：在 Xcode 的偏好设置中，选择 Accounts 标签，单击 + 号以添加自己的 GitHub 账号，如图 12-35 所示。

图 12-35　在 Xcode 中添加 GitHub 账号

步骤 2：在 Source Control 导航中，右击顶部的 DiDi 条目（蓝色图标），在快捷菜单中选择 Crate "DiDi" Remote on GitHub...，或者选择 Add Existing Remote... 将当前项目添加到现存的仓库中。这里让我们创建一个新的仓库。

步骤 3：在创建 "DIDI" 远程仓库的面板中设置仓库名称为 DiDi，单击 Create 按钮。

步骤 4：在 GitHub 网站中，你可以看到已经上传的 DiDi 项目。

步骤 5：在 Xcode 中打开 ViewController.swift 文件，删除其中的 didReceiveMemory Warning( ) 方法。在提交修改的时候，勾选面板下方的 **Push to remote** 选项，可以将最新的改动推送到 GitHub 上。或者直接使用菜单 Source Control/Push 命令将修改推送到 GitHub 上，如图 12-36 所示。

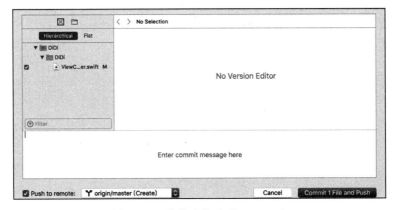

图 12-36　将修改推送到 GitHub 上

步骤 6：在 GitHub 上面为项目创建一个新的 README.md 文件，并在其中输入一些对项目的描述内容。

如果此时我们从本地推送修改到 GitHub 上面，会提示**本地仓库过期**，如图 12-37 所示。这是因为远端服务器中有文件被修改，所以在推送之前需要先从远端拉回所有的改动和变化。

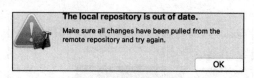

图 12-37　本地仓库的过期提示

步骤 7：先执行 Source Control/Commit... 命令，提交本地的所有改动。然后执行 Pull 命令将远端修改拉回到本地，此时在 DiDi 目录中出现了 README.md 文件。此时我们再执行 Push 命令就没有任何问题了。

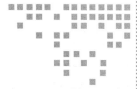
使用 Core Data、User Defaults
学习本地数据存储

　　本章带领大家制作一款类 TODO List 的 App。它的灵感来源于我们经常使用的 TODO 类应用程序，如图 13-1 所示。

　　该应用允许我们创建一个新的事务列表，比如可以创建一个购物清单的任务列表，然后通过一个特殊的颜色区别于其他的事务列表。你可以选择其中的一个列表，然后在这个指定的列表中添加要做的事项条目。在添加了一些事项以后，你会发现这个事项列表会呈现出一个非常漂亮的从浅至深的渐变色，如图 13-2 所示。

图 13-1　TODO 应用的运行界面

图 13-2　事项列表中的渐变色

　　图 13-2 所示就是我们所添加的事项条目，你可以勾选这些条目，代表该任务已经完成，也可以通过向左滑动将它们删除。除此以外，你还可以在事务列表中搜索关键字，比

如我们可以搜索"苹果"关键字，然后单击搜索，这样就可以看到在列表中会列出包含"苹果"的相关条目。最神奇的地方在于，应用中所有的数据都被保存到了模拟器本地，或者是 iPhone 的物理真机上面。这也就意味着如果你在设备上关闭了应用，或者是升级了该应用，或者是升级了 iOS 的版本，或者是换了一部新手机，所有的数据还会储存在你的设备上。如果你单击购物清单事务的话，仍然可以看到里边存储的条目。这就是本章我们要完成的任务。

本章我们会使用不同的方式去处理本地的数据，包括使用 default 存储少量的数据。另外，还可以使用 Core Data 存储大批量的数据。Core Data 就像我们所使用的数据库。在本应用中，我们将会创建一个关系型数据库——Realm，并以该数据库作为后台。最后，我们还会编写一些前端代码，让我们的应用程序看起来更加漂亮。

13.1 创建 UITableViewController 的子类

首先，我们需要创建一个 Single View App，将 Product Name 设置为 TODO，这里确保 Use Core Data 处于**未勾选**的状态，当我们在后面需要使用到 Core Data 的时候会手动添加该功能。因为在项目之初，所以我们还是要尽可能保持项目架构的精简、整洁和清晰。

另外，在保存项目之前请确保勾选 Create Git repository on my Mac，因为在本章我们将会使用不同的方法去连接本地数据。有的时候，我们会在实现了数据连接功能以后再回滚到之前的版本，去对比两种方法的不同。

在创建好新的项目以后，首先我们要在项目设置中取消 Deveice Orientation 中的 Landscape Left 和 Landscape Right 勾选状态，因为我们只想让应用纵向显示。

接下来，我们就要在项目中通过一种全新的方式来创建表格视图控制器。

🄲 **实战**：在项目中创建表格视图控制器。

步骤 1：在故事板中，从对象库里面拖曳一个新的**表格视图控制器**（Table View Controller）。迄今为止，我们一直在使用标准的视图控制器（View Controller），这两个控制器从外观上来说还是有很多不同的。如图 13-3 所示，表格视图控制器自带有一个表格视图、一个 Prototype 单元格及所有的委托协议。

步骤 2：在故事板中将之前指向视图控制器的箭头拖曳到表格视图控制器。箭头指向的**控制器代表初始视图控制器**（initial view controller），也就意味着一旦应用启动，该控制器的视图就会呈现到屏幕上，如图 13-4 所示。

在调整好初始控制器以后，删除之前项目模板所生成的视图控制器。

如果在删除前忘记调整初始箭头，则可以选中表格视图控制器，然后在 Attributes Inspector 中勾选 View Controller 部分中的 Is Initial View Controller，如图 13-5 所示。

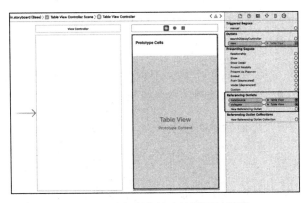

图 13-3　对象库中的表格视图控制器

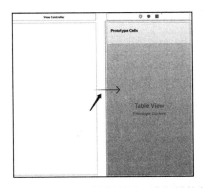

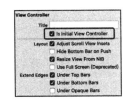

图 13-4　将表格视图控制器设置为初始控制器　　图 13-5　在 Attributes Inspector 中设置初始控制器

　　此时你会发现，目前在故事板中的表格视图控制器并没有连接到项目中的 ViewController.swift 文件，因为该文件是与之前故事板中被删除的控制器关联的。接下来，我们要将该文件修改为符合表格视图控制器的类文件。

　　步骤 3：在项目导航中打开 ViewController.swift 文件，修改 ViewController 类的声明。为了更加明确，先将类名称修改为 TodoListViewController。需要注意的是，这里将其父类修改为 UITableViewController，代表该类的父类是 UITableViewController。

```
class TodoListViewController: UITableViewController {
```

　　然后，在项目导航中，将 ViewController.swift 文件名修改为 TodoListViewController. swift。

　　步骤 4：回到故事板中，选中表格视图控制器后在 Identifier Inspector 中将 Class 设置为 TodoListViewController，此时故事板中的用户界面与 TodoListViewController 代码类建立关联。

　　此时 Xcode 有一个警告错误：Prototype table cells must have reuse identifiers。我们需要为表格视图单元格指定一个标识。

步骤 5：选中 Prototype Cell，在 Attributes Inspector 中将 Identifier 设置为 **ToDoItemCell**，警告消失。

🎯提示　如果在故事板中不方便选中 Prototype Cell 对象，则可以借助大纲导览视图（Document Outline）中的列表项选取表格视图中的单元格。

接下来，让我们对用户界面做一些修改。

🖥 **实战**：修改用户界面。

步骤 1：故事板中选中表格控制器视图，菜单中选择 Editor/Embed In/Navigation Controller，让其成为导航控制器中的根控制器。

步骤 2：选中表格视图控制器顶部的导航栏，在 Attributes Inspector 中将其 Title 设置为 TODO，如图 13-6 所示。

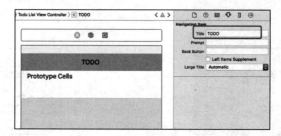

图 13-6　修改导航控制器的 Title 属性

步骤 3：选中导航控制器视图顶部的导航栏，在 Attributes Inspector 中将 Bar Tint 颜色修改为**蓝色**。再将 Title Color 设置为**白色**，如图 13-7 所示。

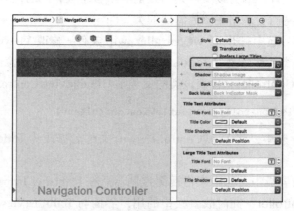

图 13-7　修改导航栏的 Bar Tint 属性

接下来，我们要设置与表格视图控制器相关的代码。因为在故事板中我们从对象库直接创建了表格视图控制器，在代码类中直接设置 ToDoListViewController 为

UITableViewController 的子类，所以我们就不用像之前那样单独声明 UITableViewDelegate 和 UITableViewDataSource 协议，以及建立与表格视图的 IBOutlet 关联了。

实战：设置 TodoListViewController 类中的代码。

步骤 1：在 TodoListViewController 中创建 itemArray 数组。

```
let itemArray = ["购买水杯", "吃药", "修改密码"]
```

显然，我们利用该数组临时呈现一些事务列表项。

步骤 2：为表格视图创建两个 Table View DataSource 方法，一个用于返回要显示的单元格对象，另一个则用于显示表格视图有多少行。

```
//MARK: - Table View DataSource methods
override func tableView(_ tableView: UITableView, cellForRowAt indexPath:
IndexPath) -> UITableViewCell {
    let cell = tableView.dequeueReusableCell(withIdentifier: "ToDoItemCell", for:
indexPath)
    cell.textLabel?.text = itemArray[indexPath.row]

    return cell
}

override func tableView(_ tableView: UITableView, numberOfRowsInSection section:
Int) -> Int {
    return itemArray.count
}
```

在 cellForRowAt() 方法中，我们首先从表格视图中获取一个可复用的单元格对象，这个单元格的标识为 **ToDoItemCell**，其是和之前在故事板中为 Prototype Cell 设置的标识一样的单元格。之后设置 textLabel 的 text 为数组中相应的元素内容，textLabel 是每个单元格对象都会有的内置 Label。

在 numberOfRowsInSection() 方法中，直接返回 itemArray 数组的元素个数作为单元格的数量。

构建并运行项目，效果如图 13-8 所示。

接下来，我们将要实现的是：当用户单击单元格以后，要在调试控制台打印出该单元格的信息，并且当用户单击单元格的时候还可以呈现一个勾选标记。这些功能需要我们实现 UITableViewDelegate 协议中的方法。

步骤 1：在 TodoListViewController 类中实现下面的方法。

图 13-8　在单元格中显示
自定义好的事项

```
//MARK: - Table View Delegate methods
override func tableView(_ tableView: UITableView, didSelectRowAt indexPath:
```

```
IndexPath) {
    print(indexPath.row)
}
```

该方法用于告诉控制器用户单击了表格视图中的哪个单元格，我们通过 indexPath 参数得到该信息。

构建并运行项目，如果单击了第一个单元格，则控制台会显示 0。如果想要打印单元格中的内容，因为它与 itemArray 数组中的元素一致，所以只需要将打印语句修改为 print(itemArray[indexPath.row]) 即可。

目前，当用户单击单元格以后，被选中的单元格就会呈现灰色的高亮状态。我们需要换一种呈现方式。

步骤 2：在 tableView:didSelectRowAt: 方法中添加下面的代码。

```
override func tableView(_ tableView: UITableView, didSelectRowAt indexPath:
IndexPath) {
    print(itemArray[indexPath.row])

    tableView.deselectRow(at: indexPath, animated: true)
}
```

构建并运行项目，在用户单击单元格以后灰色高亮会逐渐变淡消失，看起来是一个非常不错的用户体验。

接下来，我们要实现的是在单元格中呈现勾选标记，这需要使用一个名为 accessory 的属性。

步骤 3：在故事板中，通过大纲导览视图选中 ToDoItemCell，然后在 Attributes Inspector 中将 Accessory 设置为 Checkmark，此时你会发现单元格的右侧会出现一个勾选标记。我们还是将它设置为默认状态 None，如图 13-9 所示。

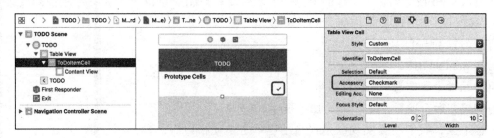

图 13-9　设置表格视图单元格的 Accessory 属性

步骤 4：继续修改 tableView: didSelectRowAt: 方法中的代码。

```
override func tableView(_ tableView: UITableView, didSelectRowAt indexPath:
IndexPath) {

    tableView.cellForRow(at: indexPath)?.accessoryType = .checkmark
```

```
        tableView.deselectRow(at: indexPath, animated: true)
    }
```

其中，cellForRow(at indexPath: IndexPath)方法会通过indexPath参数获取到表格视图中指定单元格对象。然后再通过该单元格对象的accessoryType属性设置其属性值为.checkmark。

如果此时构建并运行项目，当用户单击单元格后确实会出现勾选标记，但是当再次单击的时候却不会有任何变化。所以我们需要借助if语句，进行勾选状态的切换。

```
override func tableView(_ tableView: UITableView, didSelectRowAt indexPath:
IndexPath) {

    if tableView.cellForRow(at: indexPath)?.accessoryType == .checkmark {
        tableView.cellForRow(at: indexPath)?.accessoryType = .none
    }else {
        tableView.cellForRow(at: indexPath)?.accessoryType = .checkmark
    }

    tableView.deselectRow(at: indexPath, animated: true)
}
```

构建并运行项目，我们可以任意切换单元格的选中状态，如图13-10所示。

13.2 在 UIAlert 中使用文本框创建新的条目

在我们进行接下来的实战练习之前，最好先提交当前的项目到远程仓库里面。

图 13-10 完成单元格的勾选效果

📷 **实战**：提交项目到 GitHub。

步骤1：在代码控制导航中，在顶部的 TODO 条目单击鼠标右键，在快捷菜单中选择 Create "TODO" Remote on GitHub。在弹出的面板中设置 Repository Name 为 TODO，设置 Remote Name 为 origin，最后单击 Create 按钮，如图 13-11 所示。

步骤2：在菜单中选择 Source Control/Commit...，可以发现此时我们修改了项目中不少的文件。将提交信息设置为"TODOListViewController 完成 datasource 和 delegate 方法"，并勾选 Push to remote：origin/master，单击 Commit 4 Files 按钮，如图 13-12 所示。

此时，在 Branches 的 master 分支中，我们可以看到两个提交：Initial Commit 和刚才的一次提交。我们在之后的操作中可以回滚到这两个提交时候的状态。

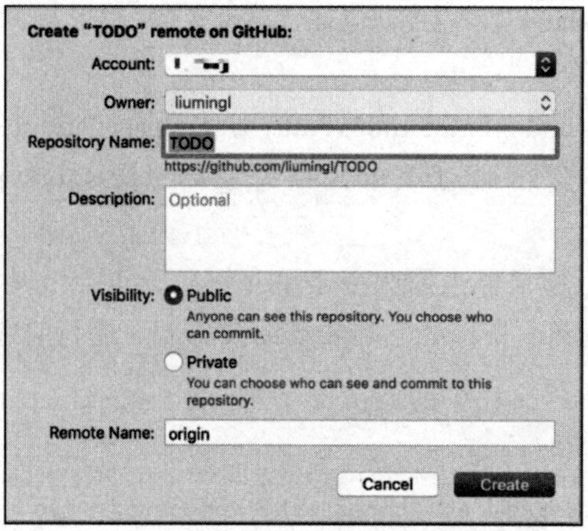

图 13-11　在 GitHub 账号中创建一个新的仓库

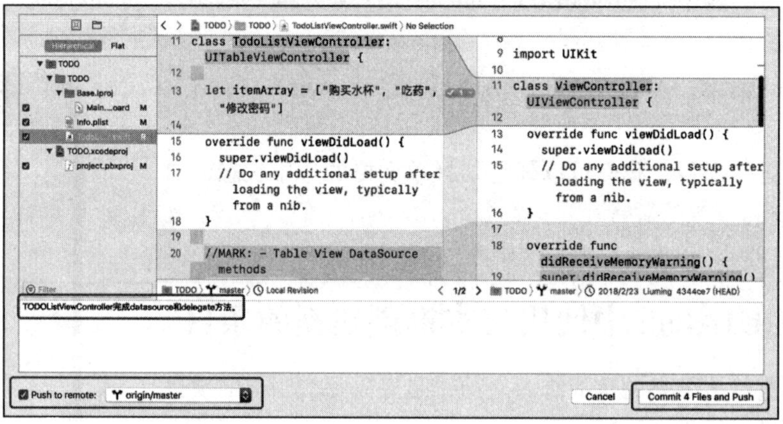

图 13-12　将修改提交到 GitHub 上面

现在让我们回到 TodoListViewController.swift 文件，此时需要为它添加一些功能。

步骤 3：为了可以在表格中继续添加条目，首先需要为应用添加一个按钮。最简单的方式就是从对象库拖曳一个 Bar Button Item，再将它放置到 ToDoListViewController 视图中**导航栏的右侧**。

步骤 4：选中 Bar Button Item，然后在 Attributes Inspector 中将 System Item 设置为 Add，此时该按钮会变成 + 号。再将 Tint 属性修改为**白色**，让其颜色与 Title 保持一致。

步骤 5：为该按钮创建一个 IBAction 连接，方法名称为 addButtonPressed。

```
//MARK: - Add New Items
@IBAction func addButtonPressed(_ sender: UIBarButtonItem) {
    let alert = UIAlertController(title: "添加一个新的 ToDo 项目 ", message: "",
preferredStyle: .alert)

    let action = UIAlertAction(title: "添加项目 ", style: .default) { (action) in
```

```
        // 用户单击添加项目按钮以后要执行的代码
        print(" 成功! ")
    }

    alert.addAction(action)
    present(alert, animated: true, completion: nil)
}
```

当用户单击 + 按钮以后，会执行 addButtonPressed(_ sender: UIBarButtonItem) 方法。在该方法中，我们会创建一个 UIAlertController 类型的对象，并设置警告对话框的标题为"添加一个新的 ToDo 项目"，风格为 .alert 类型，如图 13-13 所示。UIAlertController 警告对话框一共有两种风格：Alert 和 ActionSheet。第一种风格会出现在屏幕的中央位置，第二种则会从屏幕底部滑出。

在 addButtonPressed(_ sender: UIBarButtonItem) 方法中，我们接着创建了 UIAlertAction 类型的对象，它会在对话框中呈现一个用户可以单击的按钮，一旦用户填写了新的条目信息，就可以单击该按钮。这里设置按钮的风格为 default，在单击按钮以后会执行方法中的 handler 闭包，这里带有一个参数，就是用户单击的这个 UIAlertAction 对象。在闭包中我们先简单打印一个"成功!"信息到控制台。

后面的代码会将所创建的 UIAlertAction 对象添加到 UIAlertController 对话框之中，最后通过 present() 方法将警告对话框显示到屏幕上。

构建并运行项目，在单击 + 号以后，可以看到一个警告对话框出现在屏幕上面。当单击添加项目按钮以后，控制台会显示"成功!"信息，如图 13-14 所示。

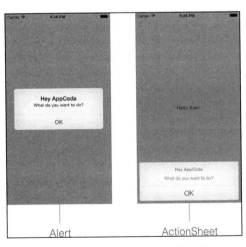

图 13-13　警告对话框的两种风格

图 13-14　警告对话框的运行效果

接下来，我们需要让警告对话框中呈现一个文本框，这样用户才能够输入新的事务项目。当然在用户单击添加项目按钮以后，会在控制台打印事务项目信息。

[C:\] **实战**：在警告对话框中添加文本框。

步骤 1：在 addButtonPressed(_ sender: UIBarButtonItem) 方法中添加下面的代码。

```swift
@IBAction func addButtonPressed(_ sender: UIBarButtonItem) {

    ......
    alert.addTextField { (alertTextField) in
        alertTextField.placeholder = "创建一个新项目..."
        print(alertTextField.text!)
    }

    alert.addAction(action)
    present(alert, animated: true, completion: nil)
}
```

我们通过 UIAlertController 的 addTextField() 方法在对话框中添加了一个文本框，完成闭包的参数代表所创建的文本框对象，在闭包中设置了文本框的 placeholder 属性，并且在用户单击按钮以后，还会将用户所输入的事务名称打印到控制台。

构建并运行项目，经过测试我们发现，所填写的事务信息并没有打印到控制台。这是因为在用户单击按钮以后只调用了 UIAlertAction 的闭包，因此就不会再执行 addTextField() 的闭包了。该闭包的代码在之前向对话框中添加文本框的时候已经被执行了。

这时，我们需要在方法中声明一个变量，用于存储 alertTextField 对象，这样在 UIAlertAction 闭包中就可以随时访问它了。

步骤 2：修改 addButtonPressed(_ sender: UIBarButtonItem) 方法，通过在方法内部声明一个变量，在 UIAlertAction 的闭包中就可以访问对话框中的文本框对象。

```swift
@IBAction func addButtonPressed(_ sender: UIBarButtonItem) {

    // 声明一个新的变量，生存期在方法的内部
    var textField = UITextField()

    let alert = UIAlertController(title: "添加一个新的ToDo项目", message: "",
preferredStyle: .alert)

    let action = UIAlertAction(title: "添加项目", style: .default) { (action) in
        // 当用户单击添加项目按钮以后要执行的代码
        print(textField.text!)
    }

    alert.addTextField { (alertTextField) in
        alertTextField.placeholder = "创建一个新项目..."
        // 让textField指向alertTextField，因为出了闭包，alertTextField不存在
```

```
    textField = alertTextField
}

alert.addAction(action)
present(alert, animated: true, completion: nil)
}
```

构建并运行项目，在单击按钮以后，文本框内用户所输入信息被打印到控制台中，如图 13-15 所示。

接下来，我们需要将文本框中的数据添加到 itemArray 数组之中。

步骤 3：为了可以将数据添加到 itemArray 数组之中，将 itemArray 常量修改为变量 var itemArray = ["购买水杯"，"吃药"，"修改密码"]。

步骤 4：在 UIAlertAction 的闭包中，修改代码如下：

```
let action = UIAlertAction(title: "添加项目", style: .default) { (action) in
    // 当用户单击添加项目按钮以后要执行的代码
    self.itemArray.append(textField.text!)
    self.tableView.reloadData()
}
```

这里，我们将文本框中的数据添加到 itemArray 数组之中。除此以外，还要通过表格视图的 reloadData() 方法让其重新载入数据来更新表格视图中所显示的数据，如图 13-16 所示。

图 13-15 通过闭包实现对文本框的操作

图 13-16 将新添加的事务添加到数组之中

在完成了添加新项目到表格视图以后，我们再次提交项目到远程仓库中。设置提交信息为"**添加项目功能完成！**"，注意一定要勾选 Push to remote：origin/master，如图 13-17 所示。

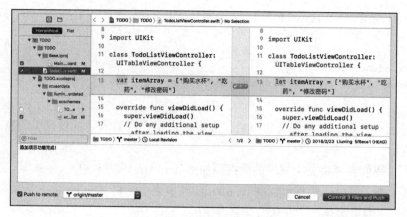

图 13-17　提交修改到 GitHub

13.3　持续本地数据存储

13.3.1　为什么需要持续的本地数据存储

在之前的实战练习中，我们实现了添加事务项目的功能。但是当我们的应用在退出以后，就会出现一个 Bug。

我们先来看一下 AppDelegate.swift 文件，当应用在运行中出现系统级事件的时候就会调用 AppDelegate 类中的委托方法。

首先找到 didFinishLaunchingWithOptions() 方法，当应用启动的时候会调用该方法。它的调用级别要高于初始（Initial）视图控制器的 viewDidLoad() 方法。

在 didFinishLaunchingWithOptions() 方法中添加一行打印语句：print("didFinishLaunchingWithOptions")。

当应用在前台运行的时候，如果有电话打进来就会调用 applicationWillResignActive() 方法。在用户选择接听电话后，我们可以在该方法中执行相关指令防止用户数据丢失。比如用户正在应用中填写表单的时候有电话打进来，我们可以在该方法中将数据保存到本地。

在应用的界面从屏幕上消失的时候就会调用 applicationDidEnterBackground() 方法。比如当用户按 Home 键，或者是打开了另一个不同的应用，这也就意味着我们的应用进入了后台。

在 applicationDidEnterBackground() 方法中添加一行打印语句：print("applicationDidEnterBackground")。

还有一个非常重要的方法是 applicationWillTerminate()，当应用被用户或系统终止运行的时候就会调用该方法。在该方法中添加 print("applicationWillTerminate") 语句。

让我们再次运行项目，观察 AppDelegate 中各种委托方法的执行顺序。当应用启动以后，在控制台首先会看到 didFinishLaunchingWithOptions，该方法会在应

用启动后的第一时间运行。当用户单击 Home 键回到主屏幕以后，在控制台会看到
applicationDidEnterBackground。另外，当我们切换到另一个应用的时候也会看到该
信息。最后，当系统需要回收宝贵的内存资源，或者是被用户强制退出的时候才会执行
applicationWillTerminate() 方法。双击 Home 键，在 iOS 应用程序切换选择界面中将 TODO
项目向上划出屏幕以后，会在控制台看到 applicationWillTerminate 信息。

　　每一个应用都有其自己独特的生存期，从应用启动开
始，它会出现在屏幕上，然后它可能会退到后台，直到最后
资源回收，就像是我们人类的出生——生活——死亡的过程
一样。

　　在我们清楚了上面这些委托方法都是做什么的以后，
接下来看一下 Bug 是如何产生的。在模拟器中启动我们的
TODO 项目，在添加了一个新的事务项目以后，再将应用终
止，你可以想到当再次回到应用的表格视图中时，之前所添
加的事务就会消失，因为我们根本没有保存它。所以，这也
是我们需要持续本地数据存储（persistent local data storage）
的原因。

图 13-18　在模拟器中终止应
用程序的运行

　　让应用终止运行的方法有很多，可以在应用切换界面中
向上划出应用程序，如图 13-18 所示。另外，在更新应用或
更新 iOS 系统的时候，在系统需要回收内存资源的时候都会
终止应用程序的运行。

13.3.2　使用 UserDefaults 实现持续本地数据存储的功能

　　在 iOS 系统中，我们的应用都存在独立的**沙箱**
（sandbox）之中，如图 13-19 所示。原因是苹果为了确保设
备的使用安全。这样可以防止恶意应用获取其他应用所存储
的数据（比如网银数据），或者是试图去执行一些非法操作
（安卓中的 Root）。

　　对于你的应用来说，沙箱就像是一个小型的"监狱"。
每个应用都拥有存储文件和文档的文件夹，它们可以随意读
取自己的文件夹，但是绝对无法读取其他应用的文件或文档
文件夹。

图 13-19　应用程序都存在于
自己的安全沙箱之中

　　每次在你将 iPhone 的应用备份到 Mac 或者是 iCloud 云端的时候，应用中的 Document
文件夹总是会被备份。如果你购买了一个全新的 iPhone，所存储到 Document 文件夹中的
数据都不会被删除，这样就可以保证恢复到新 iPhone 的应用还保留有之前的数据。换句话
说，如果将数据存储到应用的 Document 文件夹之中，不管是更换了 iPhone，还是升级了

iOS 系统，还是升级了应用程序版本，你的私有数据还会安全的存在于 iCloud 云端或是本地的 Mac 电脑中。

沙箱不仅仅是让各个应用相互独立，也会让应用与 iOS 系统之间相互分离。我们不能恶意获取操作系统的安全数据，比如说用户的指纹数据或联系人信息等，这也是为什么 iPhone 比其他类型的手机更加安全。

当我们存储数据以及通过各种方法持续使用数据的时候，这些数据将会被保存到应用程序的容器内部，这样才能保证不会被其他的应用程序访问到，你也同样无法访问到其他应用的数据。

📇 **实战**：使用 UserDefaults 存储本地数据。

步骤 1：在 ToDoListViewController 类中创建一个全新的 UserDefaults 类型的对象，它使用键 / 值配对的方式，在整个应用运行期间维持各种数据。

```
class TodoListViewController: UITableViewController {

    let defaults = UserDefaults.standard
    ......
```

因为 UserDefaults 是单例模式，所以需要通过类方法 standard 获取该类的实例。

UserDefaults 适合存储轻量级的本地客户端数据，它也有其局限性，但它非常易于使用，并且非常适合简单存储诸如字符串和数字之类的东西。比如记住密码功能，要保存一个系统的用户名、密码，UserDefaults 是首选。下次再登录的时候就可以直接从 UserDefaults 里面读取用户上次登录的信息。

一般来说，本地存储数据还可以使用 SQlite 数据库，或者使用自己建立的 plist 文件等来存储，但是我们还需要亲自编写创建文件及读取文件的代码，比较麻烦。而使用 UserDefaults 则不用管这些东西，就像读字符串一样，直接读取就可以了。

UserDefaults 支持的数据格式很多，有 Int、Float、Double、BOOL、Array 和 Dictionary，甚至还包括 Any 类型。

步骤 2：在 UIAlertAction 类的闭包中添加一行代码。

```
let action = UIAlertAction(title: "添加项目", style: .default) { (action) in
    // 当用户单击添加项目按钮以后要执行的代码
    self.itemArray.append(textField.text!)
    self.defaults.set(self.itemArray, forKey: "ToDoListArray")
    self.tableView.reloadData()
}
```

因为是在闭包之中，所以必须要使用 self. 表示调用的变量和方法都是在类中声明或创建的。通过 set() 方法，将 itemArray 数组存储到 UserDefaults 中，与其对应的键名为 **ToDoListArray**。

如果此时构建并运行项目，在添加一个新的事务以后，终止应用再重新开启它，表格中依然只会看到之前的三个事务。这是因为目前在代码中还没有让UserDefaults对象执行保存命令。只有在执行了保存命令以后，通过set()方法所设置的键/值配对数据才会保存到一个plist格式的文件中。接下来，让我们找到这个文件的位置并看看它的存储格式。

步骤3：在AppDelegate类的didFinishLaunchingWithOptions()方法中，通过下面的代码可以找出该应用在Mac操作系统中的实际位置。

```
func application(_ application: UIApplication, didFinishLaunchingWithOptions
launchOptions: [UIApplicationLaunchOptionsKey: Any]?) -> Bool {

    print(NSSearchPathForDirectoriesInDomains(.documentDirectory, .userDomainMask,
true).last! as String)

    return true
}
```

iOS系统会为每一个应用程序生成一个私有目录，这个目录位于MacOS系统下iPhone模拟器文件夹内部，并会随机生成一个字符串作为目录名。在每一次应用程序启动时，这个字母数字串都不同于上一次。

我们可以通过上面的代码找到应用程序项目所使用的Documents目录，这个目录通常会作为数据持久化保存的位置。

因为应用是在沙箱（sandbox）中的，在文件读写权限上会受到限制，因此只能在下面几个目录下读写文件：

❏ Documents：应用中用户数据可以放在这里，iTunes备份和恢复的时候会包括此目录。

❏ tmp：存放临时文件，iTunes不会备份和恢复此目录，此目录下的文件可能会在应用退出后删除。

❏ Library/Caches：存放缓存文件，iTunes不会备份此目录，此目录下的文件不会在应用退出后被删除。

构建并运行项目，此时可以在控制台中看到类似下面的信息：

```
/Users/liuming/Library/Developer/CoreSimulator/Devices/7A08E65B-5457-4CB5-AEA6-
064CDB120F6A/data/Containers/Data/Application/D2722567-82A1-457C-B57E-7D1D9B9A008F/
Documents
```

此时，请再次添加一次拯救世界的事务项目，然后终止应用的运行。

步骤4：在Finder中通过菜单中的**前往/前往文件夹**…选项直接打开Documents文件夹，然后向上返回一级，也就是进入应用程序所在的文件夹，这里是D2722567-82A1-457C-B57E-7D1D9B9A008F。此时我们会看到四个文件夹：Documents、Library、SystemData和tmp，如图13-20所示。

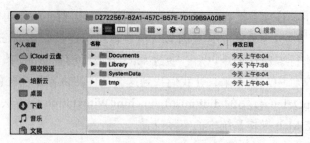

图 13-20　应用程序在自己沙箱中的四个文件夹

因为通过 UserDefaults 类存储的数据都会保存到 Library/Preferences 之中，所以我们可以进入该文件夹，你会发现里面有一个类似 cn.liuming.TODO.plist 的文件。双击打开它以后会发现里面存储着四个事务项目。其中 ToDoListArray 就是在 set() 方法中定义的键名，其内部包含了四个元素，如图 13-21 所示。

Key	Type	Value
▼Root	Dictionary	(1 item)
▼ToDoListArray	Array	(4 items)
Item 0	String	购买水杯
Item 1	String	吃药
Item 2	String	修改密码
Item 3	String	拯救世界

图 13-21　应用程序在自己沙箱中的四个文件夹

为什么保存好的四个事务项目并没有出现在表格视图中？这是因为我们在应用启动以后还没有去主动获取 UserDefaults 的数据。

步骤 5：在 TodoListViewController 类的 viewDidLoad() 方法中添加下面的代码。

```
override func viewDidLoad() {
  super.viewDidLoad()

  if let items = defaults.array(forKey: "ToDoListArray") as? [String] {
    itemArray = items
  }
}
```

如果从 UserDefaults 对象获取的数据是字符串数组，则通过可选绑定的方式赋值给 items，然后在 if 语句内部将 items 赋值给 itemArray 数组。

构建并运行项目，此时我们会看到表格视图中已经出现了四个事务项目，如果你愿意可以再添加一个项目，终止应用程序的运行以后再次将其打开，效果依旧。

现在，我们需要再次提交修改后的项目到仓库。提交信息可以设置为"**使用 UserDefaults 方法将数据保存到本地**"。记住勾选 Push to remote：origin/master。

13.3.3 UserDefaults 说明

作为一名 iOS 开发者，你可能在项目中经常会用到 UserDefaults，因为它使用起来非常简单、灵活，也不用写太多复杂的代码。接下来，让我们来看看 UserDefaults 还可以做什么。

在 Playground 中编写下面的这些代码。

```
let defaults = UserDefaults.standard

defaults.set(0.24, forKey: "Volume")

let volume = defaults.float(forKey: "Volume")
```

这里通过 UserDefaults 存储键名为 Volume 的单精度型的值 0.24，最后再将其从 UserDefaults 中取出，并赋值给 volume 变量。

除了可以定义单精度型的值外，我们还可以在 UserDefaults 中定义布尔型、字符串型和日期型的值，如图 13-22 所示。

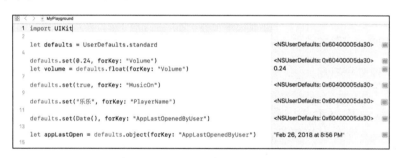

图 13-22 在 UserDefaults 中存储不同基础类型的数据

请注意，我们将一个日期型对象 Date() 也存储到了 UserDefaults 之中，在获取它的时候，必须使用 object() 方法，因为 UserDefaults 在存储它的时候是将它作为 Any 类型存储的。Any 类型实际代表的就是任意的类型。

接下来，让我们看看集合类型的操作。

```
let array = [1,2,3]
defaults.set(array, forKey: "myArray")
let dictionary = ["name": "Happy"]
defaults.set(dictionary, forKey: "myDictionary")

let myArray = defaults.array(forKey: "myArray")
let myDictionary = defaults.dictionary(forKey: "myDictionary")
```

其中，UserDefaults 针对数组和字典有自己单独的方法 array() 和 dictionary()。

UserDefaults 方式的存储非常灵活、简单，但是它只能存储几千字节的内容和简单的类型，对于大量的数据无法很好地管理，因为它毕竟不是数据库，也不能将它作为数据库来用，它只是一个简单的键 / 值配对的数据集，并以 plist 格式存储文件。

如果你想要从 UserDefaults 中读取一条相关数据，则它会读取整个 plist 文件，再提供给你指定键的值。如果你的 plist 文件特别大，那么会花费太多的资源和时间。

13.3.4　Swift 中的单例模式

在整个 UserDefaults 的使用过程中，它的实例化非常特别，是通过 UserDefaults. standard 实例化一个 UserDefaults 对象实现的。类似的实例化方法还有 URLSession.shared。通过这种方式进行实例化类的方式，我们称之为**单例模式**。

什么是单例模式？它有什么特别的地方？单例模式的类，在整个应用程序的运行过程中只有一个实例对象，并且它可以通过共享的方式用在不同的类和对象之中。

让我们先创建一个 Car 类。

```
class Car {
  var colour = "Red"
}

let myCar = Car()
myCar.colour = "Black"

let yourCar = Car()
print(yourCar.colour)
```

在上面的代码中，Car 类中有一个属性 colour，它的默认值为 Red。接下来我们创建了两个 Car 对象，不管我们如何修改 myCar 的 colour 属性值，yourCar 的 colour 属性值都是 Red，因为这是两个相互独立的对象。

接下来让我们在另一个 Playground 文件中创建一个 Car 类。

```
class Car {
  var colour = "Red"

  static let singletonCar = Car()
}

let myCar = Car.singletonCar
myCar.colour = "Black"

let yourCar = Car.singletonCar
print(yourCar.colour)
```

从控制台中可以看到所打印的 yourCar 的 colour 值为 Black，而且不管你通过 Car. singletonCar 创建多少个常量和变量，都会是同一个拷贝。也就是说，假如我们在某个类中修改了 Car 的 colour 属性值，那么其他类中的 Car 类型对象也会发生变化。

实际上，UserDefaults 达到的就是这样的效果，它本身就是一个单例。我们总是通过

UserDefaults.standard 创建一个实例对象，因此不管是在哪个类中通过该方法存储和读取数据，都会源自同一个 plist 文件，并且不会发生数据冲突的情况。

13.3.5　创建自定义数据模型

目前我们的应用程序看起来非常漂亮，但是这里面存在着一系列的 Bug，只不过你还没有发现。

让我们在 itemArray 数组里面添加多个项目，例如 var itemArray = ["购买水杯"，"吃药"，"修改密码"，"a"，"b"，"c"，"d"，"e"，"f"，"g"，"h"，"i"，"j"，"k"，"l"，"m"，"n"，"o"，"p"]，然后再将 viewDidLoad( ) 方法中读取 UserDefaults 的数据到 itemArray 数组的代码注释掉。

此时构建并运行项目，在模拟器中我们可以看到，所列出的项目已经超出了当前屏幕的范围，我们可以通过上下滚动表格视图浏览所有的项目。但是，当我们单击第一个单元格时，在它的右侧会出现一个勾选状态。如果再上下移动表格视图的话，你就会发现之前的勾选发生了错位。不管我们如何调整，总是有错位的情况出现，如图 13-23 所示。

产生上述 Bug 的原因在于表格视图单元格的复用。当我们通过 dequeueReusableCell() 方法获取一个可复用的单元格对象的时候，表格视图会去查找标识为 ToDoItemCell 的可以复用的单元格对象并启用它们。这也就意味着，当

图 13-23　部分单元格在勾选以后发生了错位的情况

位于表格视图中第一个位置的单元格被向上滑出表格以后，它就不再可见，而且会被马上移到表格视图的底部，作为一个可以复用的单元格时刻准备从底部再次出现。当它再次出现的时候，之前的勾选状态并未被重置，所以带着之前那个单元格对象的状态又出现在了表格的底部。我们要如何避免这样的情况发生呢？

这就需要我们在复用每一个单元格的时候，针对当前的数据检查它的勾选状态。当前的数据都是通过一个简单的数组提供的，从现在开始显然不能满足我们的需求了，我们需要创建一个全新的数据模型。

💻 **实战**：创建数据模型。

步骤 1：在 TODO 文件夹中创建一个新的 Group，名称为 Data Model。在该组中创建一个新的 swift 文件，名称为 Item.swift。

提示 为了很好地区分 Model、View 和 Controller，我们可以再创建一个 Controllers、Views 和 Supporting Files，然后将相关文件拖曳到各组的内部，如图 13-24 所示。

步骤 2：在 Item.swift 文件中创建一个 Item 类。

```
import Foundation

class Item {
  var title = ""
  var done = false
}
```

在 Item 类中，title 是字符串类型用于存储事务的名称。done 是布尔类型，用于指明是否完成了该事务，这里将它的初始值设置为 false，代表该事务没有完成。

图 13-24　调整项目的分组结构

步骤 3：回到 TodoListViewController.swift 文件，首先将 itemArray 属性修改为 var itemArray = [Item]()，然后修改 viewDidLoad() 方法中的代码，修改后如下面的样子。

```
override func viewDidLoad() {
  super.viewDidLoad()

  let newItem =Item()
  newItem.title = "购买水杯"
  itemArray.append(newItem)
}
```

在该方法中，我们首先创建了一个 Item 对象，并将 title 设置为之前的第一个事务，然后将该 Item 对象添加到 itemArray 数组之中，现在的 itemArray 是 Item 类型的数组。

步骤 4：复制 viewDidLoad() 方法中的代码，再添加两个事务。

```
override func viewDidLoad() {
  super.viewDidLoad()

  let newItem =Item()
  newItem.title = "购买水杯"
  itemArray.append(newItem)

  let newItem2 =Item()
  newItem2.title = "吃药"
  itemArray.append(newItem2)

  let newItem3 =Item()
  newItem3.title = "修改密码"
  itemArray.append(newItem3)
}
```

因为我们将 itemArray 从字符串数组修改为 itemArray 数组，所以接下来有很多的地方需要修改。

步骤 5：在 cellForRowAt() 方法中将 cell.textLabel?.text = itemArray[indexPath.row] 修改为 cell.textLabel?.text = itemArray[indexPath.row].title，因为通过 itemArray[indexPath.row] 代码只能获取到 Item 对象，所以需要借助 .title 获取事务名称。

步骤 6：在 addButtonPressed(_ sender: UIBarButtonItem) 方法中，修改 UIAlertAction 闭包中的代码。

```
let action = UIAlertAction(title: "添加项目", style: .default) { (action) in
    // 用户单击添加项目按钮以后要执行的代码
    let newItem = Item() // 创建 Item 类型对象
    newItem.title = textField.text!    // 设置 title 属性

    self.itemArray.append(newItem)     // 将 newItem 添加到 itemArray 数组之中
    self.defaults.set(self.itemArray, forKey: "ToDoListArray")
    self.tableView.reloadData()
}
```

步骤 7：在 didSelectRowAt() 方法中，将用户每一次的操作记录到相应的 Item 对象的 done 属性之中，并重新刷新选中的单元格。

```
override func tableView(_ tableView: UITableView, didSelectRowAt indexPath:
IndexPath) {

    if itemArray[indexPath.row].done == false {
      itemArray[indexPath.row].done = true
    }else {
      itemArray[indexPath.row].done = false
    }

    tableView.beginUpdates()
    tableView.reloadRows(at: [indexPath], with: UITableViewRowAnimation.none)
    tableView.endUpdates()

    tableView.deselectRow(at: indexPath, animated: true)
}
```

通过 indexPath 参数，我们可以知道用户单击了哪个单元格，进而设置与单元格位置对应的 itemArray 数组中的 Item 对象的 done 属性。

然后我们通过 UITableView 类的 beginUpdates() 方法告诉表格视图我们想要马上更新某些单元格对象的界面了。endUpdates() 方法则用于告诉表格视图更新单元格的操作结束。在这两个方法之间，我们需要通过 UITableView 的 reloadRows() 方法告诉表格视图需要马上更新的单元格有哪些，更新的时候是否需要动画效果。这里需要更新的单元格是通过 IndexPath 类型的数组指定的。

步骤 8：在 cellForRowAt() 方法中，在 return cell 语句的上面添加下面的代码。

```
if itemArray[indexPath.row].done == false {
  cell.accessoryType = .none
}else {
  cell.accessoryType = .checkmark
}

return cell
```

当表格视图中的单元格需要刷新的时候，根据 Item 对象的 done 属性值来设置单元格的勾选状态。

 提示 如果你愿意，可以在该方法中添加一个 print 语句：print（"更新第：\（indexPath. row）行"），我们可以在控制台查看单元格的更新状态。

构建并运行项目，单击单元格以后可以看到修改后的效果。

为了更好地测试多个 Item 的效果，我们在 viewDidLoad() 方法中添加更多的事务。

```
let newItem3 = Item()
newItem3.title = "修改密码"
itemArray.append(newItem3)
// 再向 itemArray 数组中添加 117 个 newItem
for index in 4...120 {
  let newItem = Item()
  newItem.title = "第 \(index) 件事务"
  itemArray.append(newItem)
}
```

构建并运行项目，随意单击单元格都不会出现任何的问题，如图 13-25 所示。

在之前的 cellForRowAt() 方法中，我们使用 if 语句，根据单元格的 accessoryType 的属性值设置勾选状态。下面我们使用一种简单的方法来实现该功能。

图 13-25　由代码生成的事务项目

```
  let item = itemArray[indexPath.row]

  cell.accessoryType = item.done == true ? .checkmark : .none

//    if item.done == false {
//      cell.accessoryType = .none
//    }else {
//      cell.accessoryType = .checkmark
//    }

  return cell
}
```

这里，如果 item.done 等于 true，则会将 .checkmark 赋值给 cell 的 accessoryType 属性，

否则会将 .none 赋值给它。这比起上面注释掉的五行 if 语句要简单得多，并且更具可读性。

 技巧 如果再简化一些的话，可以将 item.done == true 修改为 item.done。也就是说问号前面的值为真则执行冒号前面的值，为假则执行冒号后面的值。

13.3.6　UserDefaults 的弊端

接下来，我们需要尝试着使用 UserDefaults 将 Item 对象保存到本地磁盘之中。在项目之中，我们在 UIAlertAction 的闭包中使用 self.defaults.set(self.itemArray, forKey: "ToDoListArray") 代码将 itemArray 存储到 UserDefaults 中。

当你构建并运行项目的时候会发现，当我们添加完一个事务以后，应用程序发生了崩溃。通过控制台打印的日志我们可以发现，User Defaults 在试图设置非 property-list 的对象。

```
2018-02-27 22:44:55.902210+0800 TODO[24678:2928629] [User Defaults] Attempt to
set a non-property-list object (
        "TODO.Item",
        "TODO.Item",
        "TODO.Item",
        "TODO.Item",
```

这也就意味着，我们无法在 UserDefaults 中存储任意类型的对象。从现在开始我们就需要考虑使用另外一种方法来替代 UserDefaults 在本地存储数据。因为 UserDefaults 只适用于小量数据，并且数据类型的限制非常严格。

13.4　认识 NSCoder

在之前的学习中，我们使用 UserDefaults 来存储简单类型的数据。一旦我们创建了 Item 类型的对象，不仅要存储事务名称，还要记录是否完成该事务。只有通过 Item 对象，我们才能正确地在表格视图中显示事务的完成状态。

但是问题在于，当我们使用 UserDefaults 存储自定义类型的对象时，它并不支持这样的存储。本节我们就要使用另外一种方法来解决在磁盘中存储数据的问题。

13.4.1　使用 NSCoder 编码对象数组

步骤 1：需要删除 didFinishLaunchingWithOptions() 方法中的 print 语句。

步骤 2：在 TodoListViewController 类的 viewDidLoad() 方法中，创建一个常量存储应用的 Document 的路径。

```
override func viewDidLoad() {
  super.viewDidLoad()

    let dataFilePath = FileManager.default.urls(for: .documentDirectory, in:
```

```
.userDomainMask).first
    print(dataFilePath)
```

其中，FileManager 类用于管理应用中的文件系统，并通过 default 属性获取该类的实例。由此可见，它是一个单例类。在 urls() 方法中，我们需要得到 document 的路径位置，所以这里使用 .documentDirectory，注意在自动完成的列表中还有一个 .documentation-Directory 的枚举值，一定不要选它，这两个文件夹位置是完全不同的。通过 urls() 方法我们会得到一个数组，其中第一个元素就是 Document 的位置。

构建并运行项目，在控制台中会打印类似下面的信息。

```
Optional(file:///Users/liumingl/Library/Developer/CoreSimulator/Devices/EE243D9-
8088-8FB-04E-564773D5D88/data/Containers/Data/Application/CAA88251-FF23-4362-02C-
E7A4886FEC1/Documents/)
```

在上面的信息中，因为没有拆包可选的操作，所以会显示为 Optional() 的形式。在 finder 中直接导航到 Documents 的文件夹。

步骤 3：删除 TodoListViewController 类中的 UserDefaults 变量的声明，然后修改之前的 let dataFilePath 代码为 let dataFilePath = FileManager.default.urls(for: .documentDirectory, in: .userDomainMask).first?.appendingPathComponent("Items.plist")。

通过这样的修改，相当于在 URL 地址的后面添加了一个文件名，最终地址类似于……902C-4E7A4886FEC1/Documents/Items.plist。如果此时运行项目的话，在 Documents 文件夹中并不会存在该文件，目前只是生成一个地址而已。

为了可以在类中直接使用 dataFilePath 地址，我们将 dataFilePath 调整为 ToDoList-ViewController 类的一个属性。

```
class TodoListViewController: UITableViewController {

    var itemArray = [Item]()

    let dataFilePath = FileManager.default.urls(for: .documentDirectory, in:
.userDomainMask).first?.appendingPathComponent("Items.plist")
```

步骤 4：在 UIAlertAction 的闭包中，我们需要借助 PropertyListEncoder 类对 itemArray 数组进行编码。

```
let action = UIAlertAction(title: " 添加项目 ", style: .default) { (action) in
    // 用户单击添加项目按钮以后要执行的代码
    let newItem = Item()
    newItem.title = textField.text!

    self.itemArray.append(newItem)

    let encoder = PropertyListEncoder()
```

```
let data = encoder.encode(self.itemArray)

self.tableView.reloadData()
}
```

这里需要创建一个 PropertyListEncoder 类的实例，然后通过它的 encode() 方法将 Item 类型数组编码为 plist 格式。此时编译器会报几个错误，让我们依次解决它。

步骤 5：因为 encode() 方法具有 throw 功能，所以需要使用 do...catch 语句。

```
do {
  let data = try encoder.encode(self.itemArray)
  try data.write(to: self.dataFilePath!)
}catch {
  print(" 编码错误: \(error)")
}
```

在上面的代码中，我们通过 write() 方法，将数据存储到指定的路径。

步骤 6：为了可以对 Item 类型的对象编码，还需要让 Item 类符合 Encodable 协议。也就是说，要让 Item 类型能够编码为 plist 格式或者 JSON 格式。如果你自定义一个类，它的所有属性必须是标准数据类型，比如字符串、布尔、数组、字典等类型。

```
class Item: Encodable {
```

构建并运行项目，单击 + 号添加一个新的事务，在表格视图中可以看到新添加的条目。此时可以通过 Finder 导航到应用的 Documents 文件夹，可以发现里面出现了 Items.plist 文件，如图 13-26 所示。

图 13-26　新添加的数据存储到 Items.plist 文件中

如果你用 Items.plsit 和之前的 Userdefaults.plist 文件对比，就会发现 UserDefaults 文件只能存储极为有限的数据类型，并且第一个根的类型值为 Dictionary。

对于事务状态的修改还存在一个 Bug：当用户单击单元格以后，勾选状态还没有被存储到 Items.plist 文件中。我们需要将之前的存储代码拷贝到 didSelectRowAt() 方法中。但是，更优雅的方式是添加一个新的 saveItems() 方法。

步骤 7：在 TodoListViewController 类的底部，添加 saveItems() 方法。

```
func saveItems() {
  let encoder = PropertyListEncoder()

  do {
    let data = try encoder.encode(itemArray)
    try data.write(to: dataFilePath!)
  }catch {
    print("编码错误：\(error)")
  }
}
```

因为不是在闭包中，所以可以删除方法中的 self. 语句。

步骤 8：在 UIAlertAction 闭包和 didSelectRowAt() 方法中调用该方法。

```
let action = UIAlertAction(title: "添加项目", style: .default) { (action) in
  // 用户单击添加项目按钮以后要执行的代码

  let newItem = Item()
  newItem.title = textField.text!

  self.itemArray.append(newItem)

  self.saveItems()

  self.tableView.reloadData()
}
  override func tableView(_ tableView: UITableView, didSelectRowAt indexPath:
IndexPath) {

  itemArray[indexPath.row].done = !itemArray[indexPath.row].done

  saveItems()

  tableView.deselectRow(at: indexPath, animated: true)
}
```

13.4.2 使用 NSCoder 解码

在 TodoListViewController 类的 viewDidLoad() 方法中，我们依然使用着三个测试数据来填充 itemArray 数组。接下来，我们要实现从磁盘上的 Items.plist 文件读取之前保存的 Item 类型的数据。

步骤 1：在 TodoListViewController 类中添加一个新的方法。

```
func loadItems() {
```

```
  if let data = try? Data(contentsOf: dataFilePath!) {
    let decoder = PropertyListDecoder()
    do {
      itemArray = try decoder.decode([Item].self, from: data)
    }catch {
      print("解码item错误! ")
    }
  }
}
```

通过 Data 类，我们从 Documents 文件夹下的 Items.plist 文件中读取数据。因为 Data 的初始化方法是 throw 类型，所以需要使用 try 命令。又因为其生成的对象是可选类型，所以这里又使用可选绑定将其拆包。如果从 Items.plist 读出了数据，则会执行 if 语句体中的代码。

在 if 语句体中，我们先定义了一个用于解码的 PropertyListDecoder 对象，然后通过它的 decode() 方法将 plist 格式数据解码为 Item 数组对象。该方法的第一个参数就是用于指定解码后的数据类型，第二个参数提供解码的数据。

步骤 2：在 viewDidLoad() 方法中，删除之前手动添加的三个 newItem 类型的测试数据对象，并调用 loadItems() 方法。

```
override func viewDidLoad() {
  super.viewDidLoad()
  print(dataFilePath!)

  loadItems()
}
```

步骤 3：我们还需要让 Item 类符合 Decodable 协议，因此将 Item 的类声明部分修改为：class Item: Encodable, Decodable {。只要类中包含的都是标准数据类型，就可以将其从 plist 或 JSON 格式解码为实际的类型。在 Swift 4 中，我们可以直接将 Encodable, Decodable 修改为 Codable，它代表既符合 Encodable，又符合 Decodable 协议。

构建并运行项目，在随意添加几个事务项目以后退出应用程序，然后重新启动运行，你可以发现此时的 TODO 记住了之前所有的修改内容，如图 13-27 所示。

图 13-27　通过 NSCode
存取本地数据

13.5　在应用中使用数据库

到目前为止，不管我们利用 UserDefaults 还是通过 Encoder/Decoder 方式，都只是存储和读取简单的键 / 值配对的数据。从本节开始，我们将学习如何通过关系型数据库来进行复杂的数据存储及搜索。

通过表 13-1 所示我们先来浏览一下不同的本地数据存储方式。我们已经使用了 UserDefaults 和 Codable 方式，这两种方式都是针对微小型数据。而表中的其他三种方式则都利用了数据库或数据库解决方案，它们更适合复杂应用程序。

表 13-1　本地数据存储方式

方法	用途
UserDefaults	快速保持微小型数据的持续性，比如分数、游戏者名称、音效开关等
Codable	保持自定义类的持续性
SQLite	保持大型数据的持续性并可以查询
Core Data	面向对象数据库
Realm	快速、简单的数据库解决方案

现在，非常多的 iPhone 应用程序在后台通过数据库在本地存储数据。SQLite 是一种简易型数据库，如果你熟悉关系型数据库和 SQL 语句，就可以使用它来帮你处理大型的数据以及对数据的查询。

Core Data 是苹果开发的操作数据的框架，它可以工作在关系数据库之上，并可以将数据库中独立的数据表转换为对象，并使用 Swift 代码来维护数据库中的数据。这样会比直接使用数据库的原生 SQL 语句效果更有优势。

最后一个是 Realm，它是一个开源框架，是快速、简单的数据库解决方案，而且非常流行。

通过上面的介绍可以清晰地知道，如果你要存储少量的基础数据，可以使用 UserDefaults；如果要存储少量自定义对象，可以使用 Codable 将数据编码为 plist 格式；如果是大型数据，而你又非常熟悉 SQL 语言，可以使用 SQLite；如果你从一开始就通过 Core Data 设置数据库，则 Core Data 是一个非常好的解决方案；如果你需要更快、更简单、更有效果的数据存储解决方案，则可以使用 Realm。

13.5.1　设置和配置 Core Data

在之前的项目中，我们通过 Codable 协议将数据存储到 plist 文件中，并且能够从该文件中获取数据和添加新的项目。我们先将之前的修改提交到远程仓库中。

在接下来的几节中，我们将会使用 Core Data 实现数据库的 CRUD 操作，即创建（Create）、读取（Read）、更新（Update）和销毁（Destroy）。

首先，我们需要了解如何在项目中设置和配置 Core Data 的数据模型。之前在创建应用程序项目的时候，我们并没有勾选 Use Core Data 选项。因为在实际开发过程中，随着项目的推进可能会存在很多的变数。比如在一开始的时候，项目并不需要 Core Data 来存储数据，你可能打算使用 Codable 来处理。但是随着项目的推进，你需要将数据进行排序，这就需要使用 Core Data 的相关功能。

为了让大家体验更多的设置方式，我们并没有在项目之初就设置 Core Data。接下来，将会向大家展示如何为项目添加 Core Data。

实战：为 TODO 项目启用 Core Data 功能。

步骤 1：在 Xcode 中创建一个新的 Single View App 项目，将 Product Name 设置为 CoreDataTest，并且勾选 Use Core Data 选项。

步骤 2：在项目导航中打开 AppDelegate.swift 文件，可以看到文件底部有两个新的方法。

```swift
// MARK: - Core Data stack

lazy var persistentContainer: NSPersistentContainer = {

  let container = NSPersistentContainer(name: "CoreDataTest")
  container.loadPersistentStores(completionHandler: { (storeDescription, error) in
    if let error = error as NSError? {
      fatalError("Unresolved error \(error), \(error.userInfo)")
    }
  })
  return container
}()

// MARK: - Core Data Saving support
func saveContext () {
  let context = persistentContainer.viewContext
  if context.hasChanges {
    do {
      try context.save()
    } catch {
      let nserror = error as NSError
      fatalError("Unresolved error \(nserror), \(nserror.userInfo)")
    }
  }
}
```

这两个方法都与 Core Data 有关，前者是 Persistent 容器，后者则用于将数据存储到数据库。

步骤 3：回到 TODO 项目，在 Xcode 菜单中选择 File/New/File...，在新文件模板选择面板中选择 iOS/Core Data/Data Model 类型的文件，如图 13-28 所示。将新文件的名称设置为 DataModel。将新创建的 DataModel 文件放置在 Data Model 文件夹中。

步骤 4：在项目导航中打开 AppDelegate.swift 文件，在文件的底部将之前 CoreDataTest 项目中 AppDelegate.swift 文件底部的两个 Core Data 方法拷贝过来，并且将 NSPersistent Container(name: "CoreDataTest") 修改为 NSPersistentContainer(name:"DataModel")，其中

DataModel 就是我们刚刚添加的 Core Data 数据模型。

图 13-28　创建新的 Data Model 文件

现在我们的 TODO 项目就如同勾选了 Use Core Data 选项一样，也具备了 Core Data 功能。

步骤 5：在项目导航中打开 DataModel.xcdatamodeld 文件。单击编辑区域底部的 Add Entity 按钮添加一个**实体**（Entity），如图 13-29 所示。实体在一定程度上就相当于类，每个实体都会包含一些属性。实体中的属性就相当于类中的属性。你也可以将实体想象为一个表格的数据，一个 Excel 工作簿中的表。

图 13-29　在 DataModel 中创建一个实体

当我们选中新创建的 Entity 以后，在右侧的工具区域中可以看到一个新的 Data Model Inspector，我们可以对实体中的属性进行详细设置，如图 13-30 所示。

步骤 6：在 Data Model Inspector 中将 Name 修改为 Item。因为该实体仅会存储之前的 Item 对象。在 Item 实体中，我们增加两个属性。单击 Attributes 部分的＋号，设置属性名称为 title，类型为 String。在选中 title 属性的情况下，发现 Attribute 部分中的 Optional 是勾选状态，我们要取消其勾选状态，让 title 成为必填项。

步骤 7：添加另一个属性，名称为 done，类型为 Boolean，同样取消 Optional 勾选。

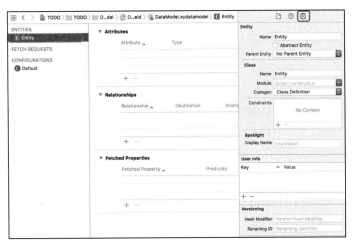

图 13-30 在实体中进行属性设置

步骤 8：当前我们已经通过 Core Data 创建了 Item 实体，因此项目中就无须使用 Item.swift 来定义数据模型了。在项目导航中将 Item.swift 文件删除。

步骤 9：回到 DataModel，在 Item 的 Data Model Inspector 中将 Class 部分中的 Module 设置为 Current Product Module，如图 13-31 所示。虽然这一步对项目没有太多实质性影响，但是随着项目的不断推进，你可能会创建很多的实体，如果不设置的话将来可能会出现一些问题。

另外，在 Module 属性下方的 Codegen 属性中，一共有三个选项：Manual/None、Class Definition 和 Category/Extension，默认的是 Class Definition，它会将实体、数据和属性转换为类的形式，我们可以通过类和类的属性来维护它们。神奇的地方在于，Xcode 会自动产生这个类，并且不会出现在项目导航中，这种方式是我们使用最多的一种方式。

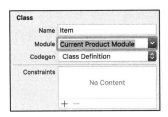

图 13-31 将 Item 实体的 Module 属性设置为 Current Product Module

如果想要查看该实体的情况，在 Finder 中进入当前用户目录，并找到 Library 目录。如果没有发现该目录的话，可以在终端中键入 chflags nohidden ~/Library/ 命令让其显示到 Finder 之中。

在类似于 /Users/{ 当前 macOS 的用户名 }/Library/Developer/Xcode/DerivedData/TODO-cnbguupbasafoubovkijzzzcwhxb/Build/ Intermediates.noindex/TODO.build/Debug-iphonesimulator/TODO.build/DerivedSources/ CoreDataGenerated/DataModel 这个位置，我们可以看到有三个文件，如图 13-32 所示。其中，Item+CoreDataClass 和 Item+CoreDataProperties 这两个文件非常重要。当我们修改实体名称或删除实体的时候会影响到 Class 文件。当我们修改属性的时候影响到 Properties 文件。一般我们不会手动修改这些代码。

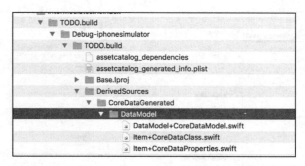

图 13-32 Item 实体的文件位置

如果你选择了 Category/Extension，则需要创建一个与实体名称相同的类，Xcode 会自动连接它以允许你使用 Core Data。

如果你选择了 Manual/None，则不会生成相关的类和代码。

作为 Core Data 的初学者，你会更多地使用 Class Definition 方式，因为它实现非常的方便。但是也有很多的开发者愿意使用 Category/Extension，因为他们可以在类中自定义代码。

打开 Item+CoreDataClass.swift 文件，发现 Item 继承于 NSManagedObject 类。Managed Object 是 Core Data 模型对象，它类似但不是一个标准类，但是我们可以对它进行子类化以管理 Core Data 数据。如果你创建了自己的自定义类，并选中了 Category/Extension，则你的类也需要继承自 NSManagedObject 类。

```
import Foundation
import CoreData

public class Item: NSManagedObject {
}
```

回到 AppDelegate.swift 文件中，我们之前在这里粘贴了两个方法，其中，persistentContainer 是一个全局变量，saveContext() 是一个方法。

首先在 applicationWillTerminate() 方法中调用 saveContext() 方法，这样在应用程序退出时可以保存数据库中有改变的数据。

对于 persistentContainer 变量，它使用了一个我们从未见过的关键字 lazy，它是做什么用的呢？当我们以 lazy 方式声明变量的时候，编译器不会马上创建该变量的实例，而是只有在需要用到它的时候才会去创建。也就相当于当我们试图使用 persistentContainer 变量时，才会去执行其内部的代码，创建该变量，占用需要的内存空间。

这里我们创建的是 NSPersistentContainer 类型的变量，它是我们存储所有数据的基础，相当于 SQLite 数据库。通过 NSPersistentContainer 类，我们可以使用不同类型的数据库，比如用 XML、SQLite。

在声明变量的时候，我们会创建一个 NSPersistentContainer 类型的常量，并指定之前创建的 Core Data 模型——DataModel 作为它的参数。这样，所有的相关信息都会被载入 container 常量之中。当使用 loadPersistentStores() 方法载入模型后，可以通过完成闭包判定是否成功载入。如果成功，则返回该常量值给 persistentContainer 这个 lazy 变量。

对于 saveContext() 方法，它提供了存储数据方面的支持，我们只是先在应用终止运行的时候调用它。在该方法中我们定义了一个 context，在后面我们会经常看到 context，它实际上是一个区域，直到你将临时区域中的数据保存到 context 之前，我们可以在这个区域里修改和更新数据，也可以执行撤销和重做操作。对比之前的 GitHub 内容，Context 很像是 GitHub 的临时区域，我们可以在这里修改、更新任何事情，直到 Git 将修改的内容提交到仓库之中。

对于代码，我们需要了解两件重要的事情：一是创建了 persistentContainer 变量，它与 SQLite 数据库一样；二是 context，它就是一个临时区域，我们可以在这里修改、删除数据。

13.5.2　如何使用 Core Data 存储数据

在本节我们将使用 Core Data 创建和保存事务数据。

在 UIAlertAction 闭包中，我们通过 let newItem = Item() 代码创建了 Item 对象，但是在启用了 Core Data 特性后，需要另外一种不同的方法。

```
let action = UIAlertAction(title: "添加项目", style: .default) { (action) in
    // 用户单击添加项目按钮以后要执行的代码

    let context = (UIApplication.shared.delegate as! AppDelegate).
persistentContainer.viewContext

    let newItem = Item(context: context)

    newItem.title = textField.text!
    self.itemArray.append(newItem)
    self.saveItems()
}
```

此时的 Item 类是由 Core Data 自动生成的，所以需要通过 Item(context:) 初始化方法将类实例化，这里需要 Core Data 的 context 值作为参数。

💿提示　在 Item 上单击鼠标右键，可以看到此时的 Item 属于 NSManagedObject 的子类，是由 Core Data 负责管理的。

我们在 AppDelegate 类的 saveContext() 方法中见过 context，它是 persistentContainer 中的一个属性。

我们并不需要在 TodoListViewController 类中创建 context 属性，通过 AppDelegate. persistentContainer.viewContext 便可以获取到它。但是 AppDelegate 只是一个类，并不是对

象，此时我们需要的是 AppDelegate 对象。

再通过 UIApplication.shared 可以获取到当前正在运行的应用实例，由此可见，UIApplication 类也是单例模式。该对象中的 delegate 属性就是实例化的 AppDelegate 类型的对象，因为目前它的类型为 UIApplicationDelegate，所以还需要再使用 (UIApplication. shared.delegate as! AppDelegate) 语句将其转换为我们的 AppDelegate 类的实例。

在 saveItems() 方法中，我们需要调用 context 的 save() 方法来存储数据，所以将代码修改为：

```swift
func saveItems() {
    do {
        let context = (UIApplication.shared.delegate as! AppDelegate).persistentContainer.viewContext
        try context.save()
    }catch {
        print("保存context 错误: \(error)")
    }

    tableView.reloadData()
}
```

因为我们在两个地方都用到了 context，所以可以将其设置为类的属性，进而修改两个地方对它的调用。

```swift
import CoreData

class TodoListViewController: UITableViewController {

    let context = (UIApplication.shared.delegate as! AppDelegate).persistentContainer.viewContext

    ......
    //MARK: - Add New Items
    @IBAction func addButtonPressed(_ sender: UIBarButtonItem) {
        ......
        let action = UIAlertAction(title: "添加项目", style: .default) { (action) in
            // 用户单击添加项目按钮以后要执行的代码
            let newItem = Item(context: self.context)

            newItem.title = textField.text!
            self.itemArray.append(newItem)
            self.saveItems()
        }
        ......
    }

    func saveItems() {
        do {
```

```
    try context.save()
  }catch {
    print("保存 context 错误: \(error)")
  }

  tableView.reloadData()
  }
}
```

构建并运行项目，添加一个新的事务，在控制台中可以看到相关的数据信息。

```
保 存 context 错   误: Error Domain=NSCocoaErrorDomain Code=1570 "The operation
couldn't be completed. (Cocoa error 1570.)"
  UserInfo={NSValidationErrorObject=<TODO.Item: 0x61c000097480> (entity: Item; id:
0x61c000227ec0
  <x-coredata:///Item/tD83CE0B3-262C-404B-A94A-DB0D8EE27A8D2> ; data: {
    done = nil;
    title = "save the world!";
  }), NSValidationErrorKey=done, NSLocalizedDescription=The operation couldn't be
completed. (Cocoa error 1570.)}
```

通过上面的日志我们可以知道，Core Data 在保存的时候出现了错误。保存的操作不能正常完成，错误代码为1570，发生错误的键名为 done。原来导致保存失败的原因是 Item 对象的 done 值为 nil。

还记得之前在创建实体的时候，在 Data Model Inspector 中我们将 done 属性设置为非可选了吗？这也就代表 done 属性必须有值存在。所以在 UIAlertAction 闭包中再添加一行代码：

```
newItem.title = textField.text!
newItem.done = false   // 让 done 属性的默认值为 false
```

再次构建并运行项目，添加一个新的事务，控制台不再报错。

13.5.3　查看 SQLite 后端数据库

在默认情况下，Core Data 使用 SQLite 作为后端数据库。这一节我们就来找出它的位置。

在 viewDidLoad() 方法中添加一条打印语句：print(FileManager.default.urls (for: .documentDirectory, in: .userDomainMask))。

构建并运行项目，找到该应用的 Library 目录位置，再进入 Application Support 目录就可以看到 DataModel.sqlite 文件了，如图 13-33 所示。接下来就可以利用各种 SQLite 查看软件将其打开了。

这里推荐大家从 Mac App Store 上面下载免费版本的 Datum 来查看数据库。

使用 Datum 打开 SQLite 文件以后可以看到类似图 13-34 所示的这些信息。

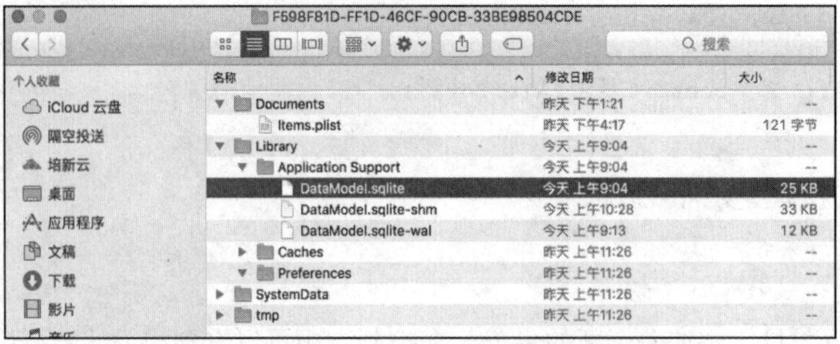

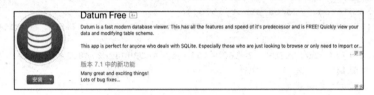

图 13-33　在 Finder 中查找 DataModel.sqlite 文件

图 13-34　在 Mac App Store 上面下载应用

13.5.4　Core Data 基础

在实际操作中，我们已经接触了很多的新词，但它们都描述的是同一个概念，如表 13-2 所示。

表 13-2　不同的新词

面向对象	Core Data	数据库
类（Class）	实体（Entity）	表（Table）
属性（Property）	属性（Attribute）	字段（Field）

在程序开发领域中，我们所说的 Class 对应的就是 Core Data 中的 Entity 以及数据库中的 Table。在程序中的属性就是数据库中的字段。

对于一张普通的表格来说，这张表就是 Core Data 中的实体，每一列的名称，比如部门、编码、价格都是表中的字段，在 Core Data 中就是属性。表中的每一行就相当于一个 NSManagedObject 对象。虽然本章出现了很多新名词，但是只要记住实体说的就是类或表，属性就是表中的字段，Core Data 中的 NSManagedObject 对象，就是表中单独的一行记录即可。

假设我们的应用一共有 Buyers、Products 和 Orders 三个实体，它们都存储在一个永久存储区。这个区域就是 persistent container。这个容器中包含了类似 SQLite 的数据库，以及表与表之间的关系。

在编写程序代码的时候，我们不能直接与 persistent 容器交互，必须要通过一个中间件，也就是我们之前接触的 context。这个 context 就是一个临时区域，我们可以在这个区域中创建欲添加到实体中的新记录、欲修改的数据或者是想要删除的数据。这也就是之前说的创建（Create）、读取（Read）、修改（Update）和销毁（Destroy）。

需要记住的一点是，所有的 CRUD 操作都要在 context 中进行，不能直接操作 persistent container。另外，你还可以在 context 中执行取消（Undo）和重做（Redo）操作。最后在提交的时候我们只需要调用 context 的 save() 方法即可，整个过程与 GitHub 极为相似，如图 13-35 所示。

就目前的项目来说，为了可以在控制器类中使用 Core Data，我们定义了 context 属性。每个 iOS 应用程序都有一个 UIApplication 类型的对象，通过该对象的 delegate 属性，便可以获取到 AppDelegate 的实例，接下来再通过 AppDelegate 实例获取到该类中的 persistentContainer 属性。注意，persistentContainer 是一个 lazy 变量，这意味着

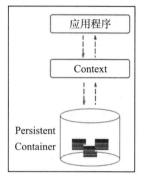

图 13-35　应用、Context 和
Persistent Container 之间的关系

只有在用到该变量的时候，程序才会为我们创建它的实例。在初始化 persistentContainer 的时候，我们通过参数指定包含实体数据的数据模型。项目中的实体名称为 Item，它包含两个属性 title 和 done，然后通过 loadPersistentStores() 方法载入 DataModel。

在控制器中通过 persistentContainer 获取 viewContext 属性以后，就可以操作这个临时区域了。为了可以将一个新的数据添加到实体，我们创建了一个新的 Item 类型对象 let newItem = Item(context: self.context)。Item 类是在 Data Model 编辑器中创建实体的时候，由 Core Data 自动生成的。通过 Item 类，我们可以直接访问数据对象的属性，比如 title 和 done。Item 对象是 NSManagedObject 类型，NSManagedObject 对象实际上就是实体表中一行独立的记录。

在完成了 Item 对象的赋值以后，需要调用 context 的 save() 方法将临时区域中的数据存储到 persistentContainer 中。

13.5.5　从 Core Data 读取、修改和删除数据

目前我们的项目还存在很多的问题，当应用启动以后表格中并没有任何事务信息，但是在 SQLite 文件中已经写入了记录。

实战：从 Core Data 中读取数据。

步骤 1：修改 TodoListViewController 类的 loadItems() 方法。

```
func loadItems() {
  let request: NSFetchRequest<Item> = Item.fetchRequest()
}
```

首先创建一个 NSFetchRequest 类型的常量 request，我们通过它获取 Item 格式的搜索

结果。<Item> 代表获取到的结果类型是 Item 类型。Swift 在很少的情况下需要程序员指定数据类型，但是在指定了类型以后，会帮助程序员或团队中的其他人理解代码的意思。但是在关键的地方，我们还是必须明确指出某个结果的数据类型。

在声明 request 的时候，我们必须明确给出实体的数据类型，这代表该请求会得到一批 Item 类型的对象。

步骤 2：继续修改 loadItems() 方法。

```
func loadItems() {
  let request: NSFetchRequest<Item> = Item.fetchRequest()

  do {
    itemArray = try context.fetch(request)
  }catch {
    print("从 context 获取数据错误：\(error)")
  }
}
```

通过 context 的 fetch() 方法，执行上面定义的搜索请求。

步骤 3：在 viewDidLoad() 方法的最后，添加对 loadItems() 方法的调用。

构建并运行项目，在应用启动以后可以看到数据呈现到表格视图之中，如图 13-36 所示。

接下来，我们要实现修改 Core Data 中数据的操作。本项目中修改数据最理想的地方是在 didSelectRowAt() 方法里面。

图 13-36　读取 Core Data 中的数据

```
override func tableView(_ tableView: UITableView, didSelectRowAt indexPath:
IndexPath) {

  itemArray[indexPath.row].done = !itemArray[indexPath.row].done

  let title = itemArray[indexPath.row].title
  itemArray[indexPath.row].setValue(title + " - (已完成)", forKey: "title")

  saveItems()

  tableView.beginUpdates()
  tableView.reloadRows(at: [indexPath], with: UITableViewRowAnimation.none)
  tableView.endUpdates()

  tableView.deselectRow(at: indexPath, animated: true)
}
```

当用户单击某个事项以后，会在该事项 title 的结尾加上 -（已完成）字符串。相关的改动只会影响到 context 区域，直到调用 save() 指令前，所有的修改都不会影响到 persistentContainer。

目前的代码只是让大家了解如何通过 Core Data 修改数据，故现在应将新添加的代码注释掉。

另外，如果要删除实体中的某个对象，我们可以利用 content 的 delete() 方法。

```
override func tableView(_ tableView: UITableView, didSelectRowAt indexPath:
IndexPath) {

    context.delete(itemArray[indexPath.row])
    itemArray.remove(at: indexPath.row)
    ......
}
```

当用户单击事项以后，可以通过 delete() 方法直接删除该 NSManagedObject 对象，然后再从 itemArray 数组中移除该对象。同样，在执行 save() 方法之前，所有的删除操作都是在临时区域实现的。

为了继续后面的学习，我们还是先将和删除相关的两行代码注释掉。

13.6　借助 Core Data 的查询功能实现搜索

本节我们将利用 Core Data 搜索指定的 Item 对象。首先我们需要在表格视图中添加一个搜索栏。

实战：在用户界面中添加搜索栏。

步骤 1：打开 Main.storyboard 文件，从对象库中拖曳 Search Bar 到表格控制器视图导航栏的下面。从大纲视图中可以确认此时的 Search Bar 应该位于表格视图的内部、ToDoItemCell 的上方，如图 13-37 所示。

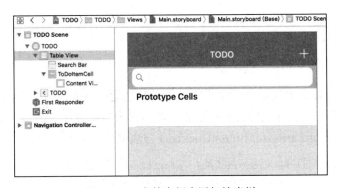

图 13-37　在故事板中添加搜索栏

步骤 2：修改 TodoListViewController 类的声明，使其符合 UISearchBarDelegate 协议。

```
class TodoListViewController: UITableViewController, UISearchBarDelegate {
```

还记得之前我们往往会在 viewDidLoad() 方法中添加对 delegate 属性赋值的语句吗？这里我们可以使用类似 searchBar.delegate = self 语句来设置 delegate 的值。但是还有另外一种方法可以实现对 delegate 属性的设置。

步骤 3：在 Main.storyboard 中选中 searchBar，按住鼠标右键，并拖曳其到上方的黄色图标，该图标代表当前的视图控制器。在弹出的 Outlets 快捷菜单中选择 delegate，这样就相当于将 searchBar 的 delegate 属性值设置为当前的控制器对象，如图 13-38 所示。

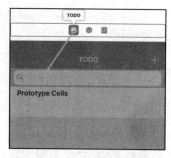

同样，我们可以选中表格视图，按住鼠标右键，并拖曳到黄色图标，此时的快捷菜单中会显示 DataSource 和 Delegate 均被选中的状态。

另外，通过拖曳 Document Outline 中的 Search Bar 到黄色图标，也会有相同的效果。

图 13-38　在故事板中设置搜索栏的 delegate 属性

当前的 TodoListViewController 类中只是符合 UISearchBarDelegate 协议，如果该类还要实现照片获取器的功能，则还需要添加 UIImagePickerControllerDelegate 协议和 UINavigationDelegate 协议，如果有文本框的话，可能还需要 UITextFieldDelegate 协议。面对如此多的协议，将会产生很多的委托方法，因此我们可以通过 Extension 的方式将类按照功能分割一下。

实战：为 TodoListViewController 类设置 Extension。

步骤 1：删除之前 TodoListViewController 类的 UISearchBarDelegate 协议。

步骤 2：在 TodoListViewController 类的下方，添加一个扩展（extension），然后在扩展中添加一个委托方法。

```
extension TodoListViewController: UISearchBarDelegate {
  func searchBarSearchButtonClicked(_ searchBar: UISearchBar) {
  }
}
```

使用扩展的好处在于我们在一个类文件中可以创建多个扩展，每个扩展都与一种协议相关，这样所涉及的委托方法都会相对独立，增加代码的可读性并且便于维护。

步骤 3：在 searchBarSearchButtonClicked() 方法中添加下面的代码。

```
func searchBarSearchButtonClicked(_ searchBar: UISearchBar) {
  let request: NSFetchRequest<Item> = Item.fetchRequest()

  print(searchBar.text!)
}
```

当用户在搜索栏中输入信息并单击虚拟键盘的搜索按键以后，就会调用该方法。这里我们先生成一个对于 Item 实体的搜索请求，然后再打印搜索栏中输入的文本信息，如图 13-39 所示。

图 13-39 为搜索栏实现搜索请求

步骤 4：为了可以搜索到指定内容的 Item 对象，我们需要添加下面的代码。

```swift
func searchBarSearchButtonClicked(_ searchBar: UISearchBar) {
  let request: NSFetchRequest<Item> = Item.fetchRequest()
  let predicate = NSPredicate(format: "title CONTAINS[c] %@", searchBar.text!)
  request.predicate = predicate
}
```

这里创建一个 NSPredicate 类型的对象，format 参数代表查询的谓词，即搜索条件。这里会搜索 Item 实体中 title 里面包含（CONTAINS）搜索栏里面的字符的记录，[c] 代表不区分大小写。其中 %@ 是通配符，它会被第二个参数的值替代。如果搜索栏中的内容是"拯救"，则 format 参数的字符串就为" title CONTAINS[c] 拯救"。最后将过滤谓词添加到 request 搜索请求之中。

如果大家对于谓词过滤语句还不是很熟悉的话，在 GitHub 的相关资源中为大家提供了一个谓词相关的文档，大家可以轻松查到符合自己需要的查询语句。

步骤 5：继续在方法中添加相关代码。

```swift
let predicate = NSPredicate(format: "title CONTAINS %@", searchBar.text!)
request.predicate = predicate
```

```
let sortDescriptor = NSSortDescriptor(key: "title", ascending: true)
request.sortDescriptors = [sortDescriptor]
```

这里会对搜索到的 Item 对象按照 title 属性增量排序。

步骤 6：最后在方法中添加对 Item 实体的搜索指令，可以直接复制 loadItems() 方法中的代码。

```
request.sortDescriptors = [sortDescriptor]

do {
  itemArray = try context.fetch(request)
}catch {
  print("从context获取数据错误：\(error)")
}

tableView.reloadData()
```

图 13-40　初步实现搜
索栏的功能

构建并运行项目，使用＋号增加足够测试数量的事项，然后通过搜索栏搜索指定的字符串，可以看到需要的结果，如图 13-40 所示。

步骤 7：继续简化之前 searchBarSearchButtonClicked() 方法中的代码。

```
func searchBarSearchButtonClicked(_ searchBar: UISearchBar) {
  let request: NSFetchRequest<Item> = Item.fetchRequest()

   request.predicate = NSPredicate(format: "title CONTAINS[c] %@", searchBar.
text!)

  request.sortDescriptors = [NSSortDescriptor(key: "title", ascending: true)]

  loadItems(with: request)
}
```

同时修改 loadItems() 方法为下面这样。

```
func loadItems(with request: NSFetchRequest<Item>) {
  do {
    itemArray = try context.fetch(request)
  }catch {
    print("从context获取数据错误：\(error)")
  }

  tableView.reloadData()
}
```

在定义 loadItems() 方法的时候，参数有两个名称，第一个是对外部所显示的名称 with，第二个是方法内部调用的时候所使用的名称。这么做的目的是使代码更加优雅和美观。

步骤8：修改 viewDidLoad() 方法。

```
override func viewDidLoad() {
super.viewDidLoad()

print(FileManager.default.urls(for: .documentDirectory, in: .userDomainMask))

let request: NSFetchRequest = Item.fetchRequest()
loadItems(with: request)
}
```

> **技巧** 为了方便调用，我们还可以为 loadItems() 方法的参数添加一个默认值。修改方法的定义为 func loadItems(with request: NSFetchRequest<Item> = Item.fetchRequest()) {。如果在调用的时候不输入参数，该方法就会将搜索请求参数设置为获取全部的 Item 实体的记录。

通过这样的修改，我们就可以将 viewDidLoad() 方法简化为：

```
override func viewDidLoad() {
  super.viewDidLoad()

  print(FileManager.default.urls(for: .documentDirectory, in: .userDomainMask))

  loadItems()
}
```

构建并运行项目，测试搜索功能是否正常。

接下来，我们需要实现的是当用户搜索事项完成以后，还原到最初的原始事项列表。比如当用户单击搜索栏右侧的叉号按钮时，在清理搜索栏中文字的同时，列出所有的 Item 事项。需要在 TodoListViewController 的扩展类中实现该功能。

实战：还原之前的所有事项。

步骤1：在 UISearchBarDelegate 扩展类中添加新的委托方法。

```
func searchBar(_ searchBar: UISearchBar, textDidChange searchText: String) {
  if searchBar.text?.count == 0 {
    loadItems()
  }
}
```

一旦搜索栏中的文字内容发生了变化就会调用该方法。在该方法中，会判断搜索栏中的文字数量是否为0，如果为0则代表搜索栏中的文字被用户清空，或者是单击了右侧的叉号按钮后由系统直接清空。

如果搜索文字被清空，就让控制器直接调用 loadItems() 方法显示所有的事项。

构建并运行项目，在搜索结束以后单击叉号按钮，让表格视图显示所有的 Item 实体中的记录，如图 13-41 所示。

接下来我们再解决一个小问题，当用户单击叉号按钮以后，希望虚拟键盘可以自动消失。因为此时虚拟键盘若还留在表格视图中已没有任何意义了。要想实现这个功能，我们需要让 searchBar 停止 first responder。

步骤 2：在刚才的 if 语句中再添加一行代码：

```
if searchBar.text?.count == 0 {
  loadItems()
  searchBar.resignFirstResponder()
}
```

一旦用户单击搜索栏以后，searchBar 就会成为

图 13-41　还原所有的事项

屏幕上的首要响应对象（First Responder）。如果该对象是带有输入功能的控件，虚拟键盘就会自动从屏幕下方滑出。如果我们取消它的首要响应状态，虚拟键盘会自动消失。

构建并运行项目，在单击叉号按钮以后，虚拟键盘并没有滑出消失，这是为什么呢？

在应用程序运行的时候，通过 loadItems() 获取所有 Item 对象是在后台线程运行的，所以我们不能在这里执行任何与前端用户界面相关的代码。

在模拟器中运行 TODO 应用的时候，单击 Debug 控制台的暂停按钮，如图 13-42 所示。

图 13-42　中断应用程序在模拟器中的运行

在 Debug 导航区域中，我们发现有应用运行了多个线程，它们中的一个是主线程，也就是 Thread 1。例如，如果我们通过网络在主线程调用云端 bomb 数据库，则在 Internet

上面获取数据的时候，你的应用会处于"冻结"的状态，直到获取数据的操作完成。因此，我们需要将这个任务放在后台线程，也就是其他线程中去处理，如图13-43所示。

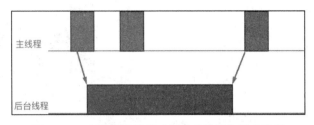

图 13-43　应用程序运行时候的主线程与后台线程

一旦在后台完成任务，我们可能需要用这些数据来更新主线程中的用户界面。因此在后台线程中需要先获取主线程，然后才能让虚拟键盘消失。

步骤3：修改 searchBar(_ searchBar: UISearchBar, textDidChange searchText: String) 方法为如这样。

```
if searchBar.text?.count == 0 {
  loadItems()

  DispatchQueue.main.async {
    searchBar.resignFirstResponder()
  }
}
```

其中 DispatchQueue.main 用于获取主线程，async 则用于指明主线程和后台线程一起并行执行任务，也就相当于在后台查询记录的同时让搜索栏失去首要响应。

构建并运行项目，单击搜索栏中叉号按钮以后，虚拟键盘消失。

13.7　借助 Core Data 创建关系图

很多事项处理的应用程序都带有分类，以帮助我们将众多的事项分类成组。要想在 TODO 项目中实现该功能，需要通过 Core Data 设置另一个实体，以及在两个实体之间建立关系。

[C#] **实战**：修改用户界面。

步骤1：在 Main.storyboard 中拖曳一个新的表格视图控制器到导航控制器与 Todo-ListViewController 之间。删除之前导航控制器与 Todo 控制器之间的 Segue。现在，我们应该让新添加的表格控制器成为导航堆栈中的根控制器。

在导航控制器顶部的黄色图标单击鼠标右键并拖曳到新添加的表格控制器，在弹出的快捷菜单中选择 Relationship/root view controller，如图13-44所示。

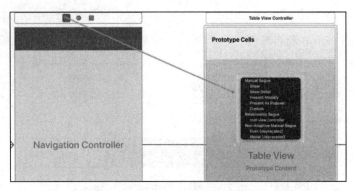

图 13-44　将新添加的表格视图控制器设置为导航的根控制器

新添加的控制器用于在应用启动以后呈现一个**事务分类列表**，它会带着用户进入该分类中的所有事项。

步骤 2：在新的控制器的黄色图标单击鼠标右键并拖曳到 Todo 控制器，在弹出的快捷菜单中选择 Show Segue，将该 Segue 的 Identifier 设置为 **goToItems**。

步骤 3：在项目导航的 Controllers 组中添加一个新的 Cocoa Touch Class，将 Subclass of 设置为 **UITableViewController**，将 Class 设置为 **CategoryViewController**。在保存的时候确认 Group 选为 **Controllers**，Targets 勾选了 **TODO**，如图 13-45 所示。

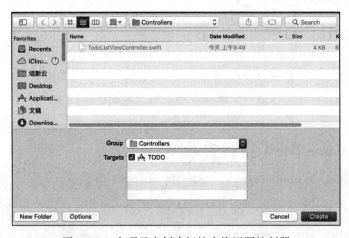

图 13-45　在项目中创建新的表格视图控制器

步骤 4：在 Main.storyboard 中将新表格控制器的 Class 设置为 **CategoryViewController**，再选中其单元格，在 Attributes Inspector 中将 Identifier 设置为 **CategoryCell**。

步骤 5：从对象库拖曳一个 Bar Button Item 控件到 Category 控制器的导航栏中，在 Attributes Inspector 中将 System Item 设置为 **Add**，将 Tine 设置为**白色**。

步骤 6：为 Add 按钮设置 IBAction 关联，将 Name 设置为 **addButtonPressed**。

步骤 7：单击 Category 控制器的导航，在 Attributes Inspector 中将 Title 设置为 **TODO**，

再将 Todo 控制器的导航标题修改为**事项**。

因为 CategoryViewController 是系统生成的，里面包含了很多暂时不需要的委托方法和注释，我们将其整理为下面的样子。

```
import UIKit

class CategoryViewController: UITableViewController {
  override func viewDidLoad() {
    super.viewDidLoad()

  }

  @IBAction func addButtonPressed(_ sender: UIBarButtonItem) {
  }
}
```

接下来，我们需要在 DataModel.xcdatamodeld 文件中修改数据模型。

⌨ **实战**：修改 DataModel.xcdatamodeld 的数据模型。

步骤 1：在 DataModel.xcdatamodeld 中除了可以使用表格式编辑界面外，还可以使用图谱式风格，单击界面右下角的图标即可，如图 13-46 所示。图谱风格对于经常操作数据库的开发者而言非常的熟悉。基于这种风格，我们将添加一个新的实体。

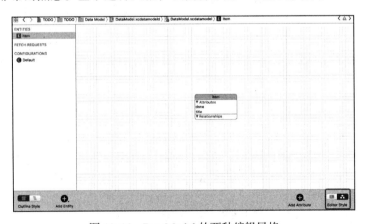

图 13-46　DataModel 的两种编辑风格

步骤 2：单击 Add Entity 按钮添加一个新的实体，然后在 Data Model Inspector 中将 Name 修改为 Category，然后单击 Add Attribute 按钮为实体添加属性，如图 13-47 所示。

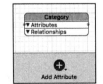

步骤 3：将第一个属性的 Name 设置为 name，该属性用于存储分类的名称。然后取消 Optional 的勾选，代表该属性是必填项。将 Attribute Type 设置为 String，代表该属性值只能

图 13-47　为实体添加属性

为字符串类型，如图 13-48 所示。

步骤 4：因为 Category 中的分类要包含 Item 中的记录，所以右击 Category 实体并拖曳到 Item 实体。当松开鼠标后你会看到 13-49 所示情形。

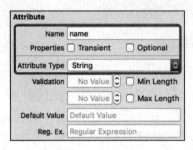

图 13-48　设置 name 的属性

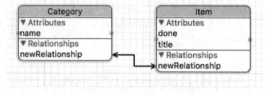

图 13-49　将 Category 与 Item 建立关联

此时在两个实体中会出现**关系**（Relationships）部分，并且关系名称均为 newRelationship，这个名称对于我们来说没有意义。因为每一个 Category 的记录都会指向多个 Item 的记录，所以这里我们将 Category 实体中的关系名称修改为 items。另外，因为是指向多个 Item，所以在选中 Items 关系的情况下，在 Data Model Inspector 中将 Type 设置为 **To Many**，如图 13-50 所示。

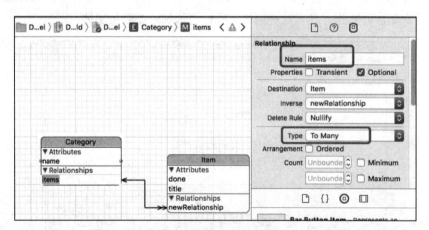

图 13-50　设置实体关系的属性

步骤 5：将 Item 实体的 newRelationship 修改为 parentCategory，我们会通过它指定 Item 对象属于哪个分类。因为每个 Item 对象仅属于一个 Category，所以该关系的 Type 就是默认的 **To One**。

利用 Core Data 的图谱风格，我们可以方便地创建多个实体，并且可以快速建立实体之间的联系。

现在让我们回到 CategoryViewController，首先使用 import CoreData 导入 Core Data 框架。

实战：在 CategoryViewController 类中实现 Table View Delegate、Table View Data Source 和数据维护方法。

步骤 1：在 CategoryViewController 类中添加下面的属性。

```
class CategoryViewController: UITableViewController {

    var categories = [Category]()

    let context = (UIApplication.shared.delegate as! AppDelegate).
persistentContainer.viewContext
    ......
}
```

在该类中我们创建 Category 类型的数组 categories，为了可以实现 Core Data 的 CRUD 功能，从 AppDelegate 中获取 viewContext。

步骤 2：在 CategoryViewController 类中添加 TableView 的 DataSource 委托方法。

```
//MARK: - Table View Data Source 方法
override func tableView(_ tableView: UITableView, numberOfRowsInSection section:
Int) -> Int {
    return categories.count
}

override func tableView(_ tableView: UITableView, cellForRowAt indexPath:
IndexPath) -> UITableViewCell {
    let cell = tableView.dequeueReusableCell(withIdentifier: "CategoryCell", for:
indexPath)
    cell.textLabel?.text = categories[indexPath.row].name
    return cell
}
```

步骤 3：实现添加 Category 对象的功能。

```
@IBAction func addButtonPressed(_ sender: UIBarButtonItem) {
    var textField = UITextField()

    let alert = UIAlertController(title: "添加新的类别", message: "",
preferredStyle: .alert)
    let action = UIAlertAction(title: "添加", style: .default) { (action) in
        let newCategory = Category(context: self.context)
        newCategory.name = textField.text!

        self.categories.append(newCategory)
        self.saveCategories()
    }

    alert.addAction(action)
    alert.addTextField { (field) in
```

```
        textField = field
        textField.placeholder = "添加一个新的类别"
    }

    present(alert, animated: true, completion: nil)
}
```

方法中的代码与 TodoListViewController 类中的极为相似，当用户单击 **Add** 按钮以后会在屏幕上呈现一个添加类别对话框，在输入完类别名称并单击**添加**按钮以后会将创建的 Category 对象添加到 categories 数组中，并将结果保存到 persistentContainer 容器中。

步骤 4：在 TodoListViewController 类中创建 saveCategories() 方法。

```
//MARK: - Table View 数据维护方法

func saveCategories() {
  do {
    try context.save()
  }catch {
    print("保存 Category 错误：\(error)")
  }
  tableView.reloadData()
}
```

步骤 5：继续添加 loadCategories() 方法。

```
func loadCategories() {
  let request: NSFetchRequest<Category> = Category.fetchRequest()
  do {
    categories = try context.fetch(request)
  }catch {
    print("载入 Category 错误：\(error)")
  }

  tableView.reloadData()
}
```

该方法中的 request 的类型是 NSFetchRequest，代表想要获取的对象都与 Category 类型相关。

步骤 6：在 viewDidLoad() 方法的最后添加对 loadCategories() 方法的调用。

构建并运行项目，应用启动以后会看到类别列表，只不过目前还没有创建任何的类别。仿照下图的样子，创建四个以上的类别名称。为了测试数据是否被写入 persistentContainer，将应用关闭再重新启动，查看是否还会显示所添加的类别，如图 13-51 所示。

接下来我们需要实现的是当用户单击**购物清单**事务以后，屏幕会呈现 TodoList 控制器的表格视图，并且在表格中列出该类别的所

图 13-51 添加事务
分类到实体中

有 Item 对象。

📇 **实战**：呈现选中类别的所有事项。

步骤 1：在 CategoryViewController 类中，在 MARK: - Table View Delegate 注释代码的下方添加 didSelectRowAt() 方法。

```
override func tableView(_ tableView: UITableView, didSelectRowAt indexPath:
IndexPath) {
    performSegue(withIdentifier: "goToItems", sender: self)
}
```

当用户单击单元格以后就会调用该方法，你需要借助 Segue 方法，从 Category 控制器切换到 Todo 控制器，Segue 的标识为 **goToItems**。

在调用 performSegue() 方法之前，我们还需要做一些准备工作，因为现在 Todo-ListViewController 需要载入的并不是所有的 Item 对象，而是用户指定类别的 Item 对象。

步骤 2：在 didSelectRowAt() 方法的下面添加 prepare() 委托方法。

```
override func prepare(for segue: UIStoryboardSegue, sender: Any?) {
    let destinationVC = segue.destination as! TodoListViewController
    if segue.identifier == "goToItems" {

    }
}
```

当调用 performSegue() 方法并确定执行标识为 **goToItems** 的 Segue 以后，接下来就是执行该方法了。这里首先获取 Segue 的目标控制器，使用 if 语句是防止从 Category 控制器到 Todo 控制器有多个 Segue，只有执行标识为 **goToItems** 的 Segue 的时候才会执行下面的代码。

步骤 3：继续在 prepare() 方法中添加下面的代码。

```
if segue.identifier == "goToItems" {
    if let indexPath = tableView.indexPathForSelectedRow {
        destinationVC.selectedCategory = categories[indexPath.row]
    }
}
```

通过 tableView 的 indexPathForSelectedRow 我们可以获取用户当前选择的单元格位置，因为它的值是可选的，所以这里需要使用可选绑定将其拆包。然后再将相应的 Category 对象赋值给 TodoListViewController 类的 selectedCategory 属性，只不过目前我们还没有定义该属性。

步骤 4：在 TodoListViewController 类中添加一个属性 var selectedCategory: Category?，它的类型是可选的。

需要注意的是，现在在获取 Item 对象的时候，必须通过 selectedCategory 属性查找指定类别的事项。

在 Swift 语言中，我们可以在声明变量的后面添加一对大括号，然后在内部使用 didSet{ …… } 关键字加大括号的方式，定义在为 selectedCategory 赋值的时候需要做什么事情，在这里我们可以调用 loadItems() 方法。

```swift
var selectedCategory: Category? {
  didSet {
    loadItems()
  }
}
```

因为有了这样的设置，我们可以删除 viewDidLoad() 方法中对 loadItems() 方法的调用。

步骤 5：在 UIAlertAction 的闭包中，当创建 Item 对象的时候，我们此时还要为 Item 的 parentCategory 赋值，只有这样新创建的 Item 对象才可能有一个具体的类别。

```swift
newItem.title = textField.text!
newItem.done = false
// 将 selectedCategory 的值赋给 Item 对象的 parentCategory 关系属性
newItem.parentCategory = self.selectedCategory
```

构建并运行项目，单击进入某个类别以后，你会发现在 TodoList 控制器中会显示当前所有的事项。实际上我们当前所创建的所有 Item 对象都没有 parentCategory 关联，在 TodoListViewController 的表格视图中，所有的数据都来自于 itemArray 数组，itemArray 数组的数据则来自于 loadItems() 方法。在该方法中我们只是简单地通过 fetch() 方法获取 Item 实体中所有的记录。因此，我们需要在查询数据库的时候进行数据过滤。

步骤 6：在 loadItems() 方法中添加下面的代码。

```swift
func loadItems(with request: NSFetchRequest<Item> = Item.fetchRequest()) {
   let predicate = NSPredicate(format: "parentCategory.name MATCHES %@",
selectedCategory!.name!)
   request.predicate = predicate
   do {
     itemArray = try context.fetch(request)
   }catch {
     print("从 context 获取数据错误: \(error)")
   }

   tableView.reloadData()
}
```

我们通过 NSPredicate 创建了一个只获取 parentCategory.name 完全等于 selectedCategory.name 的记录，也就是与 Item 关联的 Category 对象的 name 要等于从 Category 控制器传递过来的数据。

如果此时构建并运行项目的话，在 TodoList 控制器中，我们根据类别输入几个事项，但是在搜索的时候我们会发现该功能失效了，搜索栏并不能按照我们提供的文字内容去搜索，而只是重新进行了排序。这是因为在 searchBarSearchButtonClicked() 方法中，我们通过 NSSortDescriptor() 方法对结果进行了排序。

为了可以在 loadItems() 方法中只针对 selectedCategory 提供的类别进行搜索，我们需要在 loadItems() 方法中添加第二个参数。

```
func loadItems(with request: NSFetchRequest<Item> = Item.fetchRequest(),
predicate: NSPredicate) {
    ......
```

我们可以创建 request 请求，还可以创建谓词，这样在用户进行搜索的时候除了当前的 request 请求以外，还可以设定其他的条件。

步骤 7：继续完善 loadItems() 方法。

```
func loadItems(with request: NSFetchRequest<Item> = Item.fetchRequest(),
predicate: NSPredicate) {
    let categoryPredicate = NSPredicate(format: "parentCategory.name MATCHES %@",
selectedCategory!.name!)

    let compoundPredicate = NSCompoundPredicate(andPredicateWithSubpredicates:
[categoryPredicate, predicate])

    request.predicate = compoundPredicate
    ......
```

在该方法中，我们使用 NSCompoundPredicate 类的初始化方法将两个甚至多个谓词组合到一起。在当前代码中，我们使用 AND 逻辑将两个谓词（Predicate）进行连接，也就是筛选出所有谓词都要符合的记录。所以 compoundPredicate 代表的是在 Item 实体中找出类别和搜索内容都符合的记录。

此时编译器会报错：TodoList 控制器的两个调用 loadItems() 的地方缺少 predicate 参数。因为当前我们为 loadItems() 方法的第一个参数设置了默认值，而第二个参数并没有默认值，现在我们进一步完善该方法。

```
func loadItems(with request: NSFetchRequest<Item> = Item.fetchRequest(),
predicate: NSPredicate? = nil) {
    let categoryPredicate = NSPredicate(format: "parentCategory.name MATCHES %@",
selectedCategory!.name!)

    if let addtionalPredicate = predicate {
        request.predicate = NSCompoundPredicate(andPredicateWithSubpredicates:
[categoryPredicate, addtionalPredicate])
    }else {
        request.predicate = categoryPredicate
    }

    do {
```

```
      itemArray = try context.fetch(request)
    }catch {
      print(" 从 context 获取数据错误: \(error)")
    }

    tableView.reloadData()
  }
```

在该方法中，我们先来判断传递进 loadItems() 方法的 predicate 是否有值，如果有则使用 NSCompoundPredicate 将两个谓词混合到一起。如果没有则获取指定 Category 的搜索记录。

构建并运行项目，在某个类别中搜索指定内容，结果正常，如图 13-52 所示。

图 13-52　实现搜索功能

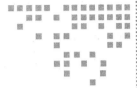

第 14 章 *Chapter 14*

使用 Realm 进行本地数据存储

接着上一章的项目代码，我们将使用 Realm 来替代 Core Data 对本地数据进行存储。在正式开始之前，我们先提交当前项目代码到 GitHub。

如果你之前对 Realm 还不太了解的话，可以直接访问 realm.io，通过主页中相关介绍来学习如何使用 Realm。在 Realm 的官网中提供了很多的说明文档以及代码样例。与 SQLite 和 Core Data 有所不同，它是开源项目，所以可以深入了解它是如何实现核心功能的。

我们将要使用的是 Realm 的 Database 功能，在 https://realm.io/products/realm-database 页面中，我们可以选择项目开发的语言，如图 14-1 所示。当选择了 Swift 语言以后，Realm 就会带我们到 Swift 开发文档页面。我们可以在该页面中下载 Realm for Swift，或者直接从 GitHub 下载源码。

图 14-1　Realm Database 的主页

14.1 在项目中集成 Realm

C: **实战**：通过 CocoaPods 方式安装 Realm。

步骤 1：打开终端应用程序，通过命令行方式导航到 TODO 项目的目录，然后执行下面的命令。

```
pod init
open Podfile -a Xcode
```

步骤 2：将 Podfile 的文件内容修改为：

```
platform :ios, '9.0'

target 'TODO' do
  use_frameworks!

  # Pods for TODO 最新的 beta 版本为 3.2.0-beta.3
  pod 'RealmSwift', '3.2.0-beta.3'

end
```

步骤 3：在终端中执行 pod install 命令。经过一段时间的等待，Realm 已经集成到 TODO 项目之中。打开 TODO 并编译该项目，你可能会发现有很多的黄色警告图标，而这些警告均出自 RealmSwift。重新打开 Podfile 文件，在最底下一行添加 inhibit_all_warnings!，在终端中执行 Pod update 命令，再重新编译项目以后警告消失。

接下来，我们需要在项目中使用 Realm。

步骤 4：在 AppDelegate 中导入 Realm。

```
import RealmSwift
```

步骤 5：在 didFinishLaunchingWithOptions() 方法中，创建一个全新的 Realm 对象，我们可以把 Realm 想象为另一个 persistentContainer。

```
do {
  let realm = try Realm()
} catch {
  print(" 初始化 Realm 发生错误。")
}
```

Realm 允许我们通过面向对象的方式来管理本地数据，接下来我们需要创建新的 Swift 类——Data。

步骤 6：在 Data Model 组中，添加一个新的 Swift 类型的文件，名称为 **Data**。确保 Group 为 Data Model，Targets 为 TODO。

步骤 7：修改 Data.swift 文件中的内容如下。

```
import Foundation
import RealmSwift

class Data: Object {
  var name: String = ""
  var age: Int = 0
}
```

对于一般的数据类来说，这已经足够了。但是作为 Realm 的数据类，仅仅这样是不行的，我们需要在声明变量的前面加上 dynamic 关键字。简单点说，即 dynamic 的意思是该变量是动态的。复杂点说，即 dynamic 是声明修饰符。大家都知道在几年以前，不管是 iOS 开发还是 MacOS 开发所使用的语言都是 Objective-C。

Objective-C 和 Swift 在底层使用的是两套完全不同的机制，Objective-C 对象是基于运行时的，它从骨子里遵循了 KVC（Key-Value Coding，通过类似字典的方式存储对象信息）以及动态派发（Dynamic Dispatch，在运行调用时再决定实际调用的具体实现）。而 Swift 为了追求性能，使用的是静态派发（Static Dispatch），如果没有特殊需要的话，是不会在运行时再来决定这些的。也就是说，Swift 类型的对象或方法在编译时就已经决定，而运行时便不再需要经过一次查找，可以直接使用。

将变量标识为 dynamic，就可以允许我们在运行应用的时候监控和改变它。比如，用户可以在应用运行的时候动态改变 name 这个属性名称，因为 Realm 在运行的时候可能会根据需要修改数据库结构。

因为 dynamic 是 Objective-C 的 API，所以在 dynamic 关键字的前面还要加上 @objc 关键字。总而言之，加上 @objc dynamic 两个关键字以后，就可以在应用运行的情况下，监控和动态修改属性的名称了。

步骤 8：修改 Data 类的属性为下面这样。

```
class Data: Object {
  @objc dynamic var name: String = ""
  @objc dynamic var age: Int = 0
}
```

接下来我们需要测试 Realm 是否可以正常运行。

步骤 9：在 AppDelegate 类的 didFinishLaunchingWithOptions( ) 方法中继续添加代码。

```
let data = Data()
data.name = "乐乐"
data.age = 10

do {
  let realm = try Realm()
  try realm.write {
    realm.add(data)
  }
```

```
} catch {
  print(" 初始化 Realm 发生错误。")
}
```

这里我们利用 Data 类创建了一个 Realm 对象，然后设置该对象的两个属性值。在创建 Realm 成功以后，会通过 write() 方法将数据对象添加到 Realm 数据库中。

构建并运行项目，利用 Finder 导航到应用的 Documents 目录中，你可以看到 Realm 生成的 default.realm 文件，如图 14-2 所示。

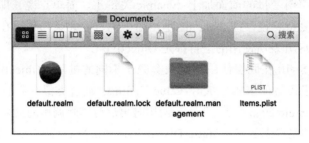

图 14-2　应用程序中的 realm 文件

另外，我们也可以通过 Realm.Configuration.defaultConfiguration.fileURL 了解 Realm 文件的具体存储位置。

为了可以查看 Realm 数据库中的数据，我们可以通过 Mac App Store 在 MacOS 中安装 Realm Browser，该软件的特点是**免费**。

在 Realm Browser 中，我们可以在左侧的 Model 中找到 Data，右侧是 Data 的两个属性和一条记录，这条记录是我们在启动应用以后被创建的，如图 14-3 所示。

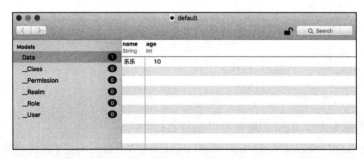

图 14-3　在 Realm Browser 中查看 realm 文件中的数据

14.2　使用 Realm 保存数据

在介绍如何使用 Realm 保存数据之前，我们先整理一下之前的 didFinishLaunching-WithOptions() 方法。

```
func application(_ application: UIApplication, didFinishLaunchingWithOptions
```

```
launchOptions: [UIApplicationLaunchOptionsKey: Any]?) -> Bool {

    do {
      let realm = try Realm()
    } catch {
      print("初始化 Realm 发生错误。")
    }

    return true
  }
```

在项目导航中删除之前的 Data.swift 文件，并创建两个新的 swift 文件：Item.swift
和 Category.swift，这两个文件的用途是关联 Realm 数据库中的两个实体。但是，在
DataModel.xcdatamodeld 文件中，我们已经为 Core Data 的两个实体创建了内置的 Item 和
Category 类。一旦我们在 Item.swift 文件中声明 Item 类，编译器就会报错：不能重复声明
Item 类，如图 14-4 所示。

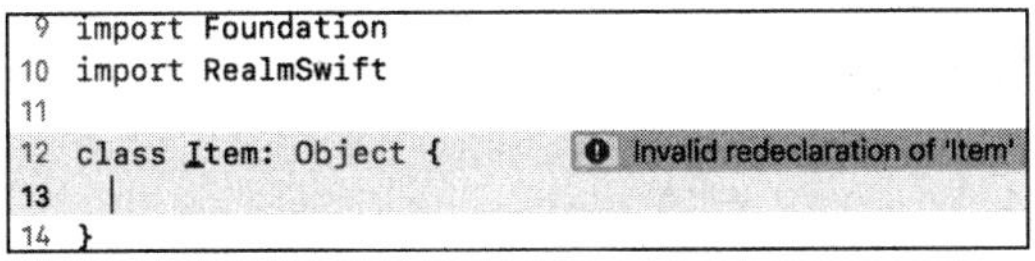

```
 9  import Foundation
10  import RealmSwift
11
12  class Item: Object {          ❶ Invalid redeclaration of 'Item'
13    |
14  }
```

图 14-4　Xcode 中 Item 的报错

解决的方法非常简单，在 DataModel.xcdatamodeld 文件中，分别将两个实体的
Codegen 都设置为 Manual/None 即可，或者直接删除该文件。

实战：为 Realm 设置两个实体类。

步骤 1：将 Item.swift 类修改为下面这样。

```
import Foundation
import RealmSwift

class Item: Object {
  @objc dynamic var title: String = ""
  @objc dynamic var done: Bool = false
}
```

步骤 2：将 Category.swift 类修改为下面这样。

```
import Foundation
import RealmSwift

class Category: Object {
  @objc dynamic var name: String = ""
}
```

接下来，我们需要为这两个实体建立关系，就如同之前在 Core Data 中创建的一样。首

先，设置 Category 指向所拥有的 Item 对象，然后设置 item 对象指向 Category。

步骤 3：修改 Category 类中的代码。

```
class Category: Object {
  @objc dynamic var name: String = ""

  let items = List<Item>()
}
```

List 是 RealmSwift 中定义的集合类，其就像是数组或字典。使用 List 将会让 Realm 的数据库操作更加简单。一旦我们定义了 List 就需要为 List 中的数据指定类型，当前我们需要让 List 包含 Item 类型的对象。请注意 List<Item> 只是定义了一种数据类型，代表包含的是 Item 类型的 List，但是这里并没有将其实例化为对象，所以最后还需要用 () 将类型实例化为对象，代表当前初始化的 List 对象中暂时没有任何的 Item 对象。

现在，Category 类中包含了一个 items 属性，用于指向当前类别中所包含的所有 Item 对象的列表。但是在 Realm 中，所有的反向关系还需要我们手动定义。所以需要在 Item 类中继续定义与 Category 类的关系。

步骤 4：修改 Item 类中的代码。

```
class Item: Object {
  @objc dynamic var title: String = ""
  @objc dynamic var done: Bool = false

  var parentCategory = LinkingObjects(fromType: Category.self, property: "items")
}
```

这里使用 LinkingObjects 类将 Item 对象关联到 0 个、1 个或者多个 Category 类别上，formType 参数用于指定关联的 Realm 类，我们通过 Category.self 将 Item 指向 Category 类。property 参数用于指定我们之前在 Category 中所设置的关系。

接下来，我们需要修复用 Realm 替代 Core Data 后所产生的各种报错。

实战：修复 Xcode 中产生的问题。

步骤 1：在 Category 控制器类中，定义一个 Realm 对象。

```
import RealmSwift

class CategoryViewController: UITableViewController {

  let realm = try! Realm()
  ......
```

在这里我们使用 try! 来强制实例化 Realm，虽然代码得到了简化，但是危险性极高，强烈建议大家在编写自己项目的时候一定要使用 do{……}catch{……} 的方法，否则可能会出现一些莫名其妙的问题。

步骤 2：在 Category 控制器类的 addButtonPressed() 方法中，修改创建类别的代码。

```
let action = UIAlertAction(title: "添加", style: .default) { (action) in
  let newCategory = Category()
  newCategory.name = textField.text!

  self.categories.append(newCategory)
  self.saveCategories()
}
```

这里将原来的 Category(context: self.context) 修改为 Category()，因为现在调用的是 RealmSwift 框架中的类。

步骤 3：将 saveCategories() 方法修改为 save(category: Category)。

```
func save(category: Category) {
  do {
    try realm.write {
      realm.add(category)
    }
  }catch {
    print("保存 Category 错误: \(error)")
  }
  tableView.reloadData()
}
```

每一次在保存的时候，我们都需要传递 Category 对象到 save() 方法。

步骤 4：再回到 addButtonPressed() 方法中，将 self.saveCategories() 修改为 self. save(category: newCategory)。

目前为止，我们已经将创建 Category 的代码修复完成，为了可以测试创建功能是否正常，我们先注释掉其他所有有问题的代码。

构建并运行项目，在应用启动以后添加同之前一样的几个类别，然后在 Realm Browser 中打开 Realm 文件，可以看到图 14-5 所示的信息。

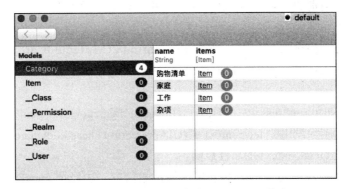

图 14-5　查看 Realm 文件中的 Category 信息

通过 Realm Browser 可以发现：当前 Category 实体中有两个属性，即 name 是类别的名称，items 用于指向每个类别所拥有的 item 数量，只不过目前还没有任何相关的 Item 对象。

14.3 使用 Realm 读取数据

在本节我们将会通过 Realm 读取需要的数据。

步骤 1：修改 Category 控制器类的 loadCategories() 方法为下面这样。

```swift
func loadCategories() {
  categories = realm.objects(Category.self)

  tableView.reloadData()
}
```

这里我们使用 objects() 方法获取指定实体的所有记录。因为它的返回值是 Results，所以接下来，我们需要修改在类中声明的 categories 的类型。

步骤 2：将 var categories = [Category]() 修改为 var categories: Results<Category>?，这代表 categories 是 Results 类型，该类型中的结果是 Category 的对象。注意，categories 是可选类型，因为你在第一次运行应用的时候，类别的数量肯定是 0。

在这次修改以后，numberOfRowsInSection() 方法会报错，因为此时的 categories 是可选的，我们需要对其做拆包处理。这里我们使用一个全新的方式，将之前的代码修改为 return categories?.count ?? 1。我们管 ?? 叫**空合运算符**，简单来说就是当 ?? 前面的值为 nil 的时候，表达式的值为 ?? 后面的值。如果前面的值不为 nil，表达式的值就是前面的值。另外 ?? 前面必须是一个可选值。

对于 return categories?.count ?? 1 来说，如果 categories 为 nil，则返回 1；不为 nil，则返回 .count 的值。

步骤 3：在 cellForRowAt() 方法中，将 cell.textLabel?.text = categories[indexPath.row].name 修改为 cell.textLabel?.text = categories?[indexPath.row].name ?? "没有任何的类别"。因为考虑到在没有类别的时候，表格视图中指定单元格的数量为 1，所以在这种情况下需要设置一个特别的单元格。

步骤 4：在 prepare() 方法中，修改 destinationVC.selectedCategory = categories[indexPath.row] 为 destinationVC.selectedCategory = categories?[indexPath.row]，该行的报错消失。

步骤 5：在 addButtonPressed() 方法中，注释掉 self.categories.append(newCategory)。

步骤 6：最后删除没用的 let context = (UIApplication.shared.delegate as! AppDelegate).persistentContainer.viewContext 的属性声明。

为了可以测试在没有类别的时候会显示指定的信息，注释掉 viewDidLoad() 方法中的 loadCategories()。

构建并运行项目，可以看到表格中显示的指定信息，尽管当前的 categories 中没有任何的类别对象，应用也不会发生崩溃。测试完成以后请取消 viewDidLoad() 方法中的 loadCategories() 的注释，如图 14-6 所示。

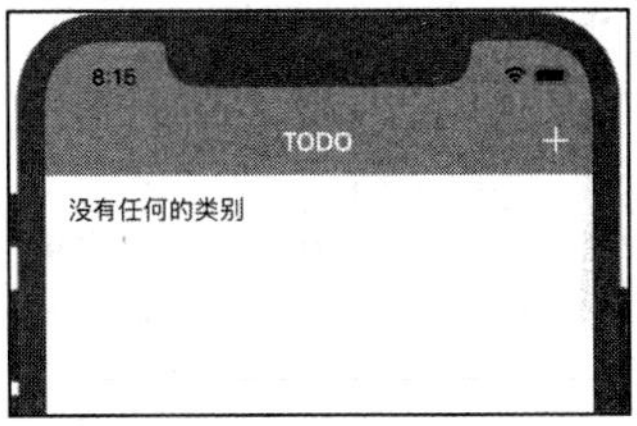

接下来，让我们继续修复 TodoList 控制器中的问题。

实战：修复 TodoList 控制器的问题。

图 14-6 测试没有事务的情况

步骤 1：将 import CoreData 修改为 import RealmSwift。

步骤 2：取消 var selectedCategory 中调用 loadItems() 方法的注释。

步骤 3：删除类中对 context 变量的声明。

步骤 4：添加 let realm = try! Realm() 属性的声明。

步骤 5：修改 loadItems() 方法为下面这样。

```
func loadItems() {

    itemArray = selectedCategory?.items.sorted(byKeyPath: "title", ascending: true)

    tableView.reloadData()
}
```

通过 selectedCategory 的 items 关系属性可以得到关联的所有 Item 对象，然后通过 sorted() 方法将其按 title 属性排序。

此时该行会报错：不能将 'Results?' 类型的值赋给 '[Item]' 类型。回到类中声明 itemArray 的地方，将声明修改为 var itemArray: Results<Item>?。

接下来为大家介绍 Xcode 编辑器的一个非常亲民的特性——批量替换变量名称。因为现在 itemArray 存储的不是数组类型，所以需要将它的名称修改为 todoItems。

实战：将 itemArray 修改为 todoItems。

步骤 1：选中 itemArray 然后右击，在快捷菜单中选择 Refactor/Rename，如图 14-7 所示。

图 14-7 在 Xcode 中启用 Rename 功能

步骤 2：在当前位置修改 itemArray 为 todoItems，相关的所有变量名称均会被显式修改，如图 14-8 所示。

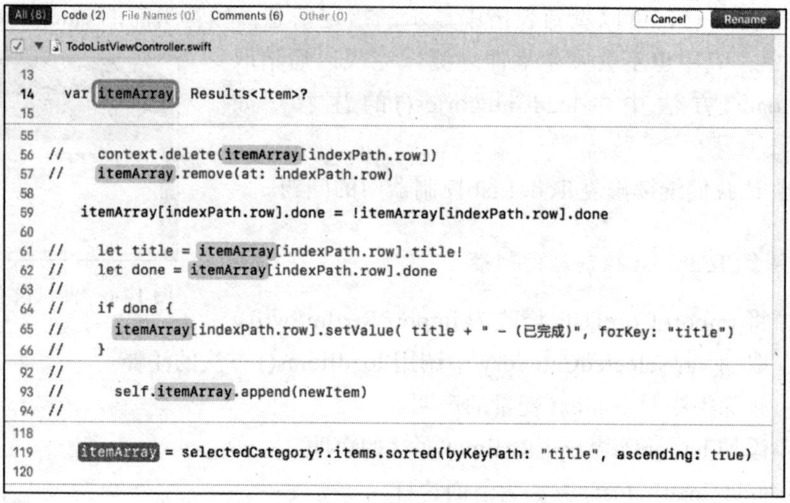

图 14-8　在 Xcode 中显示欲更名的变量

步骤 3：如果需要修改注释中的变量，则可以单击名称右边的 + 号，如图 14-9 所示。

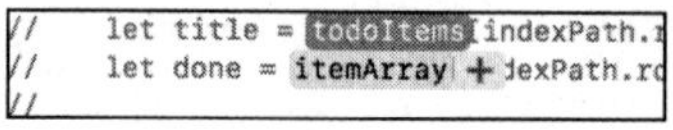

图 14-9　通过 Xcode 修改变量名称

步骤 4：修改 numberOfRowsInSection() 方法中的代码为 return todoItems?.count ?? 1。

步骤 5：修改 cellForRowAt() 方法为下面的样子

```
override func tableView(_ tableView: UITableView, cellForRowAt indexPath:
IndexPath) -> UITableViewCell {

    let cell = tableView.dequeueReusableCell(withIdentifier: "ToDoItemCell", for:
indexPath)

    if let item = todoItems?[indexPath.row] {
      cell.textLabel?.text = item.title
      cell.accessoryType = item.done == true ? .checkmark : .none
    }else {
      cell.textLabel?.text = "没有事项"
    }

    return cell
}
```

步骤 6：注释掉 didSelectRowAt() 方法中的所有代码，我们将会在下一节进行修复。

步骤 7：修改 UIAlertAction() 闭包中的代码。

```
let action = UIAlertAction(title: "添加项目", style: .default) { (action) in
    // 用户单击添加项目按钮以后要执行的代码
```

```
if let currentCategory = self.selectedCategory {
  do {
    try self.realm.write {
      let newItem = Item()
      newItem.title = textField.text!
      currentCategory.items.append(newItem)
    }
  }catch {
    print("保存Item发生错误: \(error)")
  }
}
self.tableView.reloadData()
}
```

这里先拆包 selectedCategory 对象，如果有值存在，则创建新的 Item 对象，并设置它的 title 属性，以及通过关系属性 items 将新 Item 对象添加到关系中。

构建并运行项目，在事务列表中添加几个事项。另外，在 Realm Browser 中可以看到与购物清单关联的 Item 一共有 3 个，如图 14-10 所示。

图 14-10　在添加事项以后查看 realm 文件

14.4　使用 Realm 修改和移除数据

本节我们会修改事项的完成状态。

修改 TodoList 控制器类的 didSelectRowAt() 方法。

```
override func tableView(_ tableView: UITableView, didSelectRowAt indexPath:
IndexPath) {

  if let item = todoItems?[indexPath.row] {
    do {
      try realm.write {
        item.done = !item.done
      }
    }catch {
      print("保存完成状态失败: \(error)")
    }
  }

  tableView.beginUpdates()
  tableView.reloadRows(at: [indexPath], with: UITableViewRowAnimation.none)
  tableView.endUpdates()

  tableView.deselectRow(at: indexPath, animated: true)
}
```

构建并运行项目，切换事项的完成状态，在 Realm Browser 中可以看到所发生的变化。

如果你仔细观看就会发现一旦切换了状态，Realm 马上就会发生变化，速度非常快，如图 14-11 所示。

作为测试，如果想要删除 Realm 中的某个记录的话，可以直接使用 Realm 类的 delete() 方法。例如 TodoList 控制器类的 didSelectRowAt() 方法，在 realm.write 的闭包中修改代码为下面的样子。

```
try realm.write {
  realm.delete(item)
  //item.done = !item.done
}
```

图 14-11　在应用中修改事项状态以后 realm 文件变发生了变化

如果此时构建并运行项目的话，单击某个事项就会删除它。但是此时编译器会崩溃并终止运行，因为我们是针对修改状态编写的代码，后面的 reloadRows() 方法就无法更新了，从而导致应用程序运行崩溃。

14.5　使用 Realm 检索数据

在前面的章节中已经向大家介绍了如何通过 Realm 来创建、读取、修改和删除（CRUD）数据。本节我们将会了解如何使用 Realm 检索数据。

步骤 1：解除 TodoList 控制器类的 UISearchBarDelegate 委托方法的注释。

步骤 2：修改 searchBarSearchButtonClicked() 方法为下面这样。

```
func searchBarSearchButtonClicked(_ searchBar: UISearchBar) {
    todoItems = todoItems?.filter("title CONTAINS[c] %@", searchBar.text!).
sorted(byKeyPath: "title", ascending: false)
  }
```

在该方法中，我们将 todoItems 过滤为 title 属性只包含搜索栏中输入的文字，并且对检索的数据进行排序。

对于 textDidChange() 方法，我们保留原来的代码即可。

步骤 3：对于搜索来说，我们更希望将检索到的数据按照创建时间排序，因此需要在 Item 类中添加一个新的属性。

```
class Item: Object {
  @objc dynamic var title: String = ""
  @objc dynamic var done: Bool = false
  @objc dynamic var dateCreated: Date?  // 用于保存 Item 对象的创建时间

  var parentCategory = LinkingObjects(fromType: Category.self, property: "items")
}
```

步骤 4：在 TodoList 控制器类的 addButtonPressed() 方法的 UIAlertAction 的闭包中，添加对 dateCreated 属性的赋值。

```
try self.realm.write {
  let newItem = Item()
  newItem.title = textField.text!
  newItem.dateCreated = Date() // Date() 会返回当前时间
  currentCategory.items.append(newItem)
}
```

步骤 5：修改 searchBarSearchButtonClicked() 方法中排序的代码，并调用 tableView 的 reloadData() 方法。

```
func searchBarSearchButtonClicked(_ searchBar: UISearchBar) {
    todoItems = todoItems?.filter("title CONTAINS[c] %@", searchBar.text!).
sorted(byKeyPath: "dateCreated", ascending: false)

    tableView.reloadData()
}
```

构建并运行项目，应用程序运行的时候可能会发生崩溃。单击绿色列表图标，可以查看列出的相关解释信息，如图 14-12 所示。在应用运行之后，我们调整了 Item 类，添加了 dateCreated 属性，而此时 Xcode 不知道在应用运行的时候要如何处理该属性。

```
1  libswiftCore.dylib`_swift_runtime_on_report:
2 ->  0x112326900 <+0>: pushq   %rbp
3      0x112326900   Thread 1: Fatal error: 'try!' expression unexpectedly raised an error: Error Domain=io.realm Code=10
4      0x112326900   "Migration is required due to the following errors:
5      0x112326900   - Property 'Item.dateCreated' has been added." UserInfo={NSLocalizedDescription=Migration is required
6      0x112326900   due to the following errors:
7                    - Property 'Item.dateCreated' has been added., Error Code=10}
```

图 14-12　TODO 在应用时报错

最简单的方式是通过 Finder 导航到 Realm 文件所在的文件夹，删除与 Realm 相关的两个文件及一个文件夹。重新构建并运行项目即可。此时的应用中不会有任何的类别与事项，我们需要重新添加相关数据。这时，通过 Realm Browser 可以在 Item 类发现新添加的 dateCreated 属性，如图 14-13 所示。

图 14-13　删除 realm 文件
后再次运行项目

14.6　回顾 Realm 的操作流程

在本节，我们会一起回顾和梳理在项目中操作 Realm 的全部流程。在此之前，我们需要先做一下整理工作。

步骤 1：在 AppDelegate.swift 文件中删除对 Core Data 框架的导入，删除 saveContext() 方法和 persistentContainer 属性。

步骤 2：删除 applicationWillTerminate() 方法中对 saveContext() 方法的调用。

步骤 3：在 didFinishLaunchingWithOptions() 方法中，我们初始化了一个 Realm 对象，主要是确保在应用中 Realm 可以正常运行，但是在 AppDelegate 类中我们并没有实际用到它，因此可以使用下划线来代替变量名。另外，注释掉之前的 print 语句。

```
//print(Realm.Configuration.defaultConfiguration.fileURL!)

do {
  _ = try Realm()
} catch {
  print(" 初始化 Realm发生错误。")
}
```

对于两个 Realm 的实体类来说，Category 是我们首个创建的 Realm 对象类，它是 Object 的子类，我们能够通过它将数据保存到 Realm 数据库中。在该类中我们定义了 name 属性，代表类别的名称。dynamic 代表可以在应用运行的时候监控属性中值的变化。另外一个是关系属性 items，它指定了每个 Category 都可以有多个 Item 对象，它的类型是 List。

Item 类同样继承于 Object，它包含三个属性，同时我们还指定了一个反转关系 parentCategory，通过它将每个 Item 对象与其所属类别连接起来。在创建反转关系的时候，需要指明连接目标的类以及连接目标（Category 类）中的关系属性名称（items）。

在 Category 控制器类中，我们创建了 Realm 类型的对象，将 categories 属性从数组变成了新的集合类型——Results，并且出于安全的考虑将其设置为可选。当我们在 viewDidLoad() 方法中载入所有类别的时候，利用了 Realm 的 objects() 方法。在刷新表格视图的时候，如果 categories 没有值，则让表格只显示一个单元格，否则会依据具体数量显示单元格。我们通过 Realm 的 write() 方法来保存新的类别。

当用户单击事务单元格以后，会执行 didSelectRowAt() 委托方法，通过 performSegue() 方法执行指定的 Segue。在进行控制器切换之前，还会利用 prepare() 方法获取目标控制器对象，并将用户选中的事务信息传递到目标控制器。在将 category 对象赋值给 TodoList 控制器的 selectedCategory 属性以后，会执行 loadItems() 方法。与 loadCategories() 方法类似，这里会获取当前类别中的所有 Item 对象的连接，只不过这里是按照 title 属性排序的。

在 TodoList 控制器类中，todoItems 也是 Results 类型，在与表格相关的委托方法中，我们还是按部就班地执行相关的代码。在添加新事项的时候，我们会在 UIAlertAction 闭包中创建新的 Item 对象，为 Item 对象的属性赋值，让新 Item 加入 Category 之中，而这一切都需要在 Realm 的 write() 方法的闭包中完成。

如果用户单击了某个单元格事项，则会切换 Item 对象的 done 属性值。

最后是搜索栏的处理，通过 searchBarSearchButtonClicked() 方法来搜索特定文字内容的 Item 对象。这里通过 filter() 方法，并使用类似于 SQL 语句的字符串参数，搜索 title 属性中包含指定字符串的对象，并对结果按创建时间排序。当用户结束搜索以后，通过 textDidChange() 方法，我们在结束搜索以后重置 todoItems 对象。

14.7　让单元格可以滑动

在进行接下来的操作之前，让我们先提交代码到 GitHub，可以设置提交信息为：**使用 Realm 存储本地数据**。

在此之前，我们用了很长的时间去解决如何在后台处理我们的数据。从本节开始，我们将会逐步完善前端设计，不断增强应用的用户体验。因为目前的应用看起来还是相当幼稚的，第一个需要实现的功能就是删除一个不需要的事务。

删除事务的操作可以仿照邮件应用，如果我们在某一封邮件的单元格上面向左滑动手指，就可以看到相应的选项。如果再继续往左滑动，就可以直接将邮件删除。要想实现这一功能，可以借助 CocoaPods。

在 CocoaPods 主页中搜索 SwipeCellKit，通过该项目的 GitHub 连接，我们可以看到它包含了各种风格的过渡效果，如图 14-14 所示。

🖥 **实战**：在项目中安装 SwipeCellKit。

步骤 1：关闭现有的 TODO 项目，在终端应用中导航到 TODO 项目目录，通过 open Podfile -a Xcode 命令编辑 Podfile 文件。

步骤 2：将文件修改为下面这样。

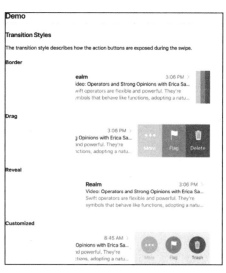

图 14-14　SwipeCellKit 介绍

```
platform :ios, '10.0'

target 'TODO' do
  use_frameworks!

  # Pods for TODO
  pod 'RealmSwift', '3.2.0-beta.3'
  pod 'SwipeCellKit'
end

inhibit_all_warnings!
```

步骤 3：在终端中执行 pod install 命令。

接下来，我们会实现滑动单元格的功能。

🖥 **实战**：实现用户的滑动操作交互功能。

步骤 1：在 Category 控制器类中导入 SwipeCellKit 框架 import SwipeCellKit。

步骤 2：在 cellForRowAt() 方法中，将获取的可复用单元格转换为 SwipeTableViewCell 类型，并将 cell 的 delegate 属性设置为 self。

```
let cell = tableView.dequeueReusableCell(withIdentifier: "CategoryCell", for:
indexPath) as! SwipeTableViewCell
cell.delegate = self
```

步骤 3：在 Category 控制器类的最后添加一个 extension。

```
// MARK: - Swipe Cell Delegate Methods

extension CategoryViewController: SwipeTableViewCellDelegate {
    func tableView(_ tableView: UITableView, editActionsForRowAt indexPath:
IndexPath, for orientation: SwipeActionsOrientation) -> [SwipeAction]? {
        guard orientation == .right else { return nil }

        let deleteAction = SwipeAction(style: .destructive, title: "删除") { action,
indexPath in
            // handle action by updating model with deletion
            print("类别被删除")
        }

        // customize the action appearance
        deleteAction.image = UIImage(named: "delete")

        return [deleteAction]
    }
}
```

你可以直接从 GitHub 中复制 editActionsForRowAt() 方法的所有代码到当前的扩展中，当用户用手指在单元格上滑动的时候会触发该方法。

在方法的内部，只接受手指从右侧滑动的操作，否则会返回 nil。如果用户单击了 title 为**删除**的按钮，则会执行闭包中的代码，目前闭包中只有一行注释语句。另外，在方法中还定义了删除按钮的图标为 delete，但是现在在该项目中还没有该图标。

通过提供的资料文件找到 Trash-Icon.png 文件，并将其添加到项目的 Assets.xcassets 文件之中，然后修改 deleteAction.image = UIImage(named: "delete") 代码为 deleteAction.image = UIImage(named: "Trash-Icon")。

如果此时构建并运行项目的话，应用会崩溃，控制台会打印类似下面的信息。

```
Could not cast value of type 'UITableViewCell' (0x1063f7038) to 'SwipeCellKit..
SwipeTableViewCell' (0x103d5e650).
```

之所以出现上述情况，是因为 Xcode 不能将 UITableViewCell 类型的对象转换为 SwipeTableViewCell 类型。

步骤 4：在 Main.storyboard 中选中 Category 控制器表格视图里面的单元格，在

Identifier Inspector 中，将 Class 设置为 **SwipeTableViewCell**，将 Module 设置为 **SwipeCellKit**，因为该单元格类来自于 SwipeCellKit 框架，如图 14-15 所示。

图 14-15　设置事务单元格的属性

构建并运行项目，在 Category 控制器视图中从右向左拖动鼠标，会出现图 14-16 所示的效果。

当前的问题在于单元格的高度不够，"删除"图标显示不完全。

步骤 5：在 viewDidLoad() 方法中添加一行代码 tableView.rowHeight = 80.0。

再次构建并运行项目，可以看到完整的图标，如图 14-17 所示，如果单击删除按钮的话，在控制台会看到通过 print 语句打印的相关信息。

图 14-16　测试 SwipeCellKit 的执行效果

图 14-17　正确的运行效果

接下来，我们需要在 editActionsForRowAt() 方法里面的 SwipeAction() 的闭包中实现类别删除的代码。

```
let deleteAction = SwipeAction(style: .destructive, title: "删除") { action,
indexPath in
    if let categoryForDeletion = self.categories?[indexPath.row] {
        do {
            try self.realm.write {
            self.realm.delete(categoryForDeletion)
        }
        }catch {
          print("删除类别失败: \(error)")
        }

        tableView.reloadData()
    }
}
```

在闭包中，先拆包 categories 中的指定事务，如果该值存在则将其删除，最后再刷新表格视图。

构建并运行项目，可以再创建一个新的事务，然后再将其删除，之后运行正常。

在邮件程序中，我们可以通过从右向左滑动直接删除邮件，但是在目前的 TODO 项目中，我们只能先滑动，再单击删除按钮来完成相同的任务。接下来，我们就在 TODO 项目中实现该功能。

在 GitHub 中 SwipeCellKit 的主页面上找到 Usage 部分中 editActionsOptionsForRowAt() 方法的定义。这是一个可选方法，用于实现对单元格的一些自定义的操作。

将下面的方法复制到 editActionsForRowAt() 方法的下面，将方法中的 transitionStyle 一行代码注释掉。

```
func tableView(_ tableView: UITableView, editActionsOptionsForRowAt indexPath:
IndexPath, for orientation: SwipeActionsOrientation) -> SwipeTableOptions {
    var options = SwipeTableOptions()
    options.expansionStyle = .destructive
    // options.transitionStyle = .border
    return options
}
```

在方法中可以为 options 设置**扩展风格**（Expansion Style）和**过渡风格**（Transition Styles），如图 14-18 所示。这里我们将会使用扩展的 Destructive 风格。

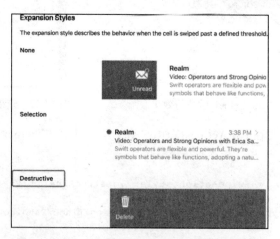

图 14-18　SwipeCellKit 中的扩展风格

最后，我们直接将 editActionsForRowAt() 方法中的 tableView.reloadData() 代码删除就可以了，因为删除单元格的操作已经由 editActionsOptionsForRowAt() 方法替我们完成了。

如果对于 TodoList 控制器类来说，要想实现删除 Item 对象的功能，同样需要上面的操作。你可以自己对比 Category 控制器类先尝试着为 TodoList 控制器类添加滑动单元格的功能，然后再阅读下面的操作步骤。

实战：为 TodoList 控制器添加单元格的滑动删除功能。

步骤 1：在 TodoList 控制器类中导入 import SwipeCellKit 框架。

步骤 2：在 viewDidLoad() 方法中设置单元格的高度 tableView.rowHeight = 80.0。

步骤 3：在 cellForRowAt() 方法中将 cell 强制转换为 SwipeTableViewCell 类型，并且设置其 delegate 属性值。

```
let cell = tableView.dequeueReusableCell(withIdentifier: "ToDoItemCell", for:
indexPath) as! SwipeTableViewCell
cell.delegate = self
```

步骤 4：将 Category 控制器类关于 SwipeTableViewCellDelegate 协议的扩展代码全部复制到 TodoList 控制器中，并修改为下面的样子。

```
// MARK: - Swipe Cell Delegate Methods
extension TodoListViewController: SwipeTableViewCellDelegate {
    func tableView(_ tableView: UITableView, editActionsForRowAt indexPath:
IndexPath, for orientation: SwipeActionsOrientation) -> [SwipeAction]? {
        guard orientation == .right else { return nil }

        let deleteAction = SwipeAction(style: .destructive, title: "删除") { action,
indexPath in
            // 通过 todoItems 获取到用户将会删除的 Item 对象
            if let itemForDeletion = self.todoItems?[indexPath.row] {
              do {
                try self.realm.write {
                    self.realm.delete(itemForDeletion) // 删除 Item 对象
                }
              }catch {
                print("删除事项失败: \(error)")
              }
            }
        }

        // 自定义单元格在用户滑动后所呈现的外观
        deleteAction.image = UIImage(named: "Trash-Icon")

        return [deleteAction]
    }

    func tableView(_ tableView: UITableView, editActionsOptionsForRowAt indexPath:
IndexPath, for orientation: SwipeActionsOrientation) -> SwipeTableOptions {
        var options = SwipeTableOptions()
        options.expansionStyle = .destructive
        return options
    }
}
```

步骤 5：在 Main.storyboard 文件中，将 TodoList 控制器视图中的单元格的 Class 设置为 SwipeTableViewCell，将 Module 设置为 SwipeCellKit。

构建并运行项目，如果愿意的话还可以打开 Realm Browser，观察是否可以成功删除指定的事项。

14.8　让 App 的界面更加丰富多彩

目前，TODO 的颜色还是比较单调的，没有人会喜欢这样一款颜色朴素的应用程序。接下来我们会借助第三方开源类，为项目添加丰富多彩的颜色，让它显得更加生动活泼。

在之前的项目中我们曾使用过 Chameleon 框架。通过该框架，我们为应用程序界面设置了漂亮的颜色。在本节中我们将会使用该框架的一些其他的功能。

充分利用这些第三方类库，可以帮助我们快速完成项目的开发，而不用所有的代码都自己来亲自编写，这样可以使开发更有效率。很多程序员也会做出非常漂亮、实用的东西，并乐于将它们作为第三方类库分享到 GitHub。而我们只需要通过非常少的代码去直接调用它们，何乐而不为呢？

在 Chameleon 主页面上找到 Swift 3 的 CocoaPods 的安装代码，并将其复制到项目的 Podfile 文件中。

```
# Pods for TODO
pod 'RealmSwift', '3.2.0-beta.3'
pod 'SwipeCellKit'
 pod 'ChameleonFramework/Swift', :git => 'https://github.com/ViccAlexander/
Chameleon.git'
```

在终端应用程序中执行 pod install 命令。

在安装完成以后，打开项目并使用 Control + B 重新构建项目，确保没有任何报错。

在 chameleon 框架的文档中找到 UIColor Methods 的链接，在里面可以看到如何设置一个随机颜色。

🖥 **实战**：为表格设置随机颜色。

步骤 1：在 Category 控制器类中导入框架 import ChameleonFramework。

步骤 2：在 cellForRowAt() 方法中，添加一行代码：cell.backgroundColor = UIColor.randomFlat。

构建并运行项目，可以看到图 14-19 所示的效果。

在目前的表格视图中，每个单元格之间都会有一条分割

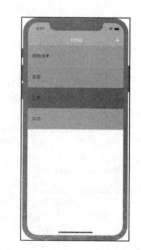

图 14-19　为 TODO 添加颜色

线，在有单元格背景颜色的情况下，我们可以将其取消。

步骤3：在 Category 控制器类的 viewDidLoad() 方法中，添加一行 tableView.separatorStyle = .none 代码。

目前，在 Category 控制器中显示的类别单元格的背景色都是随机分配的，这也就意味着一旦我们关闭 TODO 再重新打开它的时候，颜色就会发生变化。如何固定住每个事务单元格的背景颜色呢？我们将会把与事务关联的颜色作为 Category 实体的属性。

可能你会想到在 Category 类中添加一个新的 colour 属性，属性的类型为 UIColor，如下面这样。

```
class Category: Object {
  @objc dynamic var name: String = ""
  @objc dynamic var colour: UIColor = UIColor()

  let items = List<Item>()
}
```

在该类中我们添加一个 colour 属性，并将其类型设置为 UIColor。这样的话，在运行的时候会报如下的错误：

```
*** Terminating app due to uncaught exception 'RLMException', reason: 'Property
'colour' is declared as 'UIColor', which is not a supported RLMObject property type.
All properties must be primitives, NSString, NSDate, NSData, NSNumber, RLMArray,
RLMLinkingObjects, or subclasses of RLMObject. See https://realm.io/docs/objc/latest/
api/Classes/RLMObject.html for more information.'
```

上述错误的意思是：Realm 数据库只能保存基本类型、NSString、NSDate、NSData、NSNumber、RLMArray、RLMLinkingObjects 或者是 RLMObject 的子类对象。UIColor 不能作为 RLMObject 的属性来进行存储。因此，我们只能使用 String 类型来存储颜色值。

🖥 **实战**：使用 Realm 存储文字的颜色信息。

步骤1：在 Category 类中添加一个新的 colour 属性，属性的类型为 String。

```
class Category: Object {
  @objc dynamic var name: String = ""
  @objc dynamic var colour: String = ""

  let items = List<Item>()
}
```

步骤2：在 Category 控制器类创建 Category 对象的 UIAlertAction 闭包中，修改代码为下面的样子。

```
let action = UIAlertAction(title: "添加", style: .default) { (action) in
  let newCategory = Category()
  newCategory.name = textField.text!
```

```
newCategory.colour = UIColor.randomFlat.hexValue()
self.save(category: newCategory)
}
```

这里通过 hexValue() 方法获取颜色的 hex 值，它是字符串类型的值。

步骤 3：在 cellForRowAt() 方法中，添加一行代码：cell.backgroundColor = UIColor(hexString: categories?[indexPath.row].colour ?? "1D9BF6")。

这样设置单元格的背景色会从 Realm 的数据表中读取，如果无法获取到 Category 对象，则会直接设置背景色为 1D9BF6。

构建并运行项目，然后退出再重新进入，类别的颜色不会发生变化。

对于 TodoList 控制器来说，我们希望在表格中创建单元格的背景色渐变的效果。用蓝色来举例，第一个单元格的颜色为浅浅的蓝色，第二个为浅蓝色，第三个为蓝色，第四个为深一点儿的蓝色……以此类推。通过 Chameleon 可以为我们实现这个效果。

在 ChameleonFramework 中包含了 24 种不同颜色的亮暗素材，我们可以在 GitHub 主页查询到，如图 14-20 所示。

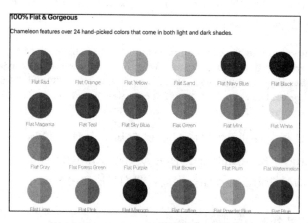

图 14-20　Chameleon 提供的 24 种渐变色

实战：为事项单元格设置渐变色。

步骤 1：在 TodoList 控制器类的 cellForRowAt() 方法中添加一行代码。

```
if let item = todoItems?[indexPath.row] {
  cell.textLabel?.text = item.title
  cell.accessoryType = item.done == true ? .checkmark : .none

  // 设置单元格的背景色
  cell.backgroundColor = FlatSkyBlue().darken(byPercentage: CGFloat(indexPath.row / todoItems?.count))

}else {
  cell.textLabel?.text = "没有事项"
}
```

通过 FlatSkyBlue 我们可以获取天空蓝的颜色，再通过它的 darken() 方法可以自定义这个天空蓝的阴暗程度，0 为最浅，1 为最深。所以在 byPercentage 参数中，我们通过 indexPath.row / todoItems?.count 表达式来计算出阴暗度，以 5 个事项为例，第一个阴暗度为 0，然后是 0.2、0.4、0.6 和 0.8。

但是此时编译器会报错，因为 todoItems 是可选类型，所以 todoItems?.count 的结果就是可选整型。整个的计算结果就是可选单精度。这里需要利用可选绑定进行修正。

步骤 2：将上面的方法进一步修改为下面这样。

```
if let colour = FlatSkyBlue().darken(byPercentage: CGFloat(indexPath.row /
todoItems!.count)) {
    cell.backgroundColor = colour
}
```

修改后使用 todoItems!.count 将其强制拆包，这样做很安全，因为是通过 if 语句对其进行了拆包的。

步骤 3：在 viewDidLoad() 方法中，添加一行 tableView.separatorStyle = .none 代码，删除单元格之间的分割线。

构建并运行项目，在 TodoList 表格中添加一些事项，效果如图 14-21 所示。

目前，事项中所有的单元格都是同一种颜色，并没有按照我们想象的效果呈现。问题出现在 CGFloat(indexPath.row / todoItems!.count) 一句。虽然我们将计算的结果强制转换为单精度，但是在 Swift 语言中，整型值（indexPath.row 的值）除以整型值（todoItems!.count 的值）的结果还是整型值，这也就意味着 1/5、2/5、3/5……的值都是 0，Swift 会将结果小数点后面的值去掉，返回一个整型，即便最后将其转换为单精度，结果也是 0.0。

因此，我们需要将 byPercentage 参数的代码修改为：byPercentage: CGFloat(indexPath.row) / CGFloat(todoItems!.count)，这样生成的才是有效的参数值。

构建并运行项目，可以看到效果如图 14-22 所示。

图 14-21 单元格中生成的颜色

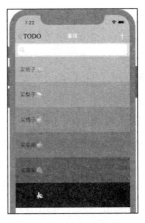

图 14-22 单元格中生成的渐变色

这里还有一个问题，越来越深的天空蓝色使得我们根本无法看到下面几个单元格的文字内容，其实 ChameleonFramework 已经为我们提供了相应的解决方案。在 GitHub 中 ChameleonFramework 的主页面里找到**对比文本**（Contrasting Text）部分，如图 14-23 所示。

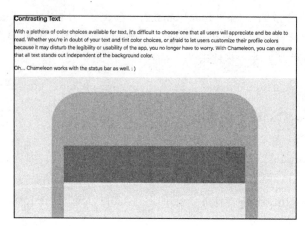

图 14-23　Chameleon 的对比文本

简单来说，借助 Chameleon 我们可以让文字从背景颜色中脱颖而出。

根据 Chameleon 算法，利用对比颜色的特征我们可以得到最好的对比色，从而让文字在背景色中突出出来。我们只需要提供背景色的颜色，就可以得到适合的文本颜色。

步骤 4：在上面的设置单元格的代码中添加下面的一行代码。

```
if let colour = FlatSkyBlue().darken(byPercentage: CGFloat(indexPath.row) /
CGFloat(todoItems!.count)) {
    cell.backgroundColor = colour
    cell.textLabel?.textColor = ContrastColorOf(colour, returnFlat: true)
}
```

通过 ContrastColorOf() 方法，我们可以得到以 colour 为背景色的最为合适的文本颜色或者是对比色，returnFlat 参数用于确定是否为平涂。

构建并运行项目，可以看到图 14-24 所示的效果。

在当前情况下，所有的文字颜色都是白色，如果我们的背景色是黑白渐变的话，文字颜色也会随着变化。如果你愿意，可以将 let colour = FlatSkyBlue() 修改为 let colour = FlatWhite()，运行效果如图 14-25 所示。

为了和之前 Category 控制器中事务单元格的颜色一致，接下来我们将单元格的颜色修改为与事务单元格一致的颜色。

将 let colour = FlatSkyBlue() 代码修改为从 Category 控制器类传递过来的 Category 对象的颜色值：let colour = UIColor(hexString: selectedCategory!.colour)?。因为 selectedCategory 是可选的，所以这里使用 ! 将其强制拆包。又因为之前通过 if 语句将 item 拆包，所以可以

确保 selectedCategory 值不会为 nil。最后的问号则会通过当前的 if 语句进行拆包，所以这句代码不会发生问题。

图 14-24 最终的对比文本效果

图 14-25 不同背景的不同对比文本效果

构建并运行项目，可以看到效果如图 14-26 所示。

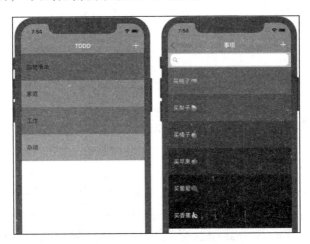

图 14-26 TODO 项目的运行效果

因为购物清单单元格的背景色为红色，所以在事项表格中的单元格背景色就是对应的红色由亮到暗。

14.9 调整导航栏的 UI

我们之前做了大量的工作来美化应用的用户界面，在本章的最后一节，我们将会修整一些东西，让 TODO 看起来更像是一款可以上架到 App Store 上的真正应用。

首先是导航栏的界面，我们希望它能够大一些，在 Main.storyboard 文件中，选中 Navigation Bar，在 Attributes Inspector 中勾选 Navigation Bar 部分中的 **Perfers Large Titles** 选项。另外，还需要将 Large Title Text Attributes 部分中的 Title Color 设置为**白色**。

构建并运行项目，可以看到图 14-27 所示的效果。

接下来，我们将 TodoList 控制器的导航栏调整为和 Category 单元格一样的颜色。

修改 TodoList 控制器类的 viewDidLoad() 方法为下面的样子。

```swift
override func viewDidLoad() {
  super.viewDidLoad()

  if let colourHex = selectedCategory?.colour {

    guard let navBar = navigationController?.navigationBar
else {
      fatalError("导航栏不存在！")
    }

    navigationController?.navigationBar.barTintColor = UIColor(hexString:
colourHex)
  }

  tableView.rowHeight = 80.0
  tableView.separatorStyle = .none
}
```

图 14-27　TODO 的
导航栏设置效果

通过 navigationBar.barTintColor 我们可以修改当前控制器的导航栏颜色。另外，因为 navigationController 是可选的，所以我们先利用 guard 语句判断 navigationController 是否存在。

构建并运行项目，当进入事项界面后应用程序崩溃，如图 14-28 所示。

```
if let colourHex = selectedCategory?.colour {
  guard let navBar = navigationController?.navigationBar else { ⚠ Value 'navBar' was..
    fatalError("导航栏不存在！")                    = Thread 1: Fatal error: 导航栏不存在!
  }

  navigationController?.navigationBar.barTintColor = UIColor(hexString: colourHex)
}
```

图 14-28　导航栏不存在崩溃

问题的原因就在于**导航栏不存在**。

对于初学者来说，应用程序在运行时发生崩溃是件非常可怕的事情，但同时它也是一件好事，我们可以发现代码中潜在的 Bug，所以千万不要着急和烦恼，根据提示解决问题就好。

对于控制器类的 viewDidLoad() 方法来说，它会在当前控制器内部的 UI 控件全部被载入以后被调用。但是，我们的 TodoList 控制器是在导航控制器的控制器堆栈之中，导航栏并不属于 TodoList 控制器的 UI 控件，所以这个时候 navigationController 还是 nil。

要想解决这个问题，我们需要在控制器类中添加另外一个方法——viewWillAppear()，该方法会在所有视图控件完全都准备好，即将呈现到屏幕上的时候被调用。此时的 navigationController 的值就不会是 nil 了。

将之前的代码剪切到 viewWillAppear() 方法中。

```
override func viewWillAppear(_ animated: Bool) {
  if let colourHex = selectedCategory?.colour {
    title = selectedCategory!.name
    guard let navBar = navigationController?.navigationBar else {
      fatalError("导航栏不存在! ")
    }

    navBar.barTintColor = UIColor(hexString: colourHex)
  }
}
```

这里，我们还设置了 title 属性为类别的名称，title 属性代表的是导航栏中的标题，之前默认值为**事项**，现在让它显示**事务的名称**。因为之前已经对 selectedCategory 拆包，所以直接使用强制拆包即可。

构建并运行项目，运行效果如图 14-29 所示。

接下来，我们还需要调整搜索栏的颜色。

首先为搜索栏与 TodoList 控制器类建立 IBOutlet 关联，将 name 设置为 searchBar。

在 viewWillAppear() 方法中添加对搜索栏颜色设置的代码。

图 14-29　根据事务颜色设置导航栏颜色

```
override func viewWillAppear(_ animated: Bool) {
  if let colourHex = selectedCategory?.colour {
    title = selectedCategory!.name
    guard let navBar = navigationController?.navigationBar else {
      fatalError("导航栏不存在! ")
    }

    if let navBarColor = UIColor(hexString: colourHex) {
      navBar.barTintColor = navBarColor
      navBar.tintColor = ContrastColorOf(navBarColor, returnFlat: true)
      searchBar.barTintColor = navBarColor
    }
  }
}
```

因为 UIColor(hexString: colourHex) 生成的是可选值，所以这里将其拆包，再针对导航栏的颜色以及搜索栏的颜色进行赋值。另外，我们还通过 navBar.tintColor 设置了导航栏中按钮文字的颜色，这里使用对比色。

构建并运行项目，运行效果如图 14-30 所示。

接下来，我们还要修改导航栏中标题的颜色，因为在故事板中将导航栏设置为 Large，所以需要通过 largeTitleTextAttributes 属性进行设置。继续在 viewWillAppear() 方法中添加代码。

```
if let navBarColor = UIColor(hexString: colourHex) {
  navBar.barTintColor = navBarColor
  navBar.tintColor = ContrastColorOf(navBarColor, returnFlat: true)
  // largeTitleTextAttributes 是字典类型
   navBar.largeTitleTextAttributes = [NSAttributedStringKey.foregroundColor:
ContrastColorOf(navBarColor, returnFlat: true)]

  searchBar.barTintColor = navBarColor
}
```

因为 largeTitleTextAttributes 是字典类型，所以需要通过某个键名来设置其属性。iOS系统中所有用于字符串外观风格的键名都整理到 NSAttributedStringKey 结构体之中，这里我们需要设置的是字符前景色（foregroundColor），并将其颜色设置为导航栏颜色的对比色。

最后，我们需要在故事板中将之前针对导航栏中的 + 号按钮所设置的颜色，从白色修改为 default，这样在控制器类中才会通过代码来修改其颜色。

构建并运行项目，运行效果如图 14-31 所示。

图 14-30　设置搜索栏的颜色

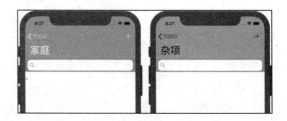

图 14-31　设置导航栏各个元素的颜色

在 viewWillAppear() 方法中，我们既使用了 if 语句又使用了 guard 语句，那么到底在什么情况下使用 if 或 guard 呢？其实并没有什么明确的划分，if 语句包含为真时候的语句体、为假时候的语句体，以及其他情况的语句体。而 guard 则只有在为假的时候才执行其语句体，否则会向下继续执行。

根据笔者的经验，一般情况下还是用 if 语句比较好。如果在判断的时候，条件为假后会严重影响到应用的运行，则使用 guard 抛出致命错误的提示。

目前，一旦进入到 TodoList 再返回到 Category 控制器，导航栏的颜色风格还是保持着修改后的样子。我们需要让它回到默认的颜色风格，所以要在 TodoList 控制器中添加 viewWillDisappear() 方法，该方法会在控制器视图即将从屏幕上消失时被调用。

```
override func viewWillDisappear(_ animated: Bool) {
    guard let originalcolour = UIColor(hexString: "1D9BF6" ) else { fatalError() }

    navigationController?.navigationBar.barTintColor = originalcolour
    navigationController?.navigationBar.tintColor = FlatWhite()
    navigationController?.navigationBar.largeTitleTextAttributes =
[NSAttributedStringKey.foregroundColor: FlatWhite()]
}
```

最后，我们还要设置 Category 控制器表格中文字的对比色，修改 cellForRowAt() 方法。

```
override func tableView(_ tableView: UITableView, cellForRowAt indexPath:
IndexPath) -> UITableViewCell {
    let cell = tableView.dequeueReusableCell(withIdentifier: "CategoryCell", for:
indexPath) as! SwipeTableViewCell
    cell.delegate = self
    cell.textLabel?.text = categories?[indexPath.row].name ?? " 没有任何的类别 "

    guard let categoryColour = UIColor(hexString: categories?[indexPath.row].
colour ?? "1D9BF6") else { fatalError() }

    cell.textLabel?.textColor = ContrastColorOf(categoryColour, returnFlat: true)
    cell.backgroundColor = categoryColour

    return cell
}
```

构建并运行项目，运行效果如图 14-32 所示。

图 14-32　TODO 应用的最终运行效果

第 15 章

机器学习和 Core-ML

本章我们将学习一些令人激动的东西，这就是机器学习——Core-ML。通过苹果最新的机器学习框架，我们可以在应用程序开发中让我们的应用更加智能。在 2017 年 6 月 WWDC 开发者大会上，苹果发布了机器学习。那时我们非常兴奋，因为我们可以在很多的应用中使用 Core-ML 来实现很多有趣和实用的事情。本章先会向大家介绍什么是机器学习（Machine Learning）。如果你之前从来没有听说过机器学习，或者只是在某些场合听到过一两次"机器学习"这个名词，那么现在了解什么是机器学习是非常必要的；然后会向大家介绍当前可以使用的不同类型的机器学习，或者说是在真实应用中可以使用的机器学习；最后我们会通过实战练习会教给大家如何使用 Core-ML 在 iOS 中用 Swift 语言去实现可视化的识别。

15.1 介绍机器学习

15.1.1 机器学习

什么是机器学习呢？简单来说呢，它就是通过一大堆的学习，让计算机可以通过没有明确代码的方式进行学习。本书自始至终都是教大家如何使用 Swift 语言进行程序开发，执行指令的设备不是计算机而是 iPhone 或者 iPad。我们用一些明确的指令告诉它们要做什么，比如我们之前所做的 Quizzler 项目的应用，只有在用户单击了正确答案以后，iPhone 才会显示一个对勾，告诉用户他答对了。这里我们使用了条件判断语句。如果反过来，我们让计算机去回答这些问题，然后我们就像教自己的孩子一样，教会计算机这些知识哪些是对的，哪些是错的，通过不断地体验来积累它们的知识技能，这就是机器学习。

我们再换一种说法，来解释什么是机器学习。就像是《星球大战》中的BB 8，我们想让它从起始的位置最终走到标有旗子的终点，如图15-1所示。

我们可以编写程序，让它先往前走，当遇到障碍物无法向前走的时候让它向右转，然后直达标旗目标。这是一个非常简单的程序代码脚本，而且效果非常好。但是，如果遮挡物移动到了其他位置，我们的程序代码就没有任何意义了，因为BB 8还是会按照

图15-1　BB 8达到旗子终点示意图

原来的程序流程进行移动。当然你也可以让程序代码更加复杂一些，比如说你可以先确定终点的坐标，然后根据一些路由算法去找出最短路线，并最终到达终点；或者是当BB 8遇到障碍物的时候，让它向左或向右躲闪，最终到达终点，这也是完全可以的。

但是利用机器学习，我们可以只是简单地告诉BB 8你需要到达标旗终点就可以了。在这一过程中，它可能会走一些弯路，也有可能会走出不同的线路。一旦它到达终点，我们就会告诉它：All right，你走到了目的地。随着时间的流逝，如果我们让BB 8保持这种不断的训练，它就会通过学习，来减少遇到遮挡物的次数，并找出最短的路由到达终点。而整个过程我们都不需要编写明确的代码，这就是机器学习的本质。

所以在这里我们为机器学习所下的定义就是：使计算机能够在没有明确编程的情况下进行学习。说这句话的人叫亚瑟·塞缪尔，他是机器学习的先驱之一，他第一个编写了能够称之为机器学习的算法。他在不给计算机编写任何明确代码的情况下，让机器自己去尝试和学习如何下国际象棋，然后再不断地重复游戏并提高自己的下棋水平。

机器学习通常被分为两个类别：一个是监督式学习，另一个是非监督式学习，这与我们要如何训练机器模型相关。

15.1.2 监督式学习

监督式学习（Supervised Learning），相当于你要手把手教计算机要学习的东西。一个最著名的例子就是教计算机如何识别一只猫。通过各种的猫的图片，如图15-2所示，我们会告诉计算机，哪个是一只猫。当然对于人类来说，识别一只猫是非常简单的事情，并且我们还会区分出图片上的动物若不是猫则是什么动物。

理解如何区分不同的动物的过程正是机器学习做的事情。我们为计算机提供了非常多的猫的图片，并且在提供图片的同时，还为它提供了一个标签（Label），告诉它这张图片里的动物是猫。通过标签和图像的混合数据，机器便知道了这是一只猫。这也就是为什么在监督式机器学习中，所有训练样本都是带标签的。

通过这样不断地学习，让机器了解到很多有关猫的特征，直到有一次我们只提供给计算机猫的一部分的图片，如图15-3所示，即使在没有标签的情况下，机器也能够识别出它是一只猫，因为这张图片包含了很多猫的特性，并与之前所提供猫的图片非常类似。

图 15-2　监督式学习各种各样的猫　　　　　　　　图 15-3　只有部分特征的猫

　　在训练机器学习模型（Machine Learning Model）的时候，我们实际上会提供很多的图片，而且每张图片都会带有一个非常明确的标签。例如我们将一大堆狗的图片、一大堆猫的图片和一大堆奶牛的图片，都灌进机器学习模型之中。这几种动物都包含了不同的饲养方式、不同的大小和重量等苛刻的条件。机器通过之前的学习经验，开始去分类这些图片，把它们都放在独立的分组中，如图 15-4 所示。

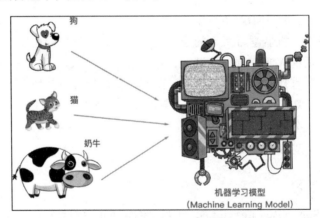

图 15-4　机器模型学习示意图

　　在这种情况下，模型就是机器中与学习相关的事情。你提供的图片就是训练样本。一旦我们完成了训练，再给机器提供一张训练样本中没有的图片，机器可以基于之前的学习，识别出这是一张狗的图片，并且最终拼写出答案——这是一只狗。在这里，我们管这张机器从来没有见过的图片叫测试数据，我们管输出的内容叫输出（output）。输出可以有各种形式，比如文字、在棋盘上所走的一步棋等。输出的结果依赖于我们如何训练模型，以及我们想要它做什么。这就会涉及监督式学习中一个最基本的概念——分类。

　　对于分类，你可以想象这样一个场景：你想让计算机学习关于苹果和梨之间的不同。这对于人类来说是一件非常容易的事情。但是在程序中，我们必须要告诉计算机，在苹果和梨之间都有哪些不同。其实，这是一个非常复杂的问题，因为你需要让计算机将这两张图放大到可以看到每一个像素，一般来说，苹果图片趋向于更多的红色，而梨趋向于更多的绿色。但是如果我们又提供给计算机一个绿色的苹果，那么计算机可能就会基于之前的学习。把它标识为梨。所以说，我们需要用更多的代码去设置苹果的特性，比如我们会说苹果比梨更圆一些、更红一些等。你可以尝试着给计算机呈现一些它之前没有见过的东西，比如说桃，这相当于一种异常事件，因为它既不属于苹果，也不属于梨。计算机会使用我们之前所设定的规则，尝试着将它分类。

　　这只是一个演示，即便是人，我们也很难准确分辨出所有事物。在人类整个学习过程中，就是要将苹果的唯一特征与其他水果区分开来。通过程序的规则列表去分类和识别这些图像，是非常困难且耗时较长的，比如让计算机去识别苹果和桃就更加的困难。

　　有关机器学习模型有一件非常好的事情，就是可以复用它。我们可以创建一个泛型分类，将手写数字识别成整型数，也就是相当于OCR。同时你可以使用相同的范型分类，再次进行更深层次的训练。比如我们可以通过机器学习去识别邮件中的内容，从而判断这个邮件是垃圾邮件还是正常邮件。现在让我们看一下机器是如何做到的。

　　我们可以创建这样一个图表。图表中有一条线代表临界值，如果电子邮件达到了临界值以上，该邮件就会进入垃圾邮件，否则会进入收件箱。这个临界值是如何生成的呢？我们会有一个垃圾的智能过滤程序，我们在训练这个模型的时候使用了大批的邮件，并且为这些邮件都提供了垃圾或者是非垃圾的标签。

　　比如说，我们判断一封邮件是否为垃圾邮件，就会查看其内容的链接是否过多。如果这封邮件里面包含了上百个链接，那么就可以判定它是垃圾邮件。如果我们按照这个规则绘制图表的话，它就应该如图15-5所示这个样子。

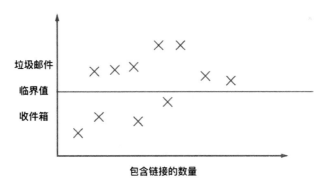

图15-5　机器学习判断垃圾邮件

　　机器学习模型的工作就是尝试着去绘制这样一条线，通过所提供的训练样本，找出链接是多少的这个临界点。比如说，这个邮件中的链接数少于5个，那它可能就是正常的邮件，我们将它放入收件箱。如果超过5个，那它有可能就是垃圾邮件，我们会把它放到垃圾箱。这只是分辨垃圾邮件时涉及的众多特性中的一个，我们还可以通过邮件内容中的图片数量或者是邮件中"销售""购买"等关键字的数量来确定。这样的学习会持续很长的时间。在邮箱中，每一次被标记为垃圾的邮件，都相当于给了机器学习一次机会。机器还会根据新的数据或者新的特性，来增加判断的准确性。

15.1.3 非监督式学习

非监督式学习与监督学习的不同之处在于，事先没有任何的训练样本，而需要直接对数据进行建模。这听起来似乎有点不可思议，但是在我们自身认识世界的过程中有很多地方都用到了非监督式学习。

比如我们去参观一个画展，我们对艺术一无所知，但是欣赏完多幅作品之后，我们也能把它们分成不同的派别，比如哪些画更朦胧一点，哪些画更写实一些。即使我们不知道什么叫朦胧派，什么叫写实派，但是至少我们能把它们分为两类。非监督式学习里典型的例子就是聚类（Clustering）了。聚类的目的在于把相似的东西聚在一起，而我们并不关心这一类是什么。因此，一个聚类算法通常只需要知道如何计算相似度就可以了。

那么，什么时候应该采用监督式学习，什么时候应该采用非监督式学习呢？一种非常简单的回答就是从定义入手。如果我们在分类的过程中有训练样本（Training Data），则可以考虑用监督式学习方法；如果没有训练样本，那就不可能用监督式学习了。但是事实上，我们在针对一个现实问题进行解答的过程中，即使没有现成的训练样本，我们也能够凭借自己的双眼，从待分类的数据中人工标注一些样本，并把它们作为训练样本，这样的话就可以用监督式学习的方法来做了。

15.1.4 强化学习

本节我们来说说强化学习。

如果我们在使用烤箱烘焙食物的时候，用手指触碰了里面非常热的东西，这个时候我们就会被灼伤，在未来的一段时间，我们就不会再触碰它了。因为疼痛的灼伤感，强化了我们对这个操作的记忆。但是这种记忆方式是比较残酷的，这可能导致我们自身受到很多的伤害，因此像这种负能量的学习是不可取的，如图 15-6 所示。

我们使用更多的强化学习方式是正向奖赏，例如我们训练一只狗，让它按照我们的要求做出某些动作，当我们在给狗下达"坐下"指令以后，它按照要求坐下，我们就会给它一定的奖赏，让它知道，自己做了一件正确的事情。这就是强化学习。

在强化学习中，一个最具代表性的应用就是下棋。如图 15-7 所示，假设棋盘左方的选手是使用了强化学习算法的机器。它会持续地去计算下棋期间赢的可能性。如果它实际走一步棋，并且这一步棋增加了赢的可能性，那么这就是正向强化。如果对手此时进行了有效还击，并减少了机器赢的可能性，这就是负向强化。机器通过与人下非常多的棋，并通过非常多的训练周期，就能够学到如何下每一步棋，从而让机器赢的可能性增加。现在世界上最著名的强化学习的应用程序就是谷歌的 AlphaGo。

图 15-6　不可取的强化学习

图 15-7　最著名的强化学习应用程序——AlphaGO

15.2　Core-ML——整合机器学习到 iOS 应用中

为了完成后面的实战练习，我们需要 Xcode 9 和安装了 iOS 11 的物理真机。

15.2.1　什么是 Core-ML?

现在我们来说说如何使用机器学习。该是 Core-ML 大显身手的时候了。首先我们要弄清楚什么是 Core-ML，实际上它允许我们做两件事情，从而在 iOS 项目中，可以很容易地整合机器学习。

第一件事情就是允许我们载入一个预先训练好的机器学习模型，它包含一个简单的可转换我们之前训练模型的方式。我们可以将这个模型转换为一个类，让这个类在 Xcode 中使用，如图 15-8 所示。

Core-ML model　　　　　Core-ML　　　　　Your App

图 15-8　Core-ML 示意图

我们将会把预先训练好的数据模型转换到 .mlmodel 文件之中，它是一个完全的开放的文件格式，并且包含了所有的输入输出。

第二件事情就是，Core-ML 允许你去做一个断言（Predication），这样的话就可以将模型载入本地的 iOS 设备上。一旦用户下载并使用了你的应用程序，它就能使用模型去做断言，比如图像识别、语音识别或者是其他任何训练模型。

通过浏览器可以访问 https://developer.apple.com/machine-learning/ 网址，以了解苹果关于机器学习的内容。它包括概述、如何在 iOS 中使用机器学习。网页中最有趣的部分是模型的下载，这里面提供了已经训练好的"即插即用"的模型，如图 15-9 所示。

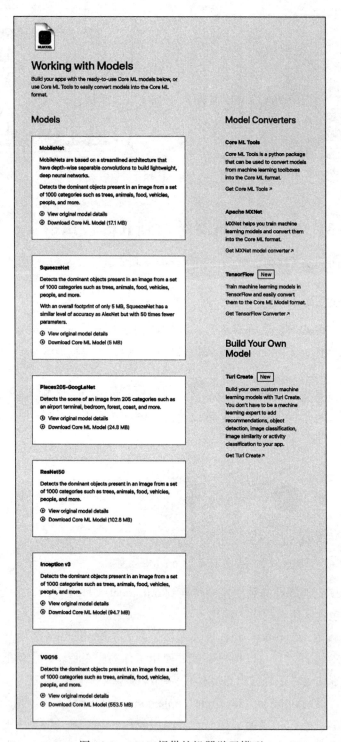

图 15-9　Apple 提供的机器学习模型

我们在项目中将会使用谷歌的 Inception v3 模型。它能够检测出一千种物体，比如树木、动物、食物、车辆、人员等，它是通过大量的图片训练出来的模型。我们会使用它来识别在 App 中通过手机的摄像头所拍摄出来的图片。另外，我们还会检测一个图片，看图片中的东西是否为热狗。

在 WWDC 大会上，苹果宣布了通过 Core-ML 能够做很多的事情。它能够尽可能详细地进行分类。另外，在绝大多数情况下，我们所实现的机器学习，仅仅是使用它来分类。

但我们应明白 Core-ML 不能做什么。我们不能使用自己的应用生成的那些数据样本来训练机器。当我们安装了一个提前训练好的模型时，它就相当于一个静态模型。在大多数情况下，这个模型会被放置在一个工作区里边，它只是放在那里。目前，还没有任何的方法能够让用户使用自己在 App 中生成的数据去训练数据模型。还有就是 Core-ML 不加密，如果你使用了一个专利数据模型，或者是模型中包含了敏感的数据，你就要知道这些都是不加密的。虽然 Core-ML 有上述的这些限制，但是它所做的事情还是足够令我们兴奋，我们甚至可以在不了解什么是机器学习的情况下，使用一些简单的代码做出令人不可思议的事情。

目前在 App Store 中，典型的与机器学习相关的应用有 Garden Answers Plant Id，其可通过为植物的花和叶子拍照识别出该植物，如图 15-10 所示。

图 15-10　使用到 Core-ML 的应用

15.2.2　Core-ML 能做什么

本节我们会制作一个识别热狗的应用程序，在应用中我们会调用摄像头来拍摄照片，然后通过 Core-ML 来将其分类，并判断它是否为热狗。

实战：搭建图像识别应用的构架。

步骤 1：在 Xcode 中创建一个新的 Single View App 项目，将 Product Name 设置为 SeeFood。

步骤 2：在之前提到的苹果网站中下载 Model 到本地，选择 Inception V3，因为它的识别分类效果是目前最好的。将下载好的 Inceptionv3.mlmodel 文件拖曳到 Xcode 项目之中，确认勾选了 Copy items if needed，单击 Finish 按钮。

一旦我们将 Inceptionv3.mlmodel 文件添加到项目之中，在项目导航中单击该文件以后，在编辑窗口中我们就可以看到 Xcode 已经为该模型创建了一个 Model Class，如图 15-11 所示。

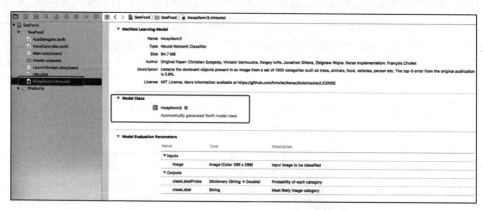

图 15-11　将 Inceptionv3.mlmodel 文件添加到项目中

单击 Model Class 中 Inceptionv3 右侧的箭头，就可以看到类的相关代码。接下来，我们需要编写一些代码将模型整合到视图控制器中。

步骤 3：在 ViewController.swift 文件中，导入两个框架。

```
import CoreML
import Vision
```

vision 框架可以帮助我们更简单地处理图像，其允许我们让图像在 Core-ML 中工作，并且免去编写一大堆的代码的麻烦。

实战：通过照片获取器在应用中拍照。

使用 UIImagePicker 类可以让我们通过摄像头拍照并选择照片进行识别，整个过程非常简单。

步骤 1：在 ViewController 类的声明中添加 UIImagePickerControllerDelegate 协议。

```
class ViewController: UIViewController, UIImagePickerControllerDelegate,
UINavigationControllerDelegate {
```

在使用 UIImagePickerControllerDelegate 协议的时候，我们必须实现 UINavigation-ControllerDelegate 协议，它们是依赖关系。

步骤 2：在故事板中选择 ViewController 视图，然后在菜单中选择 Editor/Embed In/Navigation Controller，让当前的控制器内置于一个导航控制器之中，如图 15-12 所示。

图 15-12　内嵌导航控制器

此时会有一个导航栏位于视图的顶部，这样就可以通过导航来控制控制器之间的切换了。

步骤 3：在对象库中找到 Bar Button Item 对象，将其添加到 ViewController 视图导航栏的右侧。在 Attributes Inspector 中将 System Item 设置为 Camera，如图 15-13 所示。

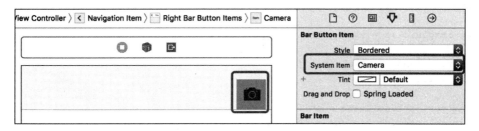

图 15-13　设置 Bar Button Item

步骤 4：在对象库中将 Image View 添加到 ViewController 视图，该控件用于显示摄像头所拍摄的，或者是从 iPhone 照片库选择的图像。设置其大小占满控制器整个视图空间（除导航栏），并设置它的约束在四个方向上均为 0（代表紧密贴合屏幕的三个边和上边的导航栏），如图 15-14 所示。

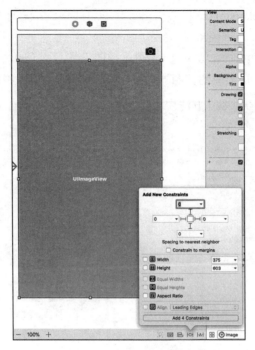

图 15-14　创建必要的约束

步骤 5：将之前的拍照按钮与 ViewController 类建立 IBAction 关联。将 Image View 与 ViewController 类建立 IBOutlet 关联。

```
@IBOutlet weak var imageView: UIImageView!

@IBAction func cameraTapped(_ sender: UIBarButtonItem) {
}
```

步骤 6：在 ViewController 类中添加一个新的属性。

```
let imagePicker = UIImagePickerController()

override func viewDidLoad() {
  super.viewDidLoad()

  imagePicker.delegate = self
  imagePicker.sourceType = .camera
  imagePicker.allowsEditing = false
}
```

这里创建的 imagePicker 对象就是 iOS 中的照片获取器。为了可以在用户选择照片以后通知到 ViewController 类，在 viewDidLoad() 方法中，需要设置其 delegate 属性指向当前类。

sourceType 属性用于指定照片获取器通过什么渠道获取照片，这里设置为摄像头。

allowsEditing 属性是一个布尔型值，用于指定是否允许用户编辑选中的照片或视频。你可能想开启它，因为这样可以让用户裁剪照片，让机器学习更少的区域，从而更有针对性地进行识别。这里我们暂时将它设置为 false，即不激活该功能。

接下来，我们需要在用户单击导航栏的摄像头图标的时候调出照片获取器。

步骤 7：在 cameraTapped( ) 方法中添加下面的代码。

```
@IBAction func cameraTapped(_ sender: UIBarButtonItem) {
  present(imagePicker, animated: true, completion: nil)
}
```

通过 present( ) 方法，将 UIImagePickerController 对象以动画的方式呈现到屏幕上，在呈现完成以后不会执行任何代码。

下面，我们要通过照片获取器来得到照片，并通过机器学习进行识别。

实战：获取照片以后通过机器学习识别。

步骤 1：在 ViewController 类中添加下面的方法。

```
func imagePickerController(_ picker: UIImagePickerController,
didFinishPickingMediaWithInfo info: [String : Any]) {
    let userPickedImage = info[UIImagePickerControllerOriginalImage]
    imageView.image = userPickedImage
}
```

当用户从照片获取器中成功取图像以后会调用该方法，它带有 2 个参数：picker 指明的是该方法来自于哪个 UIImagePickerController 对象的调用，当前是来自于 imagePicker 对象；参数 info 是字典类型格式，在该字典中，包含了用户所选择的图像。

在方法内部，首先通过 info 字典获取用户选择的图像，因为 info 是字典，所以需要通过键获取 UIImage 类型的图像，这个键名就是 iOS SDK 预定义好的 **UIImagePickerControllerOriginalImage**，代表用户所选择的图像原始图。

因为在方法中 info 字典的类型为 [String : Any]，所以从 info 字典得到的值的类型为 Any?，在将 userPickedImage 赋值给 imageView 的 image 属性的时候，编译器会报错 Cannot assign value of type 'Any?' to type 'UIImage?'，即不能将 Any ？类型赋值给 UIImage ？类型。

步骤 2：将之前方法中的代码修改为下面这样。

```
func imagePickerController(_ picker: UIImagePickerController,
didFinishPickingMediaWithInfo info: [String : Any]) {
    if let userPickedImage = info[UIImagePickerControllerOriginalImage] as? UIImage {
      imageView.image = userPickedImage
    }
    imagePicker.dismiss(animated: true, completion: nil)
}
```

这里，使用可选绑定方式，如果 info[UIImagePickerControllerOriginalImage] 的值存在，则将其转换为可选 UIImage 类型，然后赋值给 userPickedImage 常量。如果有值，则再将 userPickedImage 赋值给 imageView 的 image 属性。这样既增加了代码的可读性，又使代码更加安全，所有的错误都消失了。

在方法的最后，我们使用 dismiss() 方法销毁照片获取器。

因为在项目中使用了摄像头，所以需要运行在真机上面。但是在构建并运行项目的时候，应用程序会发生崩溃，从控制台可以看出是这因为 reason: 'Source type 1 not available'。因为我们所运行的项目试图访问一个敏感数据而没有使用描述。

步骤 3：打开 info.plist 文件，添加新的属性 Privacy - Camera Usage Description，然后将值设置为：**当前的应用程序需要使用你的摄像头**。

 如果你想让应用程序可以访问用户的照片库，则需要设置 Privacy - Photo Library Usage Description 属性。

再次构建并运行项目，可以看到在使用摄像头的时候会让用户选择是否允许使用摄像头或访问照片库。

 如果将 imagePicker 的 sourceType 属性修改为 .photoLibrary，则可以在模拟器中打开该项目，然后通过照片库来载入图像。

15.2.3 如何识别图像并反馈结果

本节我们开始在项目中使用模型，将 Inception V3 机器学习模型整合到项目之中，并对相关的操作做出一定的解释。

实战：为项目添加图像识别功能。

步骤 1：将从 imagePicker 中获取的 UIImage 类型的图像转换为 CIImage 类型。

```
func imagePickerController(_ picker: UIImagePickerController,
didFinishPickingMediaWithInfo info: [String : Any]) {
  if let userPickedImage = info[UIImagePickerControllerOriginalImage] as? UIImage {
    imageView.image = userPickedImage

    guard let ciimage = CIImage(image: userPickedImage) else {
      fatalError("无法转换图像到 CIImage")
    }

    detect(image: ciimage)
  }
  imagePicker.dismiss(animated: true, completion: nil)
}
```

　　这里我们需要将从照片获取器得到的 UIImage 对象转换为 CIImage 对象，因为它是标准的 Core Image 图像，而且在使用 Vision 和 Core-ML 框架中的方法时，必须要用这种特定类型。

　　如果我们只是通过 let ciimage = CIImage(image: userPickedImage) 语句赋值一个 ciimage 常量，虽然运行没有任何问题，但是我们希望可以为代码添加一些安全特性，让代码的运行更加安全。

　　通过 guard …… else { …… } 语句，如果 guard 后面的代码运行失败，则会执行 else 中的代码。在当前的情况下，如果不能将 userPickedImage 转换为 CIImage 类型的对象，则会激活一个致命错误，并提示：无法转换图像到 CIImage，程序终止运行。

　　接下来，我们需要处理这个 CIImage 对象，并获取图像的解读信息或分类。

　　步骤 2：在 ViewController 类中添加一个方法。

```
func detect(image: CIImage) {
  guard let model = try? VNCoreMLModel(for: Inceptionv3().model) else {
    fatalError(" 载入 CoreML 模型失败 ")
  }

  let request = VNCoreMLRequest(model: model) { (request, error) in
    guard let results = request.results as? [VNClassificationObservation] else {
      fatalError(" 模型处理图像失败 ")
    }

  print(results)
}
```

　　detect() 方法带有一个 CIImage 参数，在方法体中我们将使用 Inception V3 模型。我们通过 VNCoreMLModel 类创建一个 model 常量，并将 Inception V3 作为该对象的机器学习模型。之后，我们会使用 Inception V3 对图像进行分类。

　　如果在代码中我们按 let model = VNCoreMLModel(for: Inceptionv3().model) 这样编写，编译器会报错：VNCoreMLModel() 方法有一个抛出（throw），但是还没有标记 try 关键字和相应的错误处理代码。

　　因为 VNCoreMLModel() 方法会在初始化失败的时候抛出带有错误描述的异常，所以我们需要使用 try 关键字去尝试执行后面的代码。如果代码执行成功，则将其封装到一个可选常量里面。如果执行失败就会抛出错误，然后 model 就会被赋值为 nil。

　　在这种情况下，我们再次使用 guard 关键字，在 model 的值为 nil 的情况下，就会运行 else 中的代码。

　　接下来，我们需要实现一个图形分析请求，这样才能通过 Core-ML 模型去处理图像。通过 VNCoreMLRequest() 创建一个请求，其第一个参数 model 代表我们所使用的模型，第二个是**完成处理**的闭包参数，代表请求执行完毕后要做的事情。在闭包内部，通过 request 的 results 属性，我们可以得到图像的分析处理结果，该结果是 VNClassificationObservation

类型的数组。如果 results 获取失败则会执行 fatalError( ) 方法。

在方法的最后，我们直接打印结果到控制台。

步骤 3：在 let request = 语句的下面，添加下面两行代码。

```
let request = VNCoreMLRequest(model: model) { (request, error) in
  ......
}

let handler = VNImageRequestHandler(ciImage: image)
try! handler.perform([request])
```

将之前转换好的 CIImage 对象作为 VNImageRequestHandler 对象的参数输入到模型中。最后，在 handler 中执行之前生成的请求。注意，请求是以数组的形式作为参数的，这代表我们可以同时执行多个请求。这里直接使用 try！代表 handler 的 perform() 方法不会出现任何的问题，强制执行这个方法。

步骤 4：在 imagePickerController(_ picker: UIImagePickerController, didFinishPicking-Media WithInfo info: [String : Any]) 方法中添加对 detect(image: CIImage) 方法的调用。

```
func imagePickerController(_ picker: UIImagePickerController,
didFinishPickingMediaWithInfo info: [String : Any]) {
    if let userPickedImage = info[UIImagePickerControllerOriginalImage] as? UIImage {
      imageView.image = userPickedImage

      guard let ciimage = CIImage(image: userPickedImage) else {
        fatalError(" 无法转换图像到 CIImage")
      }
      // 调用图像识别
      detect(image: ciimage)
    }
    imagePicker.dismiss(animated: true, completion: nil)
}
```

构建并运行项目，在真机上面使用该应用拍照后，可以在控制台中看到大量的输出信息，如图 15-15 所示。其中排在输出第一位的就是相似度最高的名称。在当前的照片中，与猕猴（macaque）有 97.9313% 相似度，接下来的其他名称相似度就少得可怜了。是不是觉得很神奇呢？

15.2.4 判断图片中的食物

本节我们将会实现通过照片获取器判断图像中的内容是否为"热狗"，或者是其他任何指定的东西。

在 detect(image: CIImage) 方法中，我们首先导入 Inception V3 模型并创建请求（request），然后要求模型去识别和分类任何数据。在处理数据完成以后，执行 VNCoreMLRequest 的回调闭包。目前我们只是将分类信息打印到控制台。

图 15-15　机器学习分析后的结果

接下来我们需要做的就是从结果中判断图像中是否为热狗，也就是相似度最高的是否为热狗。通过之前在控制台打印出的信息，我们可以看到数组形式的 VNClassificationObservation 对象。我们需要获取其中的第一个元素。

实战：识别图像是否为热狗。

修改 detect(image: CIImage) 方法中的闭包代码。

```
let request = VNCoreMLRequest(model: model) { (request, error) in
  guard let results = request.results as? [VNClassificationObservation] else {
    fatalError("模型处理图像失败")
  }

  //print(results)
  if let firstResult = results.first {
    if firstResult.identifier.contains("hotdog") {
      self.navigationItem.title = "热狗！"
    }else {
      self.navigationItem.title = "不是热狗！"
    }
  }
}
```

这里先注释掉之前的打印语句，然后获取数组中的第一个元素，它是 VNClassification-

Observation 类型的对象。注意，第一个元素所提供的信息是相似度最高的。通过 contains() 方法，我们可以判断 VNClassificationObservation 的 identifier 属性中是否包含 dumplings 字符串。如果包含，则让导航栏的标题部分显示热狗，否则显示不是热狗。

构建并运行项目，通过照片获取器取得一张照片，代码会自动分析该照片是否为热狗，并将结果显示到导航栏中，如图 15-16 所示。

图 15-16　机器学习分析图片是否为热狗